赵　明　杨明山　编著

# 实用通用塑料

## 配方设计·改性·实例

SHIYONG TONGYONG SULIAO
PEIFANG SHEJI GAIXING SHILI

U0300792

化学工业出版社

·北京·

## 内容简介

随着大品种通用塑料应用领域的不断扩大，通用塑料配方与改性和功能化的应用也越来越广泛和重要。本书立足于生产实际需要，并结合近年来通用塑料研究与应用的新成果，侧重对配方进行具体分析，以较为详细的具体实例，介绍了通用改性塑料的配方组成、加工工艺和材料性能，突出先进性和可操作性。本书内容涵盖了聚乙烯、聚丙烯、聚氯乙烯、聚苯乙烯、丙烯腈-丁二烯-苯乙烯共聚物、聚甲基丙烯酸甲酯、氨基塑料等主要通用塑料品种，力求实用，便于读者全面掌握通用塑料配方和改性技术。

本书适合塑料行业及塑料应用厂家、制品设计、制造加工及从事塑料产品开发、生产、销售的人员阅读和参考，也可以作为企业的培训教材。

**图书在版编目（CIP）数据**

实用通用塑料配方设计·改性·实例/赵明，杨明山编著．—北京：化学工业出版社，2024.5
ISBN 978-7-122-43866-9

Ⅰ.①实… Ⅱ.①赵…②杨… Ⅲ.①工程塑料-配方 Ⅳ.①TQ322.304

中国国家版本馆 CIP 数据核字（2023）第 136213 号

---

责任编辑：朱　彤　　　　　　　　　　文字编辑：张瑞霞
责任校对：张茜越　　　　　　　　　　装帧设计：刘丽华

---

出版发行：化学工业出版社（北京市东城区青年湖南街 13 号　邮政编码 100011）
印　　装：北京科印技术咨询服务有限公司数码印刷分部
787mm×1092mm　1/16　印张 14¾　字数 388 千字　2025 年 1 月北京第 1 版第 1 次印刷

购书咨询：010-64518888　　　　　　　售后服务：010-64518899
网　　址：http://www.cip.com.cn
凡购买本书，如有缺损质量问题，本社销售中心负责调换。

定　　价：98.00 元

近年来，量大面广的通用塑料通过不断升级和高分子设计、材料设计等手段，成本大幅度降低，各项性能明显提高，并向高性能化、高功能化、复合化、精细化、智能化和环境友好方向发展。通用塑料高性能化已经成为当前塑料和高分子材料开发的重要领域，聚乙烯（PE）、聚丙烯（PP）、聚氯乙烯（PVC）、聚苯乙烯（PS）及丙烯腈-丁二烯-苯乙烯共聚物（ABS）等作为最主要的几种塑料品种，已经广泛应用于日常生活及国民经济的各个领域。

目前通过共混方法来实现通用塑料的高性能化仍然是主要手段，大品种塑料通过填充、增强、接枝、交联、共混等，其制品的质量和性能可以得到提高，并具有特定的功能。由于目前各类塑料改性生产企业主要是通过共混加工的方法来改进塑料性能，如力学、阻燃、抗菌、耐寒、耐热等，因此本书所编内容主要涵盖聚乙烯、聚丙烯、聚氯乙烯、聚苯乙烯、丙烯腈-丁二烯-苯乙烯共聚物、聚甲基丙烯酸甲酯（PMMA）、氨基塑料（AF）等主要通用塑料品种。本书采用实例的形式，详细介绍了每一种通用塑料的配方与原材料、制备方法和性能等，所列配方在编排时围绕增强增韧、阻燃、抗静电、耐候这些塑料改性所需的主要功能，在介绍其主要功能的同时，还对耐磨性、低气味、光泽度以及与3D打印材料有关内容进行了介绍。此外，还重点阐述了通用塑料设计的原则方法，以及通用塑料改性的原理与应用等内容。

需要指出的是，书中所选配方的生产方法较为简便，较利于实施和具体应用，具有较强的实践性和可操作性。此外，还需要指出的是，鉴于通用塑料的生产与加工涉及面比较广，有的塑料品种加工技术难度要求较高，加之各生产和加工企业的设备可能会存在一定差异，因此书中所列的配方仅供参考和借鉴。在生产实践时，读者还需根据具体情况进行详细分析和改进。本书适合塑料行业及塑料应用厂家、制品设计、制造加工及从事塑料产品开发、生产、销售的人员阅读和参考，也可以作为企业的培训教材。

本书由赵明、杨明山编著。具体分工如下：本书第1章、第4章至第8章由赵明负责编写；第2章、第3章、第9章由杨明山负责编写。全书由北京石油化工学院杨明山教授统一审阅。

由于编著者水平有限，不足之处在所难免，敬请读者批评、指正。

编著者

2024 年 2 月

# 目录

# 第①章 ▶▶▶

# 通用塑料配方设计

## 1.1 塑料配方的设计原则

塑料配方是指为达到某种目的，在树脂中混入其他物质而形成的复合体系。塑料配方设计的关键为选材、搭配、用量、混合四大要素，表面看起来很简单，其实包含了很多内在联系。要想设计出一个高性能、易加工、低成本的配方也并非易事，要考虑的因素很多。在设计一个具体的塑料产品时，很少有一种树脂能完全满足制品的性能要求。因此，对树脂进行改性是十分必要的，这样可使树脂获得原来不具有的性能。广义的改性是指所有能赋予树脂新性能的方法，如加工改性、填充改性、增强改性、增韧改性、着色等。配方中各组分的作用和常用化合物见表1-1。

表1-1 配方中各组分的作用和常用化合物

| 组分名称 | | 功能作用 | 常用化合物 |
|---|---|---|---|
| 树脂 | | 塑料的主要成分，对塑料及制品性能优劣起主导作用 | 合成树脂为主体 |
| 专用助剂（添加剂） | 填充剂（又称填料） | 主要用来改善力学性能、耐摩擦性能、热学性能、耐老化性能 | 碳酸钙、滑石粉、云母粉、木粉、高岭土、二氧化硅、硅灰石、玻璃微珠等 |
| | 增强剂 | 主要用来提高塑料及其制品的强度与刚性 | 玻璃纤维、碳纤维、有机聚合物纤维、碳纳米管、石墨烯、晶须、金属纤维等 |
| | 冲击改性剂（增韧剂） | 主要用来改善塑料制品的韧性和耐冲击性能 | 橡胶和弹性体，例如 NBR、POE、MBS、EPDM、CPE、EVA 等 |
| | 相容剂 | 主要用于无卤阻燃、填充、玻璃纤维增强、增韧、金属黏结、合金相容等，能提高复合材料的相容性和填料的分散性 | PE-$g$-St、PP-$g$-St、ABS-$g$-MAH、PE-$g$-MAH、PP-$g$-MAH 等 |
| | 增塑剂 | 改进塑料的脆性，提高柔性等 | 邻苯二甲酸酯类、磷酸三苯酯类等 |
| | 偶联剂 | 提高填料相界面与聚合物的结合力 | 硅烷、钛酸酯类等 |
| | 阻燃剂 | 主要用于防止或延缓塑料的燃烧 | 磷系阻燃剂、氮系阻燃剂、卤-锑系阻燃剂、膨胀阻燃剂 |
| | 抗静电剂 | 减少塑料制品表面所带负载电荷 | 炭黑、金属纤维或粉末、碳纤维、阴离子型（季铵盐）、非离子型聚乙二醇、导电树脂（聚苯胺、聚噻吩、聚吡咯）等 |

| 组分名称 | | 功能作用 | 常用化合物 |
|---|---|---|---|
| 专用助剂<br>(添加剂) | 着色剂 | 塑料制品的着色 | 无机或有机颜料、着色母料 |
| | 抗菌防霉剂 | 提高塑料制品的抗菌防霉性能 | 无机抗菌剂、有机抗菌剂和天然抗菌剂 |
| | 耐磨剂 | 提高塑料耐磨性,降低摩擦系数 | 无机耐磨剂(石墨、二硫化钼、碳纤维、巴氏合金)、有机耐磨剂(聚四氟乙烯、超高分子量聚乙烯、硅油、润滑油) |
| 加工助剂 | 润滑剂 | 用于降低熔体黏度,有利加工 | 硬脂酸类、金属皂类物质等 |
| | 发泡剂 | 能产生气体,使塑料成为泡沫结构 | 氮气、氟氯烃、偶氮二甲酰胺(AC) |
| | 脱模剂 | 防止塑料熔体与模具黏附,便于制品脱模 | 石蜡、聚乙烯蜡、有机硅等 |
| 稳定助剂 | 热稳定剂 | 用于防止聚合物或树脂在热作用下受破坏和发生降解 | 金属皂、有机锡、硫醇锑和铅盐等 |
| | 光屏蔽剂 | 主要用来吸收或反射紫外线,抑制光降解 | 炭黑和二氧化钛等 |
| | 紫外线吸收剂 | 吸收紫外线,并将其转变成无害热能放出 | 2-羟基-4-辛氧基二苯基甲酮(UV-531)、苯并三唑类(UV-327)和水杨酸酯类等 |
| | 抗氧剂 | 主要用来防止聚合物氧化 | 受阻酚、芳香胺、亚磷酸酯、有机硫化物等 |
| | 抗老剂 | 可吸收聚合物中发色团能量,并将其消耗掉,从而抑制聚合物发生光降解 | 镍铬化合物等 |
| | 自由基捕获剂 | 可将聚合物中自由氧化的活性自由基捕获,防止聚合物氧化降解 | 哌啶衍生物(受阻胺)等 |
| 反应控制剂 | 催化剂 | 可改变化学反应速率,本身不消耗 | NaOH、乙酰基己内酰胺、有机锡、金属盐及氧化锌等 |
| | 引发剂 | 在聚合物反应中能引起单分子活化产生自由基,常与催化剂并用 | 偶氮化合物、过氧化物等 |
| | 阻聚剂 | 阻止单体聚合的物质 | 酚类、醌类及硫化物等 |
| | 交联剂 | 可将线型热塑性树脂转化为三维网状结构 | 有机过氧化物、胺类、酸酐、咪唑类等 |

塑料配方的设计可以遵循如下几个原则。

(1) 满足制品的使用性能

首先应充分了解制品的用途及性能要求,如机械、汽车、航空航天、医疗等行业应用领域不同,对制品的性能要求也不相同。制品性能的要求主要包括力学性能、电性能、卫生性能、阻燃性能等方面的要求。其次,要合理确定材料和制品的性能指标。配方的好坏是由所得材料和制品的具体指标来体现的,在确定各项性能指标时要充分利用现有的国家标准和国际标准,使之尽可能实现标准化。其性能指标也可根据供需双方的要求进行协商后确定。例如,以树脂的选择为例,包括树脂的品种、牌号、流动性及对助剂的选择。

① 树脂品种的选择。树脂要选择与改性目的和性能最接近的品种,以节省加入助剂的使用量。耐磨改性:树脂应首先考虑和选择三大耐磨树脂 PA (聚酰胺)、POM (聚甲醛)、UHMWPE (超高分子量聚乙烯)。透明改性:树脂应首先考虑和选择三大透明树脂 PS (聚苯乙烯)、PMMA (聚甲基丙烯酸甲酯)、PC (聚碳酸酯)。耐热改性:应首先考虑和选择聚苯硫醚、聚酰亚胺、聚苯并咪唑和聚芳砜酰胺。耐低温改性:应首先考虑和选择低分子量聚乙烯、聚碳酸酯和热塑性弹性体类 (聚酯类热塑性弹性体、聚烯烃类热塑性弹性体、聚氨酯类弹性体)。隔热改性:树脂应首先考虑和选择聚氨酯硬质泡沫塑料、酚醛或脲醛泡沫塑料和聚苯乙烯泡沫塑料。

② 树脂牌号的选择。同一种树脂的牌号不同,其性能差别也很大,应选择与改性性能更接近的牌号。如耐热改性 PP 可在热变形温度 100～140℃的 PP 牌号范围内选择。

③ 树脂流动性的选择。不同品种的塑料具有不同的流动性。塑料可分为高流动性塑料、低流动性塑料和不流动性塑料。高流动性塑料包括 PS、HIPS (高抗冲聚苯乙烯)、ABS (丙烯腈-丁二烯-苯乙烯共聚物)、PE (聚乙烯)、PP (聚丙烯)、PA 等。低流动性塑料包括

PC、MPPO（改性聚苯醚）、PPS（聚苯硫醚）等。不流动性塑料包括聚四氟乙烯、UHM-WPE、PPO（聚苯醚）等。同一品种的树脂也具有不同的流动性，主要是因为分子量、分子链的分布不同，所以同一种原料分为不同的牌号。配方中各种塑料的黏度要接近，以保证物料的流动性；对于黏度相差悬殊的材料，要加过渡料，以减小黏度梯度。如 PA66 增韧、阻燃配方中常加入 PA6 作为过渡料，PA6 增韧、阻燃配方中常加入 HDPE（高密度聚乙烯）作为过渡料。此外，不同加工方法要求流动性不同，所以牌号可分为注塑级、挤出级、吹塑级、压延级等。

针对不同的改性目的，对基体树脂所要求的流动性不同，如磁性塑料、填充塑料、无卤阻燃电缆料等。一般它们添加的填料填充量比较大，如果树脂本身流动性差，会导致成型加工出现困难，高填充要求流动性好。

④ 树脂对助剂的选择性。例如，PPS 不能加入含铅或含铜助剂，PC 不能用三氧化锑作为阻燃协效剂。因为这些助剂的加入均可导致聚合物或树脂的解聚。同时，助剂的酸碱性应与树脂的酸碱性一致，否则助剂会与树脂发生反应。

（2）保证制品良好的成型加工性能

不同的成型加工方法对原料加工性能要求不同，如挤出成型一般要求原料的熔体强度较高，压延成型要求原料的外润滑效果要好。因此，在配方设计时，应考虑产品成型加工工艺、设备及模具的特点，使物料在塑化、剪切中不产生或少产生挥发和分解现象；同时，使物料的流变特性与设备和模具相匹配。

为保持制品良好的成型加工性能，还需要在配方中添加合适的助剂，对树脂进行改性。例如，有些树脂品种本身的加工性十分不好，不加入适当的添加剂，难以进行常规加工。PVC 树脂是其中典型的一种，其熔点与分解温度十分接近，在 PVC 熔化温度前已经导致热分解。因此，PVC 树脂在加工时，必须加入增塑剂，以降低其熔点；加入稳定剂，以提高其热分解温度，从而拓宽其加工温度范围。

LLDPE（线型低密度聚乙烯）由于其熔体黏度大，熔体流动差，导致其加工性能不好，难以加工出合格制品。因此，在 LLDPE 加工时，需要加入有机含氟弹性体、低分子蜡等加工改性剂，以改善其加工性能。

（3）充分考虑助剂与树脂的相容性

助剂与树脂之间应具有良好的相容性，以保证助剂能长期和稳定留存于制品中，发挥其应有的效能。助剂与树脂相容性的好坏，主要取决于两者结构的相似性：如极性的增塑剂与极性的 PVC 树脂相容性良好；在抗氧剂分子中引入较长的烷基可以改善与聚烯烃树脂的相容性。另外，对于某些助剂而言，有意识地削弱其与树脂的相容性反而是有利的，如润滑剂、防雾剂、抗静电剂等。一般各种助剂与树脂之间都有一定的相容性范围，超出这个范围则助剂容易析出。

（4）助剂的效能协同作用

助剂品种有很多，但不同的助剂其效能不同；效能高的在配方中一般用量少，效能低的用量则较大。由于助剂在正常发挥作用时会产生某些副作用，在配方的设计中，应视这种副作用对制品性能的影响程度加以注意。例如，大量使用填料时，会造成体系黏度上升，成型加工困难，力学性能下降；阻燃剂用量较多时，也会使材料力学性能明显下降。因此，配方设计时应尽量选用效能高的助剂品种。

有些助剂具有双重或多重作用，如炭黑不仅是着色剂，同时还兼有光屏蔽和抗氧化作用；增塑剂不但使制品柔化，而且能降低加工温度，提高熔体流动性，某些还具有阻燃作用；有些金属皂稳定剂本身就是润滑剂等。对于这些助剂，在配方中应综合考虑，调配用量或简化配方。

另外，有些助剂单独使用时，效能比较低，但与其他助剂一起配合使用时，效能会大大提高；而有些助剂则相反，与某些助剂配合使用时则效能会降低。如锌皂热稳定剂和钙皂热稳定剂在 PVC 中使用时，锌皂热稳定剂的前期热稳定效果比较好，后期比较差；而钙皂热稳定剂则是前期热稳定效果差，后期比较好。如果两者一起配合使用，则热稳定效果会大大提高。又如，受阻胺光稳定剂（HALS）与硫醚类辅助抗氧剂并用时，硫醚类滋生的酸性成分会抑制 HALS 的光稳定作用，使其光稳定效能大大降低。

（5）合理的性价比

一般来说，在不影响或对主要性能影响不大的情况下，应尽量降低配方成本，以保证制品的经济合理性，尽量使用来源广、采购方便、成本低的助剂。

# 1.2 塑料配方计量表示方法

塑料配方的计量表示方法是指表征配方中各组分加入量的方法。一个精确、清晰的塑料配方计量表示，会给试验和生产中的配料、混合带来极大方便，并且可大大减少因计量差错造成的损失。一般在塑料配方设计中，其配方的计量表示方法主要有质量份法、质量分数法、比例法及生产配方法等。一般常用的主要是质量份法和质量分数法两种。

质量份法是以树脂的质量为 100 份，其他组分的质量份（数）均表示相对树脂质量份（数）的用量。这是最常用的塑料配方表示方法，常称为基本配方，主要用于配方设计和试验阶段。质量分数法是以物料总量为 100%，树脂和各组分用量均以占总量的百分数来表示。这种配方表示方法可直接由基本配方导出，用于计算配方原料成本，使用较为方便。比例法是以配方中一种组分的用量为基准，其他组分的用量与之相比，以两者的比例来表示，在配方中很少采用，一般主要用于有协同作用的助剂之间，特别强调两者的用量比例。生产配方法便于实际生产实施，一般根据混合塑化设备的生产能力和基本配方的总量来确定。塑料配方的计量表示方法如表 1-2 所示。

**表 1-2 塑料配方的计量表示方法**

| 原材料 | 质量份法/份 | 质量分数法/% | 生产配方法/kg |
|---|---|---|---|
| PVC SG-5 | 100 | 85.03 | 50 |
| 三碱式硫酸铅 | 2.5 | 2.13 | 1.25 |
| 二碱式亚磷酸铅 | 1.5 | 1.28 | 0.75 |
| 硬脂酸钙 | 0.8 | 0.68 | 0.4 |
| 硬脂酸单甘油酯 | 0.4 | 0.34 | 0.2 |
| 硬脂酸 | 0.4 | 0.34 | 0.2 |
| CPE(氯化聚乙烯) | 6 | 5.10 | 3 |
| CaCO_3(轻质) | 6 | 5.10 | 3 |
| 合计 | 117.6 | 100 | 58.80 |

# 1.3 塑料配方设计方法

## 1.3.1 去除法——单组分调整配方设计法

树脂中只需添加单一组分（助剂）就可完成配方的设计，这种配方设计常用去除法来确定添加组分及其用量。去除法的基本原理是：假定 $f(x)$ 是塑料制品的物理性能指标，是调整区间中的单峰函数，即 $f(x)$ 在调整的区间中只有一个极值点，这个点就是所寻求的物理性能最佳点。通常用 $x$ 表示因素取值，$f(x)$ 表示目标函数。根据具体要求，在该因素的最优点上，目标函数取最大值、最小值或某一规定值，这些都取决于该塑料制品的具体情况。

在寻找最优试验点时，常利用函数在某一局部区域的性质或一些已知数值来确定下一个试验点。这样一步步搜索、逼近，不断去除部分搜索区间，逐步缩小最优点的存在范围，最后达到最优点。

在搜索区间内任取两点，比较它们的函数值，舍去一个，这样搜索区间便缩小，然后再进行下一步，使区间缩小到允许误差之内。常用的搜索方法如下。

（1）爬高法（逐步提高法）

适合于工厂小幅度调整配方，生产损失小。其方法是：先找一个起点 A，这个起点一般为原来的生产配方，也可以是一个估计的配方。在 A 点向该原材料增加的方向 B 点做试验，同时向该原材料减少的方向 C 点做试验，如果 B 点好，原材料就增加；如果 C 点好，原材料就减少。这样一步步改变，如爬到 W 点，再增加或减少效果反而不好，则 W 点就是要寻找的该原材料的最佳值。

选择起点的位置很重要。起点选得好，则试验次数可减少。选择步长大小也很重要。一般先是步长大一些，待快接近最佳点时，再改为小的步长。爬高法比较稳妥，对生产影响较小。

（2）黄金分割法（0.618 法）

该方法是根据数学上黄金分割定律演变而来的。其具体做法是：先在配方试验范围 $(A，B)$ 的黄金分割点做第一次试验；再在其对称点（试验范围的 0.382 处）做第二次试验。比较两点试验的结果（指制品的力学性能），去掉"坏点"以外的部分。在剩下的部分继续取已试点的对称点进行试验，再比较，再取舍，逐步缩小试验范围，直至达到最终目的。

该法的每一步试验都要根据上次配方试验结果而决定取舍，所以每次试验的原材料及工艺条件都要严格控制，不得有差异，否则无法决定取舍方向。该法试验次数少，较为方便，适合推广。

（3）均分法

采用均分法的前提条件是：在试验范围内，目标函数是单调函数，即该塑料制品应有一定的物理性能指标，且以此标准作为对比条件。同时，还应预先知道该组分。该法与黄金分割法相似，只是在试验范围内，每个试验点都取在范围的中点上。根据试验结果，去掉试验范围的某一半，然后再在保留范围的中点做第二次试验，再根据第二次试验结果，将范围缩小一半，这样逼近最佳点范围的速度很快，且取点也极为方便。

（4）分批试验法

可分为均分分批试验法和比例分割分批试验法两种。均分分批试验法是把每批试验配方均匀地同时安排在试验范围内，将试验结果进行比较，留下结果好的范围。再将留下的部分均匀分成数份，再做一批试验，这样不断做下去，就能找到最佳的配方质量范围。在这个窄小的范围内，等分点结果较好，又相当接近，即可终止试验。这种方法的优点是试验总时间短、速度快，但总的试验次数较多。

比例分割分批试验法与均分分批试验法相似，只是试验点不是均匀划分，而是按一定比例划分。该法由于试验效果、试验误差等原因，不易鉴别，所以一般工厂常用均分分批试验法。但当原材料添加量变化较小，而制品的物理性能却有显著变化时，用比例分割分批试验法较好。

（5）其他方法

分数法（即裴波那契搜索法）是先给出试验点数，再用试验来缩短给定的试验区间，其区间长度缩短率为变值，其值大小由裴波那契数列决定。

抛物线法是用上述方法做试验，并将配方试验范围缩小后，还希望数值更加精确而采用的方法。它是利用已做过三点试验后的三个数据，做此三点的抛物线，以抛物线顶点横坐标作为下次试验依据，如此连续试验而成。

### 1.3.2 正交设计法——多组分调整配方设计法

**(1) 正交设计法原理**

正交设计法是应用数理统计原理进行科学安排与分析多组分调整的一种设计方法。正交设计法的最大优点在于可大幅度地减少试验次数，而且试验中变量调整越多，减少程度越明显；它可以在众多试验中优选出具有代表性的配方，通过尽可能少试验，找出最佳配方。

常规的试验方法为单组分调整轮换法，即先改变其中一个变量，把其他变量固定，以求得此变量的最佳值。然后改变另一个变量，固定其他变量，如此逐步轮换，从而找出最佳配方或工艺条件。例如，用这种方法对一个有 3 个变量，每个变量 3 个试验数值（水平）进行试验，试验次数为 $3\times3\times3=27$ 次，而用正交设计法只需 6 次。

**(2) 正交表的组成**

正交设计的核心是一个正交设计表，简称正交表。一个典型的正交表可由下式表达：

$$L_M(b^K)$$

式中　L——正交表的符号；

$K$——试验中组分变量的数目，$K$ 值由不同试验而定；

$b$——每个变量所取的试验值数目，一般称为水平；水平由经验确定，也可在确定前先做一些探索性的小型试验，一般要求各水平之间要有合理的差距；

$M$——试验次数，一般由经验确定。

对二水平试验：$M=K+1$；对于三水平以上试验：$M$ 是根据正交表的具体设计而定。上述规律并不全部适用，有时也有例外，如 $L_{27}$ （$3^{13}$）。具体可参照标准正交表。

正交表的最后一项为试验目的，即指标，它为衡量试验结果好坏的参数，如产品合格率、硬度、耐热温度、冲击强度、氧指数及体积电阻率等。

现以实例说明正交表的组成。如改善 PVC 加工流动性的一个试验，加工流动性的好坏可用表观黏度表示，即表观黏度为指标。影响加工流动性的参数有三个，即温度（$T$）、剪切速率（$\gamma$）和增塑剂加入量（phr）。此三个参数都是变量，每个变量取三个不同试验值，即为三水平，如 $T$ 取 150℃、160℃、170℃，$\gamma$ 取 $5\times10^2 s^{-1}$、$1\times10^3 s^{-1}$、$5\times10^3 s^{-1}$，phr 取 20 份、30 份、40 份。常用的典型正交表如下：二水平，$L_4$ （$2^3$）、$L_8$ （$2^7$）、$L_{12}$ （$2^{11}$）等；三水平，$L_6$ （$3^3$）、$L_9$ （$3^4$）、$L_{18}$ （$3^7$）等；四水平，$L_{16}$ （$4^5$）等。

## 1.4 塑料配方母料设计

### 1.4.1 塑料母料的基本组成

塑料母料是一种塑料助剂的浓缩物。在塑料配料过程中，使用母料比直接使用助剂具有如下优点：①简化配方实施中复杂的混合及造粒工序，便于使用和操作；②改善了配料环境；③有利于助剂在树脂中的均匀分散。

目前，已开发的助剂母料有许多品种，按其用途不同，可将其分为填充母料、着色母料、改性母料、发泡母料。塑料母料的组成虽然各不相同，但基本上有如下四层结构。

① 母料核。母料核在母料的最内层，它包括各种塑料助剂，如填料、着色剂、阻燃剂等。母料核是母料的中心成分，它决定母料的性质及用途。母料核中的助剂要求粒度要小，

一般在 400 目以下。

② 偶联层。偶联层的作用是增大母料核同载体之间的亲和力，使母料核同载体有机地结合在一起。偶联层主要由偶联剂或少量交联剂组成。

③ 分散层。促进粉末状母料核在载体中均匀地分散，防止其结成小块，并提高母料的加工流动性、光泽及手感等。分散层是由分散剂组成的。

④ 载体层。载体层是连接母料核与树脂的过渡层，要求载体同母料核和树脂都有良好的相容性。载体本身为一种熔体指数较大的低分子树脂。在同一母料中，既可加入一种载体，也可加入两种或两种以上组成的复合载体。

上述母料结构为一种标准化的理想结构。对于具体不同品种母料而言，不一定都由上述四层组成，但至少要有母料核和载体两层。

## 1.4.2　塑料母料配方设计

### (1) 填料的选择

填料是填充母料的填料核，常用的品种有：$CaCO_3$、滑石粉、高岭土、硅灰石、粉煤灰、红泥、木粉等。对填料的要求为成本低，并能适当改善塑料的某些性能，其常为工业上的一些废料，如发电厂的粉煤灰、铝厂的红泥等。填料的加入量很大，一般为 70%～85%。填料本身的含水量都比较大，因此在制造母料以前要求充分干燥。

### (2) 载体的选择

常用的载体品种有：LDPE、LLDPE、HDPE-PP、HIPS、CPE（氯化聚乙烯）、EVA（乙烯-乙酸乙烯酯共聚物）、PVC 及这些塑料的废旧料。载体也可为上述树脂的混合物，如 LLPPE/LDPE、LLPPE/HDPE 等。载体的加入量常为 15%～30%，有时为降低成本，也有只加入 5%左右的。

### (3) 偶联剂的选择

可选用的偶联剂有许多种，不同填料、不同树脂所用的偶联剂不同。

① 硅烷类偶联剂。例如，A-172 ［乙烯基三（2-甲氧基乙氧基）硅烷］适用填料：黏土、滑石粉、氢氧化铝。适用树脂为 PVC。

例如，A-189（巯基丙基三甲氧基硅烷）适用填料：$SiO_2$、黏土等。适用树脂为聚氨酯、氯丁胶。

② 钛酸酯类偶联剂。适于处理 Ca、Ba 等无机填料，不仅增加填料与载体的亲和力，同时还改善母料的流动性、冲击性。例如，KR-TTS（三异硬脂酰基钛酸酯）适用填料：$CaCO_3$、$TiO_2$、石墨、滑石粉等。适用树脂：聚烯烃、环氧树脂、聚氨酯。

③ 磷酸酯类。可用于 $CaCO_3$ 的偶联，并能提高母料的加工性、机械性及阻燃性，其成本低。

④ 硼酸酯类。主要有二硬脂酰氧异丙基硼酸酯，可改善母料的加工性及冲击性。

⑤ 铝酸酯类。可改善树脂的力学性能、冲击性能，成本低、色浅、无毒。不足之处是处理温度高，时间长。

在具体选择偶联剂时，常选用上述两种或两种以上复合使用，以增大协同作用。偶联剂的用量一般为 0.5%～3%。

### (4) 分散层的选择

常选用低分子量 PE、低分子量 PS、硬脂酸及盐。用量一般为 5%。

## 1.4.3　塑料母料设计实例

### (1) 填充母料

填充母料为以填充料为主，加入其他助剂制得的母料，其开发最早，用量最大。添加大

量 $CaCO_3$ 的填充母料，母料的聚合物载体是 PE，其配方组成如下：

| | | | |
|---|---|---|---|
| $CaCO_3$ | 85 份 | 液体石蜡或低分子量 PE | 4 份 |
| LDPE | 10 份 | 钛酸酯偶联剂 TTS | 0.5 份 |
| HDPE | 5 份 | | |

**（2）着色母料**

着色母料是由着色剂同载体及其他助剂一起制成的母料，它主要用于塑料制品的着色。它常由母料层、分散层、载体层三层组成。着色母料在树脂中的加入量：浅制品 0.3%～1%；深制品 2%～5%。具体设计如下。

① 着色剂的选择。着色剂可选用有机和无机颜料及少量染料。无机颜料有钛白、氧化铁红、炭黑、镉红及铬黄等。有机颜料有：耐晒艳红 BBC、耐晒大红 BBN、永固黄、透明黄、酞菁绿。少量染料：还原性红、分散橙等。着色剂的用量一般为 15%～40%。

② 载体的选择。同填充母料基本一样，对于不同树脂，所选用的载体不同，PE、PP 选 LDPE、PS；ABS 选 HIPS。载体的加入量为 30%～70%。

③ 分散剂的选择

着色母料的分散剂既促进着色剂在载体中的分散，又提高其流动性。常用的品种有：低分子量 PE、氧化聚乙烯、HSt（硬脂酸）、液体石蜡、ZnSt（硬脂酸锌）、CaSt（硬脂酸钙）、MgSt（硬脂酸镁）、单硬脂酸甘油酯及助分散剂 DOP（邻苯二甲酸二辛酯）、松节油、白油、磷酸三苯酯等。分散剂的加入量为 15% 左右。

**（3）改性母料**

改性母料是一些塑料的改性剂同载体及其他助剂一起制成的母料，加入树脂中的目的是改善制品的某项性能。改性母料常由载体和改性剂两部分组成。载体的选择基本上同填充母料。载体常选用 MI（MI 即熔体指数）为 10～15g/min 的 HDPE。例如，阻燃母料为改性母料，在设计配方时，要注意各类阻燃剂的选择及其协同作用。下面以 PP 阻燃母料为例，介绍其配方设计。

① 阻燃剂的选择。阻燃剂常为有机化合物，如八溴醚[四溴双酚 A 双（2,3-二溴丙基）醚]等。还有 $Al(OH)_3$、$Mg(OH)_2$、$Sb_2O_3$ 及适量的 $MoO_2$ 等无机阻燃剂、助阻燃剂。

② 热稳定剂。提高有机阻燃剂的加工热稳定作用，常加入有机金属化物、螯合剂等，加入量一般只占 3 份左右。

具体配方实例有：

| | | | |
|---|---|---|---|
| HDPE | 100 份 | 稳定剂 | 9 份 |
| 阻燃剂（八溴醚/$Sb_2O_3$） | 100 份 | | |

塑料制品（极限氧指数，LOI＝26.75%）改性母料加入量为 5%。

**（4）抗静电母料**

抗静电母料由载体和抗静电剂两部分构成。载体选择低分子树脂。抗静电剂主要为炭黑、石墨及阳离子型、阴离子型、非离子型、高分子型抗静电剂，常用阳离子型抗静电剂。

以 PP 为例介绍其配方实例：

| | | | |
|---|---|---|---|
| 低分子 PE 或 PP | 90% | 单硬脂酸甘油酯 | 10% |

抗静电母料的加入量为 2%～5%。

**（5）发泡母料**

这是一种专门用于发泡制品的母料，如用于 PE、PP 及 EVA。发泡母料常由复合发泡剂、载体、促进剂、成核剂、润滑剂、分散剂等组成。有时视需要加入稳定剂、抗氧剂等。加入载体中的发泡剂要求粒度好，发泡剂的用量（$C$）与发泡度（$P$）的关系可由下式导出：$P＝(320C+32.6)\%$。实际发泡母料的加入量常为 4%～6%。

# 第②章

# 塑料改性原理与应用

当前我国的塑料工业正在迅速发展，塑料的应用范围也越来越广泛。随着我国经济的高速发展，对塑料制品也提出了各种新的要求。为了满足不同用途的需要，除积极发展新的合成树脂品种外，还应该在将现有树脂加工成塑料制品的过程中，利用化学方法或物理方法改变塑料制品的一些性能，以达到预期的目的，这就是塑料改性。一般来说，塑料改性技术要比合成一种新树脂容易得多，尤其是物理改性，在一般塑料成型加工工厂都能正常进行且容易见效。因此，塑料改性工作逐渐受到了人们的关注。

塑料改性一般可分为化学改性和物理改性。化学改性可分为接枝共聚改性、嵌段共聚改性、辐射交联改性等；物理改性可分为填充改性（也可再分为增强改性）、共混改性等。也有不按化学和物理方法分类的改性方式，而分为发泡改性、交联改性、拉伸改性、复合改性等。

## 2.1 塑料的共混改性

### 2.1.1 共混的作用及共混物的类型

聚合物共混物是指两种或两种以上均聚物或共聚物的混合物。聚合物共混物中各聚合物组分之间主要是物理结合，因此聚合物共混物与共聚高分子是有区别的。但是，在聚合物共混物中，不同聚合物大分子之间难免有少量化学键存在，例如在强剪切力作用下的熔融混炼过程中，可能由于剪切作用使得大分子断裂，产生大分子自由基，从而形成少量嵌段或接枝共聚物。此外，近年来采用的反应增容的方法去强化共混聚合物组分之间的界面粘接，也需要在组分之间引入化学键。

聚合物共混物有许多类型，但一般是指塑料与塑料的共混物以及在塑料中掺混橡胶。对于在塑料中掺混少量橡胶的共混体系，由于在冲击性能上获得很大提高，故通称为橡胶增韧塑料。聚合物共混物的类型，按所含聚合物组分数目分为二元及多元聚合物共混物；按聚合物共混物中基体树脂名称又可分为聚烯烃共混物、聚氯乙烯共混物、聚碳酸酯共混物、聚酰胺共混物等；按性能特征又有耐高温、耐低温、阻燃、耐老化等聚合物共混物之分。

ABS树脂以作为聚苯乙烯的共混改性材料而著称。这种新型材料坚而韧，克服了聚苯乙烯突出的弱点——性脆。此外，ABS树脂耐腐蚀性好、易于加工成型，可用以制备机械零件，是最重要的工程塑料之一。因此，ABS树脂引起了人们极大的兴趣和关注，从此开拓了聚合物共混改性这一新的聚合物科学领域。1975年，美国杜邦（DuPont）公司开发了超高韧聚酰胺，Zytel ST。这是在聚酰胺中加入少量聚烯烃或橡胶而制成的共混物，冲击强度比聚酰胺有大幅度提高。这一发现十分重要。目前已知其他工程塑料如聚碳酸酯（PC）、聚酯、聚甲醛（POM）等，加入少量聚烯烃或橡胶也可大幅度提高冲击强度。

塑料虽然具有很多优良的性能，但与金属材料相比存在很多缺点。在一些对综合性能要求高的领域，单一的塑料难以满足要求。因此，共混改性塑料的目的如下。

① 提高塑料的综合性能。

② 提高塑料的力学性能，如强度、低温韧性等。

③ 提高塑料的耐热性。大多数塑料的热变形温度都不高，对于一些在一定温度下工作的部件来讲，通用塑料就难以胜任。

④ 提高加工性能。如PPO的成型加工性较差，加入PS改性后其加工流动性大为改善。

⑤ 降低吸水性，提高制品的尺寸稳定性。

⑥ 提高塑料的耐燃烧性。大多数塑料属于易燃材料，用于电气、电子设备的安全性较低，通过阻燃化改性，使材料的安全性有所提高。

⑦ 降低材料的成本。塑料尤其是工程塑料的价格较高，采用无机填料与工程塑料共混改性，既降低了材料的成本，又改善了成型收缩与挠曲性。

⑧ 实现塑料的功能化，提高其使用性能。例如，塑料的导电性小，对一些需要防静电、需要导电的用途，可以与导电聚合物共混，以得到具有抗静电功能、导电功能和电磁屏蔽功能的塑料材料，满足电子、家电、通信、军事等领域的要求。

总之，通过共混改性，可以提高塑料的综合性能，在投资相对低的情况下可增加塑料的品种，扩大塑料的用途，降低塑料的成本，实现塑料的高性能化、精细化、功能化、专用化和系列化，促进塑料产业以及高分子材料产业的发展；同时，也促进了汽车、电子、电气、家电、通信、军事、航空航天等领域的发展。

## 2.1.2 共混改性技术及其发展

随着汽车、电子、通信等相关行业的发展，改性塑料的应用不断增长，其应用领域不断扩展，市场需求日益增长，促进了塑料改性技术的发展，主要表现为以下几个方面。

① 高分子合金相容化技术。开发不同合金体系的相容性，实现了共混高分子合金的实用化。各种共聚物、接枝聚合物的问世，有效地解决了共混体系中不同聚合物间的相容性问题，促进了共混合金的发展。

② 液晶改性技术的应用。液晶聚合物的出现及其特有的性能为聚合物改性理论与实践增添了新的内容。液晶聚合物具有优良的物理、化学和力学性能，如高温下强度高、弹性模量高、热变形温度高、线膨胀系数极小、阻燃性优异等。利用这种高性能液晶聚合物作为增强剂与PA共混，能制造高强度改性PA，这种技术被称为"原位复合"技术。液晶聚合物与PA熔融共混挤出流动中易取向，形成微纤分散在PA基体，从而起到增强作用，采用"原位复合"技术改变了传统的填充增强的方式。

③ 互穿聚合物网络（IPN或简称互穿网络）技术的应用。如预先在PA等树脂中分别加入含乙烯的硅氧烷及催化剂，在两种聚合物共混挤出过程中，两种硅氧烷在催化剂作用下进行交联反应，在PA中形成共结晶网络，与硅氧烷的交联网络形成相互缠结的结构。这种半互穿网络结构使PA的吸水性降低，具有优良的尺寸稳定性和滑动性。

④ 动态硫化与热塑性弹性体技术。所谓动态硫化就是将弹性体与热塑性树脂进行熔融

共混，在双螺杆挤出机中熔融共混的同时，弹性体被"就地硫化"。实际上，硫化过程就是交联过程，它是通过弹性体在螺杆高速剪切应力和交联剂的作用下发生一定程度的交联，并分散在载体树脂中。交联的弹性微粒主要提供共混体的弹性，树脂则提供熔融温度下的塑性流动性，即热塑性。这种技术制造的弹性体/树脂共混物被称为热塑性弹性体。热塑性弹性体的制备过程中，往往是交联反应和接枝反应同时进行，即在动态交联过程中，加入接枝单体与载体树脂、弹性体同时发生接枝反应。这样制备的热塑性弹性体，既具有一定的交联度，又具有一定的极性。

⑤ 接枝反应技术的发展。应用双螺杆挤出反应技术，将带有官能团的单体与聚合物在熔融挤出过程中进行接枝反应，在一些不具极性的聚合物大分子链上引入具有一定化学反应活性的官能团，使之变成极性聚合物，从而增强一些非极性聚合物与极性聚合物间的相容性。

⑥ 分子复合技术的发展。将聚对苯二甲酰对苯二胺（PPTA）加入己内酰胺或己二酸己二胺盐中，进行聚合。PPTA 以微纤的形式分散在基体中，并产生一定的取向。当加入量在5％时，复合材料的强度与聚酰胺相比增加 2 倍之多，这种达到分子水平的分散技术是制备高强度复合材料的重要途径。

## 2.2　塑料的填充改性

塑料填充改性就是填料与塑料、树脂的复合，一般填料的填充量较大，有时甚至可达几百份（以树脂 100 份计算），因此填料是塑料工业重要的、不可缺少的辅助材料。从总体上讲，世界范围内填料的消耗量要占塑料总量的 10％左右，可见其消耗量是巨大的。塑料填充改性有如下几方面优点。

① 降低成本。一般填料均比树脂便宜，因此添加填料可大幅度地降低塑料成本，具有明显的经济效益，这也是塑料填充改性大行其道的主要原因。

② 改善塑料的耐热性。一般塑料的耐热性较低，如 ABS，其长期使用温度只有 60℃左右；而大部分填料属于无机物质，耐热性较高。因此，这些填料添加到塑料中后可以明显提高塑料的耐热性。如 PP，未填充时，其热变形温度在 110℃左右，而填充 30％滑石粉后其热变形温度可提高到 130℃以上。

③ 改善塑料的刚性。一般塑料的刚性较差，如纯 PP 的弯曲模量在 1000MPa 左右，远不能满足一些部件的使用要求；添加 30％滑石粉后，其弯曲模量可达 2000MPa 以上，可见滑石粉对 PP 的增刚作用明显。

④ 改善塑料的成型加工性。一些填料可改善塑料的加工性，如硫酸钡、玻璃微珠等，可以提高树脂的流动性，从而可以改善其加工性。

⑤ 提高塑料制品及部件的尺寸稳定性。有些塑料结晶收缩大，导致其制品收缩率大，从模具出来后较易变形，尺寸不稳定；而添加填料后，可大幅度降低塑料的收缩率，从而提高塑料制品及部件的尺寸稳定性。

⑥ 改善塑料表面硬度。一般塑料硬度较低，表面易划伤，影响外观，从而影响其表面效果和装饰性。无机填料的硬度均比塑料的硬度高，添加无机填料后，可大幅度提高塑料的表面硬度。

⑦ 提高强度。通用塑料本身的拉伸强度不高，需要改进。添加无机填料后，在填充量适量的范围内，可以提高塑料的拉伸强度和弯曲强度。

⑧ 赋予塑料某些功能，提高塑料的附加值。有些填料可以赋予塑料一些功能，如添加滑石粉、碳酸钙后，可以改善 PP 的抗静电性能和印刷性能；中空玻璃微珠添加塑料中后，

可以提高塑料的保温性能；金属粒子添加塑料中后可以提高塑料的导热性能和导电性能等。

总之，塑料填充改性具有多方面优点，得到了广泛应用，但也要注意填充改性带来的问题，如：一般情况下，填充可能会造成塑料的相关性能下降。又如，冲击强度降低、密度增加、表面光泽下降、颜色饱和度变差等。填充量太大强度会大幅度下降。这些缺点要在配方设计时充分考虑。不能一味地加大填充量来降低成本，要考虑到制品的使用和持久性能。目前我国塑料填充行业的一些企业不顾产品性能，一味地加大填充量，降低成本，致使塑料制品性能大幅度下降，影响了塑料填充改性的声誉，这一点要引起广大塑料改性人员以及企业的重视。

从理论上讲填料的粒径越小，填充改性材料的力学性能越好。近年来国内工业矿物超细粉碎与分级技术有了显著进步，从而使某些预期的改性效果和目标得以实现。填料的细化和微细化也会给填充塑料的制备带来一定困难，而且随着粒径减小，填料的价格会迅速升高。因此，在考虑能够顺利加工的情况下，使用粒径适当的填料是实现填充塑料高性能、低成本的关键。

在填充改性过程中，为了使填充材料达到预期的性能目标，往往对填料进行表面处理，以增加填料与基体树脂的相容性。在设计理想界面时，除了两相力学性能方面的匹配外，还应考虑化学性能、热性能乃至几何形貌方面的匹配。例如，为了达到增强效果而又希望减少成型后制品变形，可将纤维状或片状增强型填料与球状或块状填料配合使用。塑料填充改性的效果在很大程度上取决于混炼设备及工艺。填料的干燥、表面处理、填料与其他助剂和基体树脂的初步混合通常是在高速混合机中进行的。

最为典型的是聚烯烃填充母料。聚烯烃填充母料的开发对节约原料树脂、降低原材料成本、提高塑料加工企业经济效益贡献巨大。在聚乙烯农用塑料薄膜中使用含硅的矿物填料，如滑石粉、高岭土、云母粉等，因对红外线辐射有良好的阻隔作用，可以减少农用塑料大棚内的热量以红外线方式在夜间向棚外散失，因此在保证农用塑料薄膜具有较高透光度的前提下，使用含硅矿物填料大有可为。其中以云母粉的阻隔效果为最好，但较难加工；以滑石粉的阻隔效果为最差，但最为经济。目前已开发使用的填料是综合效果较好的煅烧高岭土。

## 2.2.1 填料的定义、分类与性质

塑料改性用的填料通常具有以下特征。

① 具有一定几何形状的固态物质，它可以是无机物，也可以是有机物。

② 通常它不与所填充的基体树脂发生化学反应，即属于相对惰性的物质。

③ 在填充塑料中的质量分数应不低于 5%。

填料有别于塑料加工常用的添加剂，如颜料、热稳定剂、阻燃剂、润滑剂等固体粉末状物质，它也有别于其他液态助剂和增塑剂。填料的主要作用是"增量"。随着填充改性技术的发展和对填料认识的加深，结合填充改性给塑料制品性能带来的变化，人们已从单纯追求成本的降低发展到通过填料尤其是功能性填料来改善塑料制品某些方面的物理、力学性能，或赋予塑料制品全新的功能。填料已成为塑料改性不可缺少的重要原材料之一。

填料的分类方法有多种，一般来说在填充改性中填料的化学组成决定着填料的本质，尤其是赋予塑料功能性的化学组成按氧化物、盐、单质和有机物四大类划分，比较准确。此外，填料还可以分为无机填料和有机填料；或按填料的作用，可分为普通填料和功能性填料，以及按填料的几何形状分为球形、块状、片状、纤维状等。由于目前使用的填料大多数由天然矿物加工而来，因此有时把填料称为非金属矿物填料。

填料颗粒的几何形态特征、粒径大小分布、物理性质及导电性都将直接影响填充塑料的材料性能。

(1) 填料颗粒的几何形态特征

颗粒是填料存在的形式。颗粒的形状并不十分规则，但不同种填料的几何形状有着显著差别。对于片状填料，往往采用径厚比的概念，即片状颗粒的平均直径与厚度之比；对于纤维状填料，往往采用长径比的概念，即纤维状颗粒的长度与平均直径之比。

(2) 粒径大小分布

对于塑料改性使用的填料颗粒粗细、大小的要求是根据情况而定的。一般来说，填料的颗粒粒径越小，假如它能均匀地分散，则填充材料的力学性能越好；但同时颗粒的粒径越小，要实现其均匀分散就越困难，需要更多的助剂和更好的加工设备。此外，颗粒越细，所需要的加工费用就越高，因此要根据使用需要选择适当粒径的填料。

通常填料的粒径可用它的实际尺寸（μm）来表示，也可以用可通过筛子的目数来表示。

(3) 物理性质

① 密度。填料的密度应当与它所来源的矿物一致，而且当填料颗粒均匀分散到基体树脂中时，给填充材料的密度带来影响的正是它的真实密度。由于填料的颗粒在堆砌时相互间有空隙，不同形状的颗粒粒径大小及分布不同；在质量相同时，堆砌的体积不同，有时差别还会很大。

② 吸油值。在很多场合填料与增塑剂并用，如果增塑剂为填料所吸附，就会大幅度降低对树脂的增塑效果；而填料本身在等量充填时因各自吸油值不同，对体系的影响十分明显。

③ 硬度。填料颗粒的硬度与塑料加工设备的磨损关系重大，人们不希望使用填料时带来的经济效益被加工设备的磨损抵消。另外，硬度高的填料因可以提高其填充的塑料制品的耐磨性而被人们所重视。如莫氏硬度是材料之间刻痕能力的相对比较。人们手指甲刻痕的莫氏硬度为 2，它可以在滑石上刻出刻痕，但在方解石上则无能为力。

此外，相对研磨的两种材料的硬度之差也与磨损强度大小有关。一般认为：金属硬度高于 1.25 倍的磨料硬度时，属于低磨损情况；金属硬度为 0.8～1.25 倍的磨料硬度时，属于中磨损情况；金属硬度低于 0.8 倍的磨料硬度时，属于高磨损情况。

例如，通常用于塑料挤出机螺杆的金属材料为 38CrMoAl 合金钢，经氮化处理，其维氏硬度为 800～900，而重钙的维氏硬度为 140 左右。故填充碳酸钙的塑料用挤出机加工时，尽管有磨损，但不特别显著，起码可以令人忍受；而粉煤灰、玻璃微珠或石英砂，对氮化钢的磨损极为严重，加工几十吨物料以后，其螺杆的氮化层就不存在了（氮化层约为 0.4mm 厚）。

(4) 导电性

金属是电的良导体，因此金属粉末作为填料使用可影响填充塑料的电性能，但只要填充量不大，树脂基体能包裹每一个金属填料的颗粒，其电性能的变化就不会发生突变。只有当填料用量增加至金属填料的颗粒达到互相接触的程度时，填充塑料的电性能才会发生突变，体积电阻率显著下降。非金属矿物制成的填料都是电的绝缘体，从理论上说它们不会对塑料基体的电性能带来影响。需要注意的是，由于周围环境的影响，填料的颗粒表面上会凝聚一层水分子，依填料表面性质不同，这层水分子与填料表面结合的形式和强度均有所不同。这些填料在分散到树脂基体中以后所表现出的电性能有可能与单独存在时所反映出来的电性能不同。此外，填料在粉碎和研磨过程中，由于价键的断裂，很有可能带上静电，形成相互吸附的聚集体，这在制作细度极高的微细填料时更容易发生。

## 2.2.2　填料的表面处理

无机填料无论是盐、氧化物，还是金属粉体，都属于极性物质。当它们分散于极性极小的有机高分子树脂中时，因极性的差别，造成二者相容性不好，从而对填充塑料的加工性能和制品的使用性能带来不良影响。因此，对无机填料表面进行适当处理，通过化学反应或物理方法使其表面极性接近所填充的高分子树脂，改善其相容性是十分必要的。

填料表面处理的作用机理基本上有两种类型：一是表面物理作用，包括表面涂覆（或称为包覆）和表面吸附；二是表面化学作用，包括表面取代、水解、聚合和接枝等。前一类填料表面处理与处理剂的结合是分子间作用力，后一类填料表面是通过产生化学反应而与处理剂相结合。填料表面处理究竟是何种机理主要取决于填料的成分、结构，特别是填料表面的官能团类型、数量及活性，也与表面处理剂类型、表面处理方法与工艺条件有关。

一般来说，填料的比表面积大，表面官能团反应活性高，而且选用的表面处理剂与填料表面官能团的反应活性高，空间位阻小，表面处理温度适宜，故填料表面处理以化学反应为主，反之以物理作用为主。实际上绝大多数填料表面处理两种机理都同时存在。对于指定的填料来说，若采用表面活性剂、长链有机酸盐、高沸点链烃等为表面处理剂，则主要是通过表面涂覆或表面吸附的物理作用进行处理；若采用偶联剂、长链有机酰氯、金属烷氧基化合物及环氧化合物等为表面处理剂，则主要通过表面化学作用来进行处理。

粉体表面改性是粉体加工工程与表面科学及其他众多学科相关的边缘学科，它至少应包括以下四个方面。

① 粉体表面改性的原理与方法。它涉及各种粉体（包括改性处理后的粉体）的表面或界面性质；粉体表面或界面与表面改性剂的作用机理，如吸附或化学反应的类型、作用力或键合作用强弱、热力学性质的变化等；各种表面改性方法的基本原理或理论基础，如表面或界面的物理、化学反应的过程，以及该过程的模型或数学模拟和化学计算等。

② 表面改性剂。在大多数情况下，粉体表面性质的改变是依靠各种有机或无机化学物质（即表面改性剂）在粉体粒子表面的包覆或包膜来实现的。因此，从某种意义上来说，表面改性剂是粉体表面改性技术的关键。此外，表面改性剂还关系到粉体改性（处理）后的应用特性。

③ 表面改性工艺与设备。表面改性工艺与设备是最终实现按应用需要改变粉体表面性质的重要技术环节。其研究内容包括：不同类型和不同用途粉体表面改性的工艺流程和工艺条件；影响粉体表面改性效果的因素；设备类型与操作条件等。表面改性工艺与设备是互相联系的，好的工艺必然包括性能良好的设备。因此，改性设备的研制开发也是表面改性工艺与设备研究内容的一个重要方面。

④ 改性过程的控制与产品检测技术。这一研究领域涉及表面改性或反应过程温度、浓度、酸度、时间、表面包覆率或包膜厚度等的控制技术；表面改性粉体的疏水性、表面能、表面包覆率或包膜厚度，表面包覆层的晶体结构、电性能、光性能、热性能等的检测方法。此外，还包括建立控制参数与质量指标之间的对应关系，以及过程的计算机模拟和自动控制。

粒径微细化、表面活性化、晶体结构精细化被认为是未来无机填料发展的三大方向。但是，现今上述"三化"的处理工艺是独立设置的，今后将发展"复合"处理工艺，即将粒径微细化（即超细粉碎）、表面活性化（即表面改性）、晶体结构精细化组合进行，在同一工艺设备中达到几种目的。

### 2.2.2.1 填料表面的干法处理

根据所使用的处理设备和处理过程的不同，填料表面处理方法主要内容如下。

① 干法处理的原理与过程。干法处理的原理是填料在干态下借助高速混合作用于一定

温度下使处理剂均匀地作用于填料粉体颗粒表面，形成一个极薄的表面处理层。

干法处理可用于物理作用的表面处理，也可用于化学作用的表面处理，尤其是粉碎或研磨等加工工艺同时进行的干法处理，无论是物理作用，还是化学作用，都可获得很好的表面处理效果。显然这种表面处理效果与加工过程中不断新生的高活性填料表面以及填料粒径变小有很大关系，已经成为引人注目的一个新的发展趋势。

② 表面涂覆处理。处理剂可以是液体、溶剂、乳液和低熔点固体形式。其一般处理步骤为：混合均匀后逐渐升温至一定温度，在此温度下高速搅拌 3～5min 即可出料。

③ 表面反应处理。干法表面反应处理方法有两类。一是采用本身与填料表面具有较大反应性的处理剂，如铝酸酯、钛酸酯等直接与填料表面进行反应处理；二是采用两种处理剂先后进行反应处理，即第一处理剂先与填料表面进行反应以后，以化学键形式结合于填料表面上，再用第二处理剂与结合在填料表面的第一处理剂反应。

④ 表面聚合处理。许多填料表面带有可反应的基团，这些基团可与一些可聚合的单体反应，然后这些单体再进行聚合，这样就在粉体表面利用化学键包覆了一层聚合物。因此，这样的聚合物再与塑料树脂混合时，就具有较大的混溶性，从而可以改进填料与基体树脂的界面黏结力，大幅度提高填充改性塑料的力学性能。

粉体表面的官能团是粉体物料晶体结构与化学组成在表面上的体现，它决定了粉体在一定条件下的吸附和化学反应活性以及电性能、润湿性能等。因此，对其应用性能以及表面改性剂分子的作用等有重要影响。粉体表面的官能团还与 pH 值有关。

填料干法表面聚合处理是一种较新颖的表面处理方法。通常有两种做法：一种是先用适当的引发剂如过氧化物处理无机填料表面，然后加入单体，高速搅拌并在一定温度下使单体在填料表面进行聚合，获得干态的经表面聚合处理的填料；另一种是将单体与填料在球磨机中研磨，借助研磨的机械力作用和摩擦热使单体在无机填料表面聚合，可获得表面聚合处理的填料。

### 2.2.2.2 填料表面的湿法处理

填料表面的湿法处理是指填料粉体处于湿态，即主要是在水溶液中进行表面处理。

填料表面湿法处理的原理是填料在处理剂的水溶液或水乳液中，通过填料表面吸附作用或化学作用而使处理剂分子结合于填料表面，因此处理剂应可溶于水或可乳化分散于水中，既可用于物理作用的表面处理，也可用于化学作用的表面处理。常用的处理剂有脂肪酸盐、树脂酸盐等表面活性剂，水稳定性的螯合型钛酸酯及硅烷偶联剂和聚合物电解质等。

① 吸附法。以活性碳酸钙为例，按轻质碳酸钙原生产工艺流程，在石灰消化后的石灰乳液中，加入计量的表面活性剂，在高速搅拌和 7～15℃下通入二氧化碳至悬浮液 pH 值为 7 左右，然后按轻质碳酸钙原生产工艺离心过滤、烘干、研磨和过筛即得活性沉淀碳酸钙。

又如将计量的油酸钠加入 60～70℃的氢氧化镁悬浊液中搅拌 30min，过滤后烘干。处理过的氢氧化镁填充于乙烯-丙烯共聚物中，阻燃性可达 V-0 级，较填充未处理过的氢氧化镁冲击强度可提高近一倍。

② 化学反应法。采用硅烷偶联剂、铝锆酸酯偶联剂、有机铬偶联剂、水溶性铝酸偶联剂以及通过水解反应进行表面处理都属于这一类。

图 2-1 所示为碳酸钙复合偶联剂体系工艺流程图。该复合偶联体系是以钛酸酯偶联剂为基础，结合其他表面处理剂、交联剂、加工改性剂对碳酸钙粒子表面进行综合技术处理（改性）的工艺。

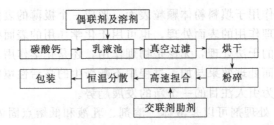

图 2-1 碳酸钙复合偶联剂体系工艺流程图

为了使所有碳酸钙粒子表面都能包覆一层偶联剂分子，可以改喷雾或滴加的方法为乳液浸渍的方法，再经过烘干、粉碎后与交联剂等助剂高速捏合（或混合）、均匀分散。复合偶联体系中偶联剂及各种助剂分述如下。

a. 钛酸酯偶联剂。

b. 表面处理及硬脂酸。单独使用硬脂酸处理碳酸钙，效果并不理想，将硬脂酸与钛酸酯偶联剂混合使用，可以收到良好的协同效果。硬脂酸的加入基本上不影响偶联剂的偶联作用，同时还可以减少偶联剂的用量，从而降低生产成本。

c. 交联剂马来酰亚胺。复合偶联体系中，采用交联剂可以使无机填料通过交联技术与基体树脂更紧密地结合在一起，进一步提高复合材料的各项力学性能。这是简单的钛酸酯偶联剂表面改性处理难以达到的。

d. 加工改性剂 M80 树脂等。各种加工改性剂主要是高分子化合物。加工改性剂可以显著改善树脂的熔体流动性能、热变形性能及制品表面的光泽等。

综上所述，碳酸钙复合偶联体系的主要成分是碳酸钙和钛酸酯偶联剂。钛酸酯偶联剂作为一种多效能的助剂发挥了主要作用。在此基础上，再配合交联剂、表面活性剂、加工改性剂等可进一步增强碳酸钙填料的表面活性，增加填料的用量，提高复合材料的性能。

③ 聚合法。例如，在碳酸钙的水分散体中，用丙烯酸、乙酸乙烯酯、甲基丙烯酸丁酯等单体进行聚合共聚，在碳酸钙粒子表面产生聚合物层而获得聚合处理过的碳酸钙填料。

将用上述方法制成的碳酸钙填料按 1:2 的比例填充于 PVC 树脂，所得到的填充塑料的拉伸强度比未经处理的碳酸钙填充 PVC 塑料提高了 25% 以上，甚至高于纯 PVC 塑料的拉伸强度。

此外，在硅灰石粉的水悬浮浊液中加入甲基丙烯酸甲酯可实现表面聚合；碳酸钙、氧化锌等在正辛烷中于 75℃ 下，用偶氮二异丁腈为引发剂引发丙烯酸与甲基丙烯酸甲酯或苯乙烯、氯乙烯聚合；在亚硫酸钠水溶液中引发甲基丙烯酸酯类、苯乙烯、乙酸乙烯酯和丙烯腈等在金属粉表面聚合；在碳酸钙的水悬浮液中于 70℃ 下采用水溶性引发剂使苯乙烯聚合，以及胶态二氧化硅在含表面活性剂和交联剂的乳液中引发氯乙烯在其表面聚合等。采用有机酸处理无机填料表面的方法有以下三种。

① 喷雾法。无机填料经充分脱水干燥后，在捏合或混合机中高速搅拌下，将定量的有机酸以雾状或液滴态缓缓加入反应。温度可控制在室温以上、有机酸的分解温度以下，一般在 50~200℃，反应时间为 5~30min。为避免有机酸在反应过程中聚合，可加入少量阻聚剂，如对苯二酚、甲氧基对苯二酚、邻苯醌、萘醌等。阻聚剂用量为有机酸的 0.5% 左右。在反应过程中不能有液态水存在。因此，使用时应选用无水有机酸。

② 溶液法。将定量的有机酸溶于有机溶剂，如甲醇、乙醇、丙酮、甲乙酮、乙酸乙酯等中，配制成一定浓度的溶液。无机填料经充分脱水干燥后与溶液混合，搅拌反应 5~30min，温度为 25~50℃，并适量加入阻聚剂，以防止活泼双键遭到破坏。反应结束后，滤去溶剂，干燥后即得表面改性处理后的活性填料。

③ 过浓度法。无机填料经充分脱水干燥后，与过量浓度的有机酸反应。有机酸可用少量甲苯、二甲苯、乙烷、庚烷、四氯化萘、四氯化碳等非极性溶剂稀释。反应可用喷雾法或溶液混合法。反应结束后，用极性溶剂，如甲醇、乙醇等清洗、过滤、干燥、精制即得活性填料。

### 2.2.2.3　填料的其他表面改性方法

其他表面改性方法主要采用高能改性法和酸碱处理法。高能改性法：利用紫外线、红外线、电晕放电和等离子体照射等方法进行表面处理，如用 $ArC_3H_6$ 低温等离子体处理后的 $CaCO_3$ 与未经处理的 $CaCO_3$ 相比，可改善 $CaCO_3$ 与 PP（聚丙烯）的界面黏结性。这是因为，经低温等离子体处理后的 $CaCO_3$ 粒子表面存在非极性有机层作为界面相，可以降低 $CaCO_3$ 的极性，提高与 PP 的相容性。将这些方法与前述各种表面改性方法并用，效果更好。高能改性法由于技术复杂，成本较高，在粉体表面处理方面用得不多。

酸碱处理也是一种表面辅助处理方法，通过酸碱处理可以改善粉体表面（或界面）的极性和复合反应活性。此外，还有化学气相沉积（CVD）和物理气相沉积（PVD）等方法。

# 2.3　塑料的增强改性

## 2.3.1　热塑性增强材料的性能和特点

以热塑性玻璃纤维增强塑料为例，其性能特点概括起来大致有以下几点。

① 比强度高。按单位重量来计算强度，称为比强度。增强塑料的比强度是优于一般金属材料的。虽然玻璃纤维的相对密度高于有机纤维，但比一般金属的相对密度低，和铝相当，其值约为 2.25～2.9（碳纤维的相对密度为 1.85）。高分子树脂的相对密度一般为 0.9～1.4（聚四氟乙烯的相对密度为 2.1～2.3）。由于在高分子树脂中添加了玻璃纤维，因而增强塑料的相对密度一般都增大。但玻璃纤维增强热塑性塑料（FRTP）的相对密度在 1.1～1.6 之间，只有钢铁的 1/6～1/5，而它所增加的机械强度却很显著，因而可以较小的单位重量获得很高的机械强度，是一类轻质高强的新型工程结构材料。它在飞机、火箭、导弹以及其他要求减轻重量的运载工具方面的应用，有着极为重要的意义。

② 良好的热性能。一般未增强的热塑性塑料，其热变形温度较低，只能在 50～100℃ 以下使用。但增强塑料的热变形温度则显著提高，因而可在 100℃ 以上甚至 150～200℃ 进行长期工作。例如，尼龙 6（尼龙是聚酰胺树脂的俗称）未增强前其热变形温度在 50℃ 左右，而增强后可达 120℃。

③ 良好的电绝缘性能。FRTP 是一种优良的电气绝缘材料，可用于电机、电器、仪表中的绝缘零件。FRTP 制品在高频作用下仍能保持良好的介电性能，不受电磁作用，不反射无线电电波，微波透过性良好，因而在国防上也受到重视。

④ 良好的耐化学腐蚀性能。除氢氟酸等强腐蚀性介质外，玻璃纤维的耐化学腐蚀性能是优良的。在 FRTP 中也可改变增强材料品种，例如将玻璃纤维改用碳纤维、硼纤维或石棉纤维等，则强度和耐腐蚀性能也随之而有所不同。

## 2.3.2　增强材料

增强塑料由高分子树脂和增强材料两大部分组成。在工程上主要应用的增强材料是玻璃纤维及其制品。

### 2.3.2.1 玻璃纤维

(1) 按化学成分分类

通常的玻璃纤维都是硅酸盐类，通常按碱含量（碱金属氧化物 $K_2O$、$Na_2O$ 的百分含量）来划分。

① 无碱玻璃纤维。其碱金属氧化物含量小于 1%，此种玻璃纤维相当于 E 玻璃纤维。它有优良的化学稳定性、电绝缘性和力学性能，主要用于增强塑料、电气绝缘材料、橡胶增强材料等。

② 中碱玻璃纤维。其碱金属氧化物含量为 8%～12%。此种玻璃纤维相当于 C 玻璃纤维。由于含碱量较高，耐水性就较差，不适宜用作电绝缘材料。但它的化学稳定性较好，尤其是耐酸性能比 E 玻璃纤维好。虽然机械强度不如 E 玻璃纤维，但由于来源较 E 玻璃纤维丰富，而且价格便宜，所以对于机械强度要求不高的一般增强塑料结构件，可采用这种玻璃纤维。

③ 高碱玻璃纤维。其碱金属氧化物含量为 14%～15%。此种玻璃纤维相当于 A 玻璃纤维。它的机械强度、化学稳定性、电绝缘性能都较差，主要用于保温、防水、防潮材料。

④ 特种成分玻璃纤维。由于在配方中添加了特种氧化物，因而赋予玻璃纤维各种特殊性能，如高强度玻璃纤维、高弹性模量玻璃纤维、耐高温玻璃纤维、低介电常数玻璃纤维、抗红外线玻璃纤维、光学玻璃纤维、导电玻璃纤维等。

玻璃纤维的直径越细则强度越高，扭曲性也越好，主要原因是纤维直径越细，其表面裂纹越少而且小，因此抗拉伸强度随着纤维直径的减小而急剧上升。

增强塑料常用的玻璃纤维直径是 $6\sim15\mu m$，属于高中级玻璃纤维类型。此种玻璃纤维抗拉伸强度一般在 1000～3000MPa 之间，因而增强塑料有很高的机械强度。对于超级玻璃纤维，由于产量低，成本高，不宜采用；它一般作为高级绝缘基材。从强度及成本角度考虑，今后中级玻璃纤维作为增强材料将占极大比重。

(2) 按纤维长度分类

① 连续玻璃纤维：主要是用漏板法拉制的长纤维。

② 定长玻璃纤维：主要是用吹拉法制成的长度为 300～500mm 的纤维，用于制毛纱或毡片。

③ 玻璃棉：主要是用离心喷吹法、火焰喷吹法制成长度为 150mm 以下、类似棉絮的纤维。其主要用作保温吸声材料。

(3) 长玻璃纤维制品的品种和规格

由坩埚拉制的长玻璃纤维可制成两类制品，即加捻玻璃纤维制品和无捻玻璃纤维制品。加捻玻璃纤维的制作过程如下：自坩埚拉出的玻璃纤维，经石蜡乳化型浸润剂浸润成原纱后，通过加捻合股成为有捻玻璃纤维纱、绳；也可将纱进一步织成布或带等制品。无捻玻璃纤维的制作过程如下：自坩埚拉出的玻璃纤维，经强化型浸润剂浸润成原纱后，不经加捻而成为无捻粗纱；或者切成短切纤维，加工成为玻璃纤维席或毡。将无捻粗纱纺织，则成为无捻粗纱织物，如无捻粗纱平纹布等。无碱无捻玻璃纤维制品主要用来增强塑料。

### 2.3.2.2 碳纤维

最近几年，高强度、高弹性模量新型碳纤维的出现特别引人注目，它已进入商品性生产。在热固性增强塑料中，碳纤维已有相当规模的应用，尤其是在宇航方面，发展甚为迅速。

碳纤维与玻璃纤维比较，它的特点是弹性模量很高，在湿态条件下的力学性能保持率良好，其热导率大、有导电性、蠕变小、耐磨性好。碳纤维纵向导热好而横向导热差，这是由于碳纤维的高度结晶定向所致。利用这个性质，碳纤维最适宜制作火箭喷管的磨蚀材料。

碳纤维及其复合材料具有高比强度、高比模量、耐高温、耐腐蚀、耐疲劳、抗蠕变、导电、传热和热膨胀系数小等一系列优异性能，它们既作为结构材料承载负荷，又可作为功能材料发挥作用，目前几乎没有什么材料具有如此多方面的特性。因此，碳纤维及其复合材料近年来发展十分迅速。

目前世界上生产和销售的碳纤维绝大部分都是聚丙烯腈基碳纤维。尽管通用级沥青基碳纤维在日本已有多年生产史，高性能沥青基碳纤维在美国实现工业化也已多年，然而沥青基碳纤维的真正发展还是在 20 世纪 80 年代后期。除此之外，人们还正在研究气相生产碳纤维。这种纤维是低分子烃气体和氢气在高温下与金属铁或其他过渡金属接触时气相热解生长而成。

### 2.3.2.3　石棉纤维

石棉纤维是一种天然的多晶质无机纤维，适宜于作热塑性增强材料的是一种温石棉，它是一种水和氧化镁硅酸盐类化合物，近似化学式为：$3MgO \cdot 2SiO_2 \cdot 2H_2O$。它的化学组成随产地的不同而有所变化。

温石棉的单纤维是管状的，内部具有毛细管结构。其内径为 $0.01\mu m$，外径约为 $0.03\mu m$。当数万根石棉纤维集成一束时，其直径约为 $20\mu m$。它的抗拉伸强度约为 38MPa，弹性模量 2100MPa（玻璃纤维抗拉伸强度 35MPa，弹性模量 740MPa）。与玻璃纤维增强塑料相比，石棉增强塑料制品变形小，阻燃性增加，对成型机磨损较小，并且价格低廉。但其制品电气性能、着色性变差。如何在热塑性塑料领域中进一步扩大石棉纤维的应用范围，这是大家十分关心的课题。

### 2.3.2.4　碳纳米管

碳纳米管具有与金刚石相同的导热性和独特的力学性质。碳纳米管的抗张强度比钢的抗张强度高 100 倍，延伸率达百分之几，并具有好的可弯曲性；单壁碳纳米管可承受扭转形变并可弯成小圆环，应力卸除后可完全恢复到原来状态。这些十分优良的力学性能使它们有潜在的应用前景。例如，它们可用作复合材料的增强剂。

碳纳米管具有独特的电学性质，这是由于电子的量子限域所致，电子只能在碳纳米管的管壁中沿纳米管的轴向运动，径向运动受到限制。

碳纳米管也是很好的储氢材料，碳纳米管形成的有序纳米空洞厚膜有可能用于锂离子电池，在此厚膜孔内填充电催化的金属或合金可用来电催化 $O_2$ 分解和甲醇的氧化。

### 2.3.2.5　有机聚合物纤维

有机聚合物纤维包括芳纶（芳香族聚酰胺）和聚对苯二甲酸乙二酯（PET）纤维。芳纶通常以短切和经表面处理的两种形式存在。用芳纶制造的复合材料特别适用于制备部件要求高阻尼的情况。由于这些纤维的压缩强度较低，因此在复合时极易磨损（缩短）；所以芳纶纤维复合材料的力学性能优势并不明显，尤其是在考虑其成本时更是如此。芳纶纤维不像玻璃纤维或碳纤维那样呈直线状，而是呈卷曲状或扭曲状。这个特点使得芳纶复合材料中的芳纶纤维在加工过程中不完全沿流动方向取向，因而在各项性能分布上更加均匀。

PET 短切纤维束可以用来与玻璃纤维混合以提高脆性树脂基体的抗冲击强度。PET 纤维虽然也不能提供复合材料的力学强度或硬度，但是相对其他玻璃纤维增强成分而言，它的成本较低；而且，PET 纤维对模具表面的磨蚀作用也比玻璃纤维低。

### 2.3.2.6 金属纤维、陶瓷纤维和晶须

金属纤维包括不锈钢纤维、铝纤维、镀镍的玻璃纤维或碳纤维。这类纤维主要用在要求防静电或电磁屏蔽的复合材料中，不太适合作为增强成分，而且在加工过程中很容易发生卷曲。但在复合材料中加入低含量的金属纤维（通常为 5%～10%），不仅能够获得令人满意的电磁屏蔽性能，力学性能也基本能够满足要求，而它们的韧性和模量通常都低于传统的碳纤维或玻璃纤维增强复合材料。与碳纤维相比，金属纤维用于电磁屏蔽的优势在于降低单位表面电阻率所耗的成本。目前，不锈钢纤维是使用最广泛的金属纤维。

陶瓷纤维（不包括玻璃纤维）包括氧化铝纤维、硼纤维、碳化硅纤维、硅酸铝纤维等。与玻璃纤维和其他纤维相比，陶瓷纤维增强复合材料的物理性能更好一些，尤其是高温下的压缩强度和性能稳定性。陶瓷纤维有两个显著缺陷：成本较高和固有脆性（复合过程中会导致纤维长度的明显磨损）。氧化铝纤维和石棉纤维特性很相似，可以添加在航空工业所用的含氟聚合物和热固性树脂中，也可用于制造化学加工设备中的部件，还可用于制造制动部件的衬面。

晶须是单丝形式的单晶体，可用于制备具有优良力学性能的复合材料。晶须兼有玻璃纤维和硼纤维的突出性能，它们具有玻璃纤维的伸长率（3%～4%）和硼纤维的高弹性模量 $[(4～7)×10^5 MPa]$。

绝大多数晶须是通过气相反应制备的。为了获得最大的增强作用，必须具有合适的长度、形状和正确的横截面积。如果晶须在聚合物熔体中能很好地润湿和取向，塑料的拉伸强度往往能够提高 10～20 倍。为了实现应用，必须首先将这些增强材料的价格降低到经济上能够接受的水平，但由于碳化硅晶须价格高昂，一般工业与民用部门很难接受，目前其仅用于空间技术、尖端武器和深海技术等领域。

## 2.4 塑料的化学改性

化学改性包括嵌段和接枝共聚、交联、互穿聚合物网络等，是一个门类繁多的博大体系。聚合物本身就是一种化学合成材料，因而也就易于通过化学的方法进行改性。化学改性的产生甚至比共混还要早，橡胶的交联就是一种早期的化学改性方法。

嵌段和接枝共聚的方法在聚合物改性中应用颇广。嵌段共聚物的成功范例之一是热塑性弹性体，它使人们获得了既能像塑料一样加工成型又具有橡胶弹性体的新型材料。在接枝共聚产物中，应用更为普及的为 ABS。这一材料优异的性能和相对便宜的价格，使它在诸多领域广为应用。

互穿聚合物网络（IPN）可以看成是一种用化学方法完成的共混。IPN 形成示意如图 2-2 所示。在 IPN 中，两种聚合物相互贯穿，形成两相连续的网络结构。制备 IPN 的方法主要有三种：分步聚合法（SIPN）、同步聚合法（SIN）及乳液聚合法（LIPN）。分步聚合法是先将单体（1）聚合形成具有一定交联度的聚合物（Ⅰ），然后将它置于单体（2）中充分溶胀，并加入单体（2）的引发剂、交联剂等；在适当的工艺条件下，使单体（2）聚合形成交联聚合网络（Ⅱ）。由于单体（2）均匀分布于聚合物网络（1）中，在聚合物网络（2）形成的同时，必然与聚合物（Ⅰ）有一定程度的互穿。虽然聚合物（Ⅰ）与聚合物（Ⅱ）分子链间无化学键形成，但它的确是一种永久的缠结。

同步聚合法较分步聚合法简便，它是将单体（1）和单体（2）同时加入反应器中，在两种单体的催化剂、引发剂、交联剂的存在下，在一定的反应条件下（如高速搅拌、加热等），

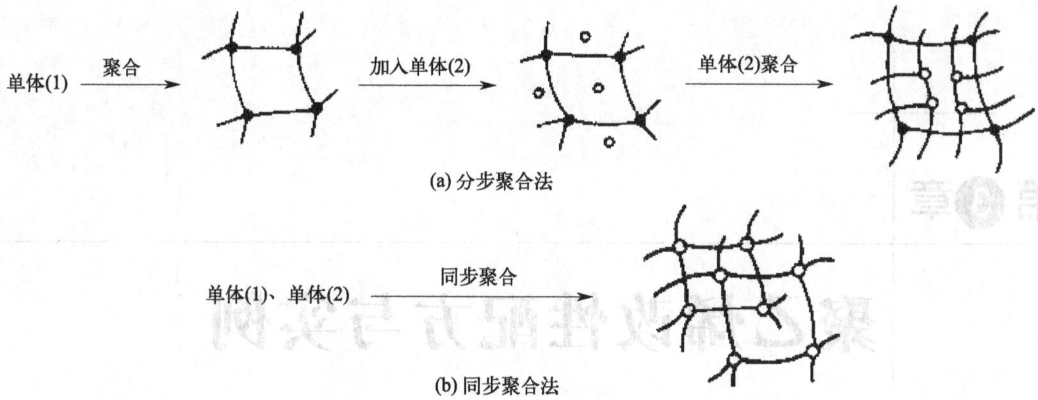

单体(1)　聚合 →　　　加入单体(2) →　　　单体(2)聚合 →

(a) 分步聚合法

单体(1)、单体(2)　同步聚合 →

(b) 同步聚合法

图 2-2　IPN 形成示意

两种单体进行聚合反应，形成交联互穿网络。用此法制备 IPN，工艺上比较方便，但要求两种单体的聚合反应物不相互干扰，而且具有大致相同的聚合温度和聚合速率。如环氧树脂/聚丙烯酸正丁酯 IPN 体系，环氧树脂由逐步聚合反应得到，聚丙烯酸正丁酯是由自由基加聚反应得到的，两者互不影响；在 130℃ 左右时，两者分别进行聚合、交联，最终形成 IPN。

光接枝聚合具有突出的特点，既能获得不同于本体性能的表面特性，又可保持本体性能。应用较多的是射线或电子束高能辐射，在纤维素、羊毛、橡胶等材料的表面接枝上一层烯类单体的均聚物。由于高能辐射能穿透被接枝物，因而接枝层可以深入到材料本体较深的部位，这样本体性能会受到影响。紫外线接枝因其较低的工业成本以及选择性而受到重视。选择性是指众多聚烯烃材料不吸收长波紫外线（300～400nm），因此在引发剂引发反应时不会影响本体性能。紫外线应用于聚合物表面改性最早追溯到 1883 年，当纤维素暴露于紫外线和可见光时，能观察到发生了化学变化。有关用紫外线进行接枝聚合改性聚合物表面的工作始于 1957 年 Oster 的报道。但直到近些年，才涌现出大量的有关表面接枝改性的文献。其应用领域也已从最初的简单表面改性发展到表面高性能化、表面功能化、接枝成型方法等高新技术领域，显示了这种方法在聚合物表面改性方面的重要性和广阔的应用前景。

# 第3章 ▶▶▶

# 聚乙烯改性配方与实例

## 3.1 聚乙烯增强增韧改性配方与实例

### 3.1.1 高强度耐高低温 HDPE

**(1) 配方 (质量份)**

| | | | |
|---|---|---|---|
| HDPE(高密度聚乙烯) | 70 | 紫外线吸收剂 770 | 1.5 |
| LLDPE(线型低密度聚乙烯) | 25 | 紫外线吸收剂 2020 | 1.5 |
| EVA(乙烯-乙酸乙烯酯共聚物) | 5 | HDPE-g-MAH | 5 |
| 抗氧剂 1010 | 1 | 填料 | 1.2 |
| 抗氧剂 168 | 1 | 改性钽丝 | 1 |

注:填料为改性云母粉与纳米钽粉的复配物,其中改性云母粉与纳米钽粉的质量比为 3∶1。改性云母粉为 1250 目,纳米钽粉的粒径为 30~50nm。

**(2) 加工工艺**

先将玻璃纤维与纳米钽丝熔融并同步拉丝,然后将玻璃纤维包裹在纳米钽丝外周形成改性钽丝。在拉丝过程中,纳米钽丝的直径控制在 $100\sim150\mu m$,包覆后的改性钽丝的直径控制在 $120\sim170\mu m$;将原料 HDPE、LLDPE、增韧剂、抗氧剂、紫外线吸收剂、EVA 相容剂、填料混合均匀得到混合物;混合物与改性钽丝经螺杆挤出机挤出造粒。

**(3) 参考性能**

高强度耐高低温 HDPE 性能见表 3-1。制得的 HDPE 料具有较好的拉伸强度、弯曲强度以及耐环境应力开裂,并且对本例 HDPE 料在 23℃、−70℃ 以及 80℃ 进行测试,发现其在拉伸强度、弯曲强度以及耐环境应力开裂方面并没有区别。

**表 3-1 高强度耐高低温 HDPE 性能**

| 性能指标 | 配方样 | 对比样(HDPE5200B) |
|---|---|---|
| 拉伸强度/MPa | 63.4 | 27.69 |
| 弯曲强度/MPa | 56.3 | 22.5 |
| 耐环境应力开裂/h | 96.1 | 25.3 |

## 3.1.2　增强 HDPE 双壁波纹管

（1）配方（质量份）

| | | | |
|---|---|---|---|
| 聚乙烯 PN049 | 100 | 钛酸酯偶联剂 | 1 |
| 木粉 | 40 | 三元乙丙橡胶 | 7 |

注：木粉的目数为 80 目；三元乙丙橡胶的门尼值为 70，乙烯丙烯比为 57：43。

（2）加工工艺

将木粉在 120℃烘干 3h，使其水分含量低于 300mg/kg，冷却至常温后与钛酸酯偶联剂混合，加热至 60℃，在 1100r/min 转速下搅拌分散 7min，然后加入三元乙丙橡胶，搅拌均匀后自动冷却；将上述混合料与聚乙烯 PN049 混合均匀，然后输送至挤出机，经塑化挤出，再模具成型即得增强 HDPE 双壁波纹管。

（3）参考性能

增强 HDPE 双壁波纹管性能见表 3-2。

表 3-2　增强 HDPE 双壁波纹管性能

| 性能指标 | 数值 | 性能指标 | 数值 |
|---|---|---|---|
| 真实冲击率（TIR）/% | ≤4 | 环柔性 | 试样圆滑无破裂，两臂无脱开，无反向弯曲 |
| 刚性/MPa | 80 | 蠕变比率（23℃） | <3 |
| 环刚度/(kN/m²) | 13.2 | 烘箱实验（110℃） | 无分层，无开裂，无气泡 |

## 3.1.3　双向拉伸聚乙烯抗菌薄膜

（1）配方（质量份）

抗菌表面层原料：

| | | | |
|---|---|---|---|
| 聚乙烯 | 100 | 防霉剂吡啶硫酮锌 | 0.2 |
| 胍盐复合抗菌剂 | 1.2 | | |

（2）加工工艺

① 胍盐复合抗菌剂的制备。将聚六亚甲基胍盐酸盐 1000g 溶于水中，配制成质量分数为 20% 的水溶液；将 50g 硫酸锌配制成质量分数为 25% 的水溶液。125g 丁苯胶乳溶液经辐射交联后直接使用，质量分数为 40%。将配制好的胍盐聚合物水溶液加入盛有含锌、含铜水溶液的容器中，边加入边搅拌，直至混合均匀，形成透明的液体混合物。液体混合物加入胶乳溶液中，边加入边搅拌，直至混合均匀。然后，向混合物中加入 5g 抗迁移剂。得到的混合物利用喷雾干燥仪进行干燥，得到固体粉末，颗粒直径为 1～2μm；将所得固体粉末转移至高速搅拌器中，添加 5g 气相二氧化硅作为分散剂，高速混合、分散后，得到胍盐复合抗菌剂。

② 抗菌表面层原料的制备。将聚乙烯在热风烘箱中进行干燥，之后将聚乙烯树脂与胍盐复合抗菌剂以及防霉剂吡啶硫酮锌加入搅拌机中在 25℃下搅拌均匀，搅拌机先以 100r/min 低速混合约 1min，然后再以 200r/min 高速混合 1min；将上述搅拌均匀的混合物送入双螺杆挤出机中挤出造粒。调整螺杆的转速到 350r/min，各区段温度分别控制在：190℃、200℃、210℃、210℃、210℃ 和 210℃；各区段的真空度保持为 0.02～0.09MPa。

③ 流延片材的制备。将聚乙烯和抗菌表面层原料分别在热风烘箱中进行干燥。其中，干燥的方式为用 80℃的干燥热空气连续吹扫 8h。将干燥后的聚乙烯加入挤出流延设备的主挤出机中，将抗菌表面层原料加入挤出流延设备的表层挤出机中进行熔融挤出，并经流延辊流延成型，得到表层厚度为 35μm、芯层厚度为 350μm 的原料片材。其中，两台挤出机的温度设定一致，挤出机各区段温度分别为 210℃、220℃、230℃、230℃、230℃，换网区温度为 240℃，机头温度为 235℃，流延辊温度为 25℃。

④ 双向拉伸成型。流延片材以双向拉伸机进行双向拉伸。所用拉伸方式为先进行纵向（MD）拉伸，后进行横向（TD）拉伸。其中，MD 拉伸的预热温度为 110℃、拉伸温度为 100℃、拉伸倍率为 5 倍；TD 拉伸的预热温度为 110℃、拉伸温度为 100℃、拉伸倍率为 7 倍；形成包括聚乙烯芯层和附着于所述聚乙烯芯层一侧表面的抗菌表面层的聚乙烯抗菌薄膜。其中，聚乙烯芯层的厚度为 10μm，抗菌表面层的厚度为 1μm。

（3）参考性能

双向拉伸聚乙烯抗菌薄膜抗菌防霉性能见表 3-3。

**表 3-3 双向拉伸聚乙烯抗菌薄膜抗菌防霉性能**

| 性能指标 | 数值 | 性能指标 | 数值 |
|---|---|---|---|
| 金黄色葡萄球菌抗菌率(水煮前)/% | 99.9 | 金黄色葡萄球菌抗菌率(水煮后)/% | 99.9 |
| 大肠杆菌抗菌率(水煮前)/% | 99.9 | 大肠杆菌抗菌率(水煮后)/% | 0 |
| 防霉(水煮前)/% | 0 | 防霉(水煮后)/% | 0 |

注：1. 抗菌测试标准为 GB/T 31402—2015《塑料 塑料表面抗菌性能试验方法》。

2. 防霉测试：根据 ASTM G21-96 进行测试，培养 28d 观察生长霉菌的情况。0 级：不长，即显微镜（放大 50 倍）下观察未见生长；1 级：痕迹生长，即肉眼可见生长，但生长覆盖面积小于 10%；2 级：生长覆盖面积不小于 10%。

## 3.1.4 滚塑成型聚丙烯合金料

（1）配方（质量份）

| | | | |
|---|---|---|---|
| 均聚聚丙烯牌号 V30G | 100 | 引发剂二叔丁基过氧化物(DTBP) | 0.05 |
| 共聚物 18MG02 | 1 | 吸酸剂硬脂酸镁 | 0.05 |
| 马来酸酐 | 0.2 | 抗氧剂 4,4′-硫代双(6-叔丁基-3-甲基 | |
| 甲基丙烯酸缩水甘油酯(GMA) | 1.3 | 苯酚) | 0.05 |
| 纳米碳酸钙 | 1 | UV-531 | 1 |

（2）加工工艺

原料按配方比称量好并混合均匀，通过双螺杆挤出机挤出切粒。挤出机转速为 180r/min，挤出机温度区间设置为 130～200℃。

（3）参考性能

滚塑成型聚丙烯合金料，熔体指数（230℃，2.16kg）为 26g/10min。长期工作温度可达 90℃以上，制品显示良好的冲击性能、很低的翘曲和收缩性。可用于生产化工耐酸碱液罐、耐高温水箱、各种器材包装箱等滚塑制品。

## 3.1.5 耐变色高强度的聚乙烯管材

（1）配方（质量份）

| | | | |
|---|---|---|---|
| HDPE | 100 | 芳基磺化重氮盐 | 0.05 |
| mLLDPE | 35 | 纳米碳酸钙 | 3 |
| 反式聚辛烯橡胶 TOR | 15 | 受阻胺光稳定剂 | 0.1 |
| 偶氮二异丁腈(AIBN) | 0.1 | 分散剂液体石蜡 | 0.5 |

（2）加工工艺

① 芳基磺化重氮盐的制备。对氨基苯磺酸（SA）的质量为 1.3～4.5g，亚硝酸钠（$NaNO_2$）的质量为 0.1～1.5g，在 15～25℃的温水浴中溶解，然后在 25～45℃温度条件下在上述溶液中加入 $NaNO_2$。当 $NaNO_2$ 溶解于混合溶液后，将此溶液在搅拌条件下倒入含有 1mL 浓盐酸（HCl）的 20mL 冰水中，并将温度保持在冰水浴中 30～60min，形成芳基磺化重氮盐。

② 聚乙烯管材的制造。将高密度聚乙烯（HDPE）、茂金属线型低密度聚乙烯（mLL-DPE）、反式聚辛烯橡胶 TOR、偶氮二异丁腈、芳基磺化重氮盐、纳米碳酸钙、光稳定剂和分散

剂按配方比例称重后一起加入高速混合机搅拌 10～15min，加入挤出机造粒，然后将粒料加入全自动一体化挤出机挤出，真空定型、喷码、切割、检验、包装、入库。进料段温度为 150～180℃，压缩段温度为 200～220℃，塑化段温度为 220～230℃，均化段温度为 200～210℃，模具温度为 190～210℃，冷却水温度为 15～20℃；冷却定型真空为 0.4MPa。

（3）参考性能

耐变色高强度的聚乙烯管材性能见表 3-4。

表 3-4　耐变色高强度的聚乙烯管材性能

| 性能指标 | 数值 |
| --- | --- |
| 变色 | 0 |
| 拉伸强度/MPa | 57.3 |
| 断裂伸长率/% | 867 |

注：在温度 80℃条件下，将上述实施例与对比样在 UV 烘箱中老化 168h 后，观察表面是否发黄变色进行评级，0 为完全不变色，5 为明显变色。

## 3.1.6　碳酸钙增韧 HDPE 吹塑用材料

（1）配方（质量份）

| | | | |
| --- | --- | --- | --- |
| HDPE | 70 | 抗氧剂 | 1 |
| 乙烯-丙烯酸酯共聚物 | 8 | 阻燃剂 | 2.1 |
| 异戊二烯 | 7 | 相容剂 | 2 |
| 改性纳米碳酸钙 | 3 | 润滑剂 | 0.5 |
| 马来酸酐接枝聚丙烯 | 2.5 | γ-甲基丙烯酰氧基丙基三甲氧基硅烷(MPS) | 4 |
| 光稳定剂 | 0.8 | | |

（2）加工工艺

① 改性纳米碳酸钙的制备。改性纳米碳酸钙的粒径为 15～50nm，将纳米碳酸钙、三甘醇和水以质量比 5∶2∶1 混合，充分分散并研磨 2～3h；然后再加入纳米碳酸钙质量 8% 的磷酸三乙酯和 2% 的马来酸酐，充分分散并研磨 1～2h；混合物过滤，然后在 50～55℃干燥去除水分，使含水率低于 0.5%；然后加入纳米碳酸钙质量 15% 的聚乙二醇，搅拌研磨 0.5～1h，过滤后得到成品。

② 吹塑产品的制备工艺。将配方的组分混合均匀，挤出造粒得到共混颗粒；将得到的共混颗粒加入吹塑机中吹出成型，得到碳酸钙增韧 HDPE 复合材料吹塑制品。其中，吹塑机的进料段温度为 157～159℃，二段温度为 160～162℃，三段温度为 163～165℃，四段温度为 167～169℃，五段温度为 166～168℃，六段温度为 163～165℃，七段温度为 160～162℃，八段温度为 157～159℃。吹塑机的导流段为圆锥形或半单叶双曲面形，挤出机的口模为圆形口模，口模高度为 10mm，口模宽度为 100mm，物料通过口模的速率为 13m/min，物料通过口模后的冷却速率为 18℃/min。

（3）参考性能

碳酸钙增韧 HDPE 吹塑用材料性能见表 3-5。

表 3-5　碳酸钙增韧 HDPE 吹塑用材料性能

| 性能指标 | 数值 | 性能指标 | 数值 |
| --- | --- | --- | --- |
| 拉伸屈服应力(纵/横)/MPa | 37.6/39.1 | 维卡软化温度/℃ | 95.9 |
| 冲击强度(纵/横)/(J/m) | 377/267 | 尺寸变化率(纵/横)/% | -4.39/-0.6 |
| 球压痕硬度/(N/mm²) | 96.2 | | |

注：表中冲击强度（单位为 J/m），为采用美国试验与材料协会（ASTM，简称美标）标准进行的塑料悬臂梁冲击试验数据。

### 3.1.7 用于缠绕增强管的 HDPE 复合材料

**(1) 配方 (质量份)**

| | | | |
|---|---|---|---|
| HDPE | 80 | 甲基三乙氧基硅烷 | 4.0 |
| 碳酸钙 | 0.5 | 氧化锌 | 3.0 |
| 超细滑石粉 | 20 | UV-531 | 0.5 |
| 纳米二氧化硅 | 2.0 | 抗氧剂 TNNP | 0.8 |

注：HDPE 的密度为 $0.96g/cm^3$，碳酸钙的粒径为 1200 目，超细滑石粉的粒径为 3000 目，纳米二氧化硅的粒径为 400nm。

**(2) 加工工艺**

先将纳米二氧化硅与改性剂甲基三乙氧基硅烷加入混合机中混合均匀后，再加入其他原料，再次搅拌混合均匀，将混合均匀的混合料加入螺杆挤出机中进行挤出、造粒。螺杆挤出机的各段挤出温度为：190℃、200℃、220℃、215℃、215℃。

**(3) 参考性能**

缠绕增强管又名克拉管，现有的绝大部分是采用 HDPE 缠绕增强管，是以高密度聚乙烯（HDPE）为主要原料，采用热态缠绕加工工艺，以聚丙烯（PP）波纹管为支撑结构制成具有较高抗外压能力的管材。采用上述配方的 HDPE 复合材料按照本领域的常规方法进一步成型加工得到大孔径的缠绕增强管，该缠绕增强管的孔径直径为 2m。该管材的耐酸碱色牢度达到 4 级；与采用单一的 HDPE 材料成型的缠绕增强管相比，综合力学性能增加 18%，环刚度提高 10%。

### 3.1.8 无机纳米材料增韧 HDPE 双壁波纹管

**(1) 配方 (质量份)**

① 增韧复合母料

| | | | |
|---|---|---|---|
| 纳米碳酸钙 | 100 | UHMWPE | 10 |
| 纳米二氧化钛 | 12 | 马来酸酐接枝 PP 蜡 | 8 |
| 马来酸酐接枝 HDPE | 18 | | |

② HDPE 双壁波纹管

| | | | |
|---|---|---|---|
| HDPE2480H | 60 | 增韧复合母料 | 20 |

**(2) 加工工艺**

将纳米碳酸钙、纳米二氧化钛与马来酸酐接枝 HDPE、超高分子量聚乙烯（UHMWPE）、马来酸酐接枝 PP 蜡按照组分比例加入隧道式微波干燥机中，微波干燥预热 10min，成为干燥预混合粉料，喂入双密炼转子连续密炼机中。高转速、高剪切混合和塑化熔融，排气；进入单螺杆挤出机，挤出密实压缩成型，磨面热切，得到无机纳米材料增韧 HDPE 双壁波纹管复合母料。

以高密度聚乙烯 HDPE2480H 为基料，加入 HDPE 波纹管母料混合均匀进行造粒。

**(3) 参考性能**

无机纳米材料增韧 HDPE 双壁波纹管性能见表 3-6。

**表 3-6　无机纳米材料增韧 HDPE 双壁波纹管性能**

| 性能指标 | 数值 | 性能指标 | 数值 |
|---|---|---|---|
| 拉伸强度/MPa | 29 | 弯曲模量/MPa | 1100 |
| 断裂伸长率/% | 410 | 熔体指数(MI)/(g/10min) | 27 |
| 弯曲强度/MPa | 83 | | |

### 3.1.9 超高分子量聚乙烯材料增强的 HDPE

（1）配方（质量份）

| | | | |
|---|---|---|---|
| HDPE | 100 | PE 蜡 | 10 |
| UHMWPE | 40 | 抗氧剂 1010 | 0.3 |

注：HDPE 树脂的密度为 $0.941\sim0.965g/cm^3$，熔体指数（$190℃$，$5.0kg$）为 $0.5\sim1.4g/10min$，屈服强度$\geqslant24MPa$，断裂伸长率$\geqslant350\%$。UHMWPE 树脂密度为 $0.930\sim0.955g/cm^3$，熔体指数（$190℃$，$21.6kg$）$\leqslant0.1g/10min$，屈服强度为 $25\sim30MPa$，黏均分子量$\geqslant150$ 万。

（2）加工工艺

按配方混合物料，加入双螺杆挤出机中挤出、造粒、冷却得到 UHMWPE 增强 HDPE 复合母粒；再将增强 HDPE 复合母粒、0.1 份抗氧剂 168、2 份色母粒混合后挤出成管材。双螺杆挤出机的温度为 $180\sim220℃$，管材挤出温度为 $160\sim220℃$。

（3）参考性能

超高分子量聚乙烯材料增强的 HDPE 性能见表 3-7。

**表 3-7　超高分子量聚乙烯材料增强的 HDPE 性能**

| 性能指标 | 数值 | 性能指标 | 数值 |
|---|---|---|---|
| 拉伸强度/MPa | 28.4 | 断裂伸长率/% | 420 |
| 弯曲模量/MPa | 1156 | 静液压强度($20℃$,$100h$) | 无破裂、无渗透 |

### 3.1.10 改性连续芳纶纤维增强 WF/HDPE 复合材料

（1）配方（质量份）

| | | | |
|---|---|---|---|
| HDPE | 44 | MAPE | 4 |
| CAF | 1 | PE 蜡 | 1 |
| WF | 50 | 硬脂酸 | 1 |

注：高密度聚乙烯（HDPE），熔体指数 $1g/10min$，中国石油大庆石化公司；杨木粉（WF）：速生杨木单板经粉碎后全部过 40 目筛网；连续芳纶纤维束（CAF）：$1000den\times3$（$1den=1/9tex$；666 根单纤维为一束，共 3 束纺织成绳，断裂强度为 $24cN/dtex$；马来酸酐接枝聚乙烯（PE-$g$-MA）：熔体指数 $1.7g/10min$，接枝率 0.9%。

（2）加工工艺

① 多巴胺（DA）处理连续芳纶纤维束。在常温下，将 CAF 置于无水乙醇中 24h，去除表面杂质及上浆层，放入烘箱中 $60℃$ 干燥至恒重，备用。配制 $0.1mol/L$ HCl 溶液：取 $0.83mL$ 质量分数为 37% 的 HCl，用去离子水于 $100mL$ 容量瓶内定容。

Tris 缓冲液的配制：取 $3.029g$ 三羟甲基氨基甲烷，溶解在 $50mL$ 去离子水中，加入 $70mL$、$0.1mol/L$ HCl 溶液，调节 pH 值至 8.5，用去离子水于 $500mL$ 容量瓶内定容。

将多巴胺盐酸盐加入 Tris 缓冲液中，配制 $2g/L$ 的多巴胺溶液，将 CAF 置于多巴胺溶液中，常温下浸泡 24h；用去离子水将浸泡后的 CAF 水洗 3 次，放入烘箱中 $60℃$ 干燥至恒重。

② 多巴胺-KH550 协同处理的连续芳纶纤维束（以 CAFD550 表示；CAFD 表示多巴胺处理的连续芳纶纤维束）。在 $50℃$ 下，将 KH550 与 95% 乙醇（$1:50$，体积比）互溶后水解 2h，KH550 质量为 CAF 质量的 10%；向水解后的 KH550 中加入 95% 乙醇，得到 KH550-95% 乙醇（$1:500$，体积比）溶液，并将 $FeCl_3$ 溶解于 KH550-95% 乙醇溶液中；然后将经多巴胺溶液浸泡后的 CAF 置于 $FeCl_3$-KH550-95% 乙醇溶液中浸泡 2h。用去离子水将经浸泡的 CAF 洗 3 次，放入烘箱中 $60℃$ 干燥至恒重。

③ 改性后的 CAF 增强 WF/HDPE 复合材料的制备。将除 CAF 外的其他原料在高速混

料机中混合均匀，将双螺杆造粒机提前预热 1h，各区温度设定为：一区 145℃、二区 150℃、三区 160℃、四区 165℃、五区 165℃、六区 155℃、七区 150℃。将混合均匀的物料倒入双螺杆喂料桶，主机转速和喂料速度分别为 55r/min 和 5r/min，利用螺杆温度及剪切力将物料熔融混合均匀，进行造粒。将冷却后的物料放入粉碎机进一步粉碎，用密封袋收集备用。

挤出前将单螺杆挤出机预热 1.5h，各区温度设定为：一区 150℃、二区 160℃、三区 160℃、模一区 170℃、模二区 170℃、模三区 170℃、模四区 170℃。连续纤维增强 WF/HDPE 挤出设备如图 3-1 所示，将特制的共挤模具安装在单螺杆挤出机上。为了使纤维束保持被拉伸的状态进入模具，纤维束首先经过预紧辊，然后穿过模具；放置 3 根 CAF 均匀分布于型材中部。

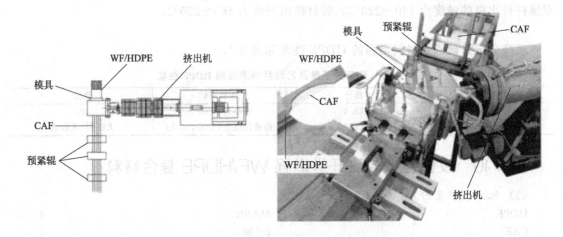

图 3-1　连续纤维增强 WF/HDPE 挤出设备

（3）参考性能

图 3-2 为采用不同方法（包括添加未改性 CAF、以多巴胺改性 CAF、单独采用 KH550 改性、多巴胺-KH550 协同改性）改性连续芳纶纤维，用于增强 WF/HDPE 复合材料性能的测试结果（拉伸强度和拉伸模量）。经过不同方法改性处理后，CAF 增强 WF/HDPE 复合材料的拉伸强度有不同程度的提高。由图 3-2 可以看出，添加未改性 CAF（以 CAF 表示）时，试样的拉伸强度为 49.57MPa；以多巴胺改性连续芳纶纤维（以 CAFD 表示）后，材料的拉伸强度为 49.74MPa，与添加未改性 CAF（拉伸强度为 49.57MPa）相比，拉伸强度基本无提高。然而，采用多巴胺-KH550 协同改性（以 CAFD550 表示）后，拉伸强度为 57.65MPa，与添加未改性 CAF（拉伸强度为 49.57MPa）相比提高 16.3%。此外，采用多巴胺-KH550 协同改性后，与单独采用 KH550 改性（以 CAF550 表示，拉伸强度为 54.4MPa）方法相比，提高 6%。多巴胺-KH550 协同改性明显提高了复合材料的拉伸强度。但经过上述不同方法改性后，连续芳纶纤维增强 WF/HDPE 复合材料的拉伸模量未出现明显变化，如图 3-2(b) 所示。

图 3-3 为改性前后连续芳纶纤维对 WF/HDPE 复合材料冲击性能的影响。经过不同方法改性处理后，CAF 增强 WF/HDPE 复合材料的冲击强度明显提高。其中，添加未改性 CAF 时，试样的冲击强度为 21.11kJ/m²；以多巴胺改性后，冲击强度为 22.87kJ/m²，与添加未改性 CAF 相比提高 8.3%。多巴胺-KH550 协同改性后，冲击强度为 24.90kJ/m²，与添加未改性 CAF 相比提高 18.0%，与单独采用 KH550 改性相比提高 4.7%。

与单独采用 KH550 改性方法相比，多巴胺-KH550 协同改性后，可包覆 CAF 表面的

KH550 增多，导致 CAF 与 WF/HDPE 基体的界面结合强度进一步提高。这使得应力能够有效转移到 CAF 上，减缓了裂纹扩展速度，从而提高了复合材料的抗冲击性能。此外，CAF 与基体的界面相容性增加，增大了 CAF 从基体中拔出的摩擦力，进而增大了冲击强度。

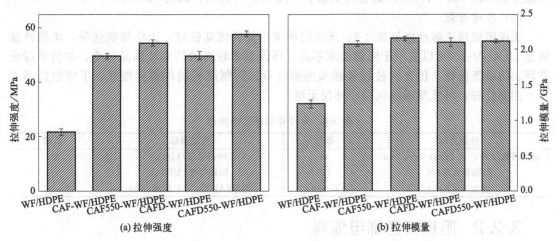

(a) 拉伸强度　　　　　　　(b) 拉伸模量

图 3-2　不同方法改性的连续芳纶纤维增强 WF/HDPE 复合材料性能

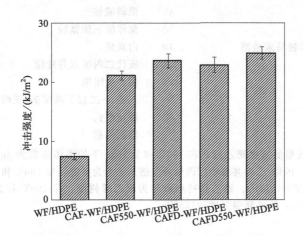

图 3-3　改性前后连续芳纶纤维对 WF/HDPE 复合材料冲击性能的影响

# 3.2　聚乙烯阻燃改性配方与实例

## 3.2.1　无卤阻燃聚乙烯

（1）配方（质量份）

| | | | |
|---|---|---|---|
| LDPE 868-000 | 84.7 | 抗氧剂 | 0.5 |
| BDP[双酚 A-双（二苯基磷酸酯）] | 11 | 扩散油 | 0.3 |
| 硼酸三聚氰胺（MB） | 3 | 润滑剂 EBS | 0.5 |

（2）加工工艺

按配方称量物料后，投入高速（500r/min）搅拌机中，盖上桶盖，开启搅拌，从桶盖上面的加油口中加入扩散油，搅拌 1min，设定温度为 50℃；再按照比例将阻燃剂 BDP、抗氧剂、润滑剂加入混合物中，搅拌 2min，混合均匀的物料从主喂料加入双螺杆挤出机中；将阻燃剂 MB 通过液体阻燃剂添加装置从螺杆的 4～5 段之间的加油口加入双螺杆挤出机中挤出造粒。螺杆直径为 75mm，螺杆长径比为 44：1，各区温度为：第一段 100～115℃，第二段至第四段 160～170℃，第五段至第十一段 160～165℃，机头 160℃。

（3）参考性能

无卤阻燃聚乙烯性能见表 3-8。无卤阻燃聚乙烯的流动性好，力学性能优异，阻燃性能满足 UL94 V-2，可以应用于阻燃要求不高、环保要求较高的仿真装饰品行业，如仿真绿化草坪、仿真圣诞树、仿真树枝以及插头内膜行业。所制成的制件柔韧性好，手感触摸不扎手，回弹性好，可重复回收利用，环保无毒。

**表 3-8　无卤阻燃聚乙烯性能**

| 性能指标 | 数值 | 性能指标 | 数值 |
|---|---|---|---|
| 熔体指数（190℃，2.16kg）/（g/10min） | 60 | 冲击强度/（J/m） | 397 |
| 断裂伸长率/% | 223 | 阻燃性能（UL94） | V-2 |
| 密度/（g/cm³） | 0.955 | 色差（AE 值，70℃烘烤 96h） | 0.91 |

## 3.2.2　阻燃聚乙烯电缆料

（1）配方（质量份）

| | | | |
|---|---|---|---|
| LLDPE | 40 | 聚磷酸铵 | 10 |
| 丙烯-乙烯共聚物 | 30 | 氰尿酸三聚氰胺 | 5 |
| 丙烯-乙烯共聚物接枝马来酸酐 | 10 | 白炭黑 | 10 |
| 炭黑 | 2.4 | 硫代二丙酸双月桂酯 | 0.6 |
| 聚乙烯树脂载体 | 3.6 | 多元受阻酚 | 0.6 |
| 氢氧化镁 | 30 | 三（2,4-二叔丁基苯基）亚磷酸酯 | 0.3 |
| 氢氧化铝 | 30 | 硬脂酸钙 | 0.5 |
| 红磷 | 3 | 聚乙烯蜡 | 1 |

注：聚乙烯树脂为线型低密度聚乙烯，在 190℃ 和 2.16kg 下的熔体指数为 5g/10min，熔点为 128℃，拉伸断裂强度≥30MPa。丙烯-乙烯共聚物以丙烯为主链，乙烯为支链，在 190℃ 和 2.16kg 下的熔体指数为 6g/10min，拉伸断裂强度≥12MPa。聚乙烯树脂载体为聚乙烯树脂，在 190℃ 和 2.16kg 下的熔体指数为 25g/10min，熔点为 123℃，拉伸断裂强度≥12MPa。

（2）加工工艺

将配方各组分放入高速混合机中混合均匀，混合温度为 55℃，混合时间为 10min，高速混合机的转速为 1200r/min，双螺杆挤出造粒。料筒温度：加料段 150℃，混料段 160℃，挤出造粒段 190℃，机头 170℃。

（3）参考性能

阻燃聚乙烯电缆料性能见表 3-9。

**表 3-9　阻燃聚乙烯电缆料性能**

| 性能指标 | 数值 | 性能指标 | 数值 |
|---|---|---|---|
| 密度/（g/cm³） | 1.26 | UL94 | V-0 |
| 拉伸强度/MPa | 16.9 | 氧指数/% | 33 |
| 断裂伸长率/% | 490 | 电缆成束燃烧 | A 类通过，电缆表面 |

## 3.2.3　易着色阻燃聚乙烯管

（1）配方（质量份）

① 外管配方

| | | | |
|---|---|---|---|
| 聚乙烯 | 88 | 钛白粉 | 12 |
| 硅藻土 | 26 | 十二烷基苯磺酸钠 | 4 |
| 溴类阻燃剂 | 12 | 乙烯基双硬脂酰胺 | 5 |

② 内管配方

| | | | |
|---|---|---|---|
| 聚乙烯 | 85 | 乙烯基三乙氧基硅烷 | 5 |
| 五氧化二锑 | 10 | 炭黑 | 23 |
| 氧化锌粉末 | 9 | | |

(2) 加工工艺

按配方混合好物料，加入双螺杆挤出机中挤出成型。

(3) 参考性能

易着色阻燃聚乙烯管具有强度高、硬度大、阻燃性好、着色性强以及安全性好的优点。

### 3.2.4　线型低密度聚乙烯阻燃管

(1) 配方 (质量份)

| | | | |
|---|---|---|---|
| 聚乙烯 | 100 | 抗菌防霉母料 | 6 |
| 阻燃剂 | 30 | 增韧剂 | 4 |
| 发泡剂 | 8 | 交联剂 | 2.5 |

(2) 加工工艺

配方原料在经过混料、螺杆挤出、交联和高温发泡的流程后可制备成发泡聚乙烯。

(3) 参考性能

线型低密度聚乙烯阻燃管性能见表 3-10。

表 3-10　线型低密度聚乙烯阻燃管性能

| 性能指标 | 配方值 |
|---|---|
| 大肠杆菌抑菌率/% | 99.8 |
| 金黄色葡萄球菌抑菌率/% | 99.3 |
| 肺炎球菌抑菌率/% | 99.6 |

### 3.2.5　透红外阻燃聚乙烯 EVA 合金

(1) 配方 (质量份)

| | | | |
|---|---|---|---|
| HDPE | 57.5 | 硫化锌 | 5 |
| EVA | 30 | 抗氧剂 | 1 |
| 八溴醚 | 4 | 润滑剂 | 1 |
| 三氧化二锑 | 1 | 成核剂 | 0.5 |

(2) 加工工艺

将原料均匀混合，双螺杆挤出机造粒。双螺杆挤出机的机筒从进料口到出料口划分为 9 个温度区间，熔融挤出的加工条件如下：一区温度 190℃，二区温度 190℃，三区温度 200℃，四区温度 200℃，五区温度 210℃，六区温度 210℃，七区温度 210℃，八区温度 210℃，九区温度 190℃；双螺杆挤出机的螺杆转速为 300r/min。

(3) 参考性能

越来越多的家电产品具备智能化控制功能，其中能够通过红外线感应实现自动化控制是重要方向之一。红外线透过材料能够允许某一特定波长（5～15μm）范围内的红外线穿过，而且不会产生吸收和反射。

透红外阻燃聚乙烯 EVA 合金性能见表 3-11，可应用于家电和汽车工业领域。

表 3-11 透红外阻燃聚乙烯 EVA 合金性能

| 性能指标 | 数值 | 性能指标 | 数值 |
|---|---|---|---|
| 密度/(g/cm³) | 1.02 | 弯曲模量/MPa | 886 |
| 拉伸强度/MPa | 23 | UL94(3.2mm) | V-2 |
| 断裂伸长率/% | 80 | 透红外感应测试(0.5m) | 通过 |
| 悬臂梁缺口冲击强度/(kJ/m²) | 18 | 透红外感应测试(1m) | 通过 |
| 弯曲强度/MPa | 19 | | |

## 3.2.6 高性能阻燃型聚乙烯护套料

**(1) 配方 (质量份)**

| | | | |
|---|---|---|---|
| 高密度聚乙烯 | 48 | 阻燃协效剂 | 20 |
| 线型低密度聚乙烯 | 6 | 硬脂酸镁 | 0.8 |
| 双峰聚乙烯 | 9 | 硅油 | 0.9 |
| 聚烯烃弹性体 | 8 | 抗氧剂 1010 | 0.8 |
| 乙烯-醋酸乙烯共聚物 | 20 | 笼形磷酸酯三聚氰胺盐 | 3 |
| 马来酸酐接枝聚乙烯 | 9 | 聚苯醚 | 2.5 |
| 粉末状氢氧化镁 | 32 | 有机硅粉体 | 0.6 |
| 层状氢氧化铝 | 9 | 润滑剂 | 0.6 |

注：阻燃协效剂为三氧化二锑、硼酸锌按照质量比 1:1 配比。线型低密度聚乙烯 (LLDPE) 密度为 0.92g/cm³，熔体指数为 3g/10min。

**(2) 加工工艺**

按配方比例称取物料投入高速搅拌机混合 8~10min，放料，将混合好的物料投入双螺杆挤出机，挤出造粒；再进入热风干燥机中进行干燥后，即得环保聚乙烯电缆料。挤出时双螺杆挤出机温度设置为：加料段 114℃，熔融段 175℃，熔体输送段 175~180℃，混炼段 190℃，均化段 182℃，机头计量段 182℃，获得高性能阻燃型聚乙烯护套料。

**(3) 参考性能**

高性能阻燃型聚乙烯护套料极大地提高了氢氧化物的阻燃效率，降低阻燃剂的添加对力学性能的影响。高性能阻燃型聚乙烯护套料性能见表 3-12。

表 3-12 高性能阻燃型聚乙烯护套料性能

| 性能指标 | 数值 |
|---|---|
| 拉伸强度/MPa | 15 |
| 断裂伸长率/% | 650 |

## 3.2.7 改性赤泥协同膨胀型阻燃剂阻燃 LDPE

**(1) 配方 (质量份)**

| | | | |
|---|---|---|---|
| LDPE | 60 | MEL | 6.46 |
| APP | 20.14 | Ti-MRM | 2 |
| PER | 11.4 | | |

注：聚乙烯 (PE)，低密度级，牌号 2420H，中国石油化工股份有限公司茂名分公司；聚磷酸铵 (APP)，平均粒径 10μm，分析纯；季戊四醇 (PER)，分析纯；三聚氰胺 (MEL)，分析纯；钛酸酯偶联剂，牌号 CS201，分析纯；赤泥 (RM)，取自广西平铝集团有限公司。

**(2) 加工工艺**

由于赤泥中含有较多的碱性物质，主要是钠的化合物，需对其进行中和处理，以免复合材料在遇水时发生填充剂的溢出。称取一定量的赤泥，加入质量为赤泥质量 15% 的草酸，并加入液固比 4∶1 的去离子水，在 65℃条件下搅拌反应 40min，过滤，洗涤。Na⁺ 的脱除率达到 94.95%，得脱碱后的赤泥。脱碱后的赤泥在马弗炉中 800℃焙烧 60min，取出冷却，经粉碎至粒径＜0.048mm。使用钛酸酯偶联剂对赤泥进行改性。称取赤泥质量 3% 的钛酸酯偶联剂，用液固比为 2∶1 的无水乙醇作为分散剂，在 85℃下搅拌 120min，取出，抽滤、干燥，得到改性赤泥（Ti-MRM）。

**（3）参考性能**

PE/IFR 和 PE/IFR-Ti-MRM 复合材料的燃烧分解过程如图 3-4 所示，复合材料在受热燃烧时体系可划分为气相和凝聚相两个区域，膨胀型阻燃剂（IFR）主要作用于凝聚相。材料受热分解的过程中会形成炭层。图 3-4(a) 为单独添加 IFR 的 PE 复合材料，在受热分解时形成的炭层相对较薄、连续性差，而且存在较多的空隙；而图 3-4(b) 因添加了 IFR/Ti-MRM 的 PE 复合材料，在受热分解时形成的炭层致密且连续，从而达到更好的阻燃效果。图 3-5 分别是不同阻燃配方的复合材料的极限氧指数测试后残留样条的残炭照片。可以看出，添加改性赤泥的 PE/IFR-Ti-MRM 复合材料的成炭效果更好，在燃烧时很难滴落，生成的炭层会保留在材料的顶端。改性赤泥协同膨胀型阻燃剂阻燃 LDPE 的阻燃性能见表 3-13。

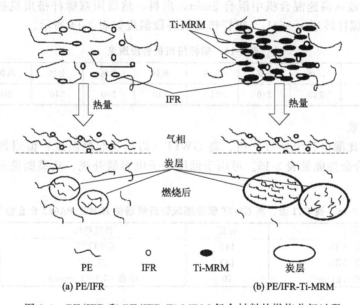

图 3-4　PE/IFR 和 PE/IFR-Ti-MRM 复合材料的燃烧分解过程

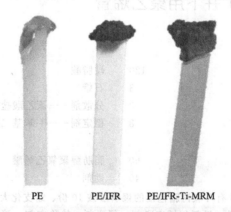

图 3-5　极限氧指数测试后残留样条的残炭照片

**表 3-13 改性赤泥协同膨胀型阻燃剂阻燃 LDPE 的阻燃性能**

| 性能指标 | 数值 |
| --- | --- |
| 极限氧指数/% | 32.2 |
| 阻燃 UL94 | V-0 |

### 3.2.8 高 CTI 值、高 GWIT 值阻燃玻璃纤维增强 HDPE/PA612 合金

**(1) 配方（质量份）**

| | | | |
| --- | --- | --- | --- |
| HDPE | 25 | 玻璃纤维 | 30 |
| PA612 | 25 | 马来酸酐接枝 HDPE | 6 |
| 复配型阻燃剂 | 8 | 抗氧剂 1330 | 0.5 |
| 三氧化二锑 | 5 | 氧化铁 | 0.5 |

注：复配型阻燃剂由三种组分混合而成，各组分的质量分数为：溴化聚苯乙烯（BPS）50%，次磷酸镁 25%，滑石粉 25%。

**(2) 加工工艺**

将配方物料放入高速混合机中混合 3min，出料，然后用双螺杆挤出机挤出造粒，加工温度为 220℃，螺杆转速为 35Hz。螺杆挤出机各段温度如表 3-14 所示。

**表 3-14 螺杆挤出机各段温度**

| 参数 | 一区 | 二区 | 三区 | 四区 | 五区 | 六区 | 七区 | 八区 | 九区 |
| --- | --- | --- | --- | --- | --- | --- | --- | --- | --- |
| 温度/℃ | 230 | 240 | 240 | 240 | 240 | 240 | 240 | 240 | 220 |

**(3) 参考性能**

高 CTI（相比漏电起痕指数）值、高 GWIT（灼热丝起燃温度）值阻燃玻璃纤维增强 HDPE/PA612 合金性能见表 3-15。可用于低压电子电容器外壳、负载断路开关、碳刷支架和塑壳断路器。

**表 3-15 高 CTI 值、高 GWIT 值阻燃玻璃纤维增强 HDPE/PA612 合金性能**

| 性能指标 | 数值 | 性能指标 | 数值 |
| --- | --- | --- | --- |
| 拉伸强度/MPa | 145 | GWIT/℃ | 880 |
| 弯曲强度/MPa | 180 | CTI/℃ | 600 |
| 缺口冲击强度/(kJ/m²) | 10 | 阻燃 UL94(1.6mm) | V-0 |

### 3.2.9 阻燃煤矿井下用聚乙烯管

**(1) 配方（质量份）**

① 聚乙烯支撑层

| | | | |
| --- | --- | --- | --- |
| 聚乙烯 | 120 | 硬脂酸 | 4 |
| 抗氧剂 CA | 3 | 石蜡 | 1 |
| 乙炔炭黑 | 3 | 分散剂——聚乙酸盐 | 12 |
| 环氧树脂包覆聚磷酸铵 | 8 | 稳定剂——一苯基二异辛基亚磷酸酯 | 2 |

② 无卤保护层

| | | | |
| --- | --- | --- | --- |
| 聚乙烯 | 60 | 脂肪醇聚氧乙烯醚 | 15 |
| 无卤阻燃剂 | 40 | 助剂 | 10 |

注：无卤阻燃剂包括的组分有环氧树脂包覆的聚磷酸铵 10 份、超支化大分子阻燃型成炭剂 5 份、聚磷酸蜜胺 2 份、无机次磷酸盐 1 份。助剂包括交联剂、偶联剂、热稳定剂、消泡剂；而且所述交联剂、偶联

剂、热稳定剂、消泡剂的质量比为 1:1:0.5:0.1。其中，交联剂为氯化铝或硫酸铝；偶联剂为环氧硅烷；热稳定剂优选为硬脂酸钠和高级脂肪酸的金属盐类以 1:1 比例组成。

（2）加工工艺

煤矿井下用聚乙烯管由内到外依次包括内衬层、作为主体的聚乙烯支撑层和无卤保护层。内衬层厚度为 2mm，聚乙烯支撑层厚度为 15mm，无卤保护层的厚度为 3mm。钢衬层内衬层是分子量为 200 万的超高分子量聚乙烯合成的钢衬。

除湿干燥后将各层原料分别加入开炼机中热熔混合。热熔后的原料在挤出机同时挤出，挤出工艺参数为：机头压力为 9MPa；机筒分为四段，温度依次为 185℃、190℃、195℃、200℃；模头区分为四段，温度依次为 210℃、215℃、220℃、225℃；挤出机转速为 30r/min，牵引速度为 100cm/min。挤出的管材在真空度为 0.3MPa 的条件下进行喷淋冷却后切割得到煤矿井下用聚乙烯管。

（3）参考性能

煤矿井下用聚乙烯管性能见表 3-16。

表 3-16 煤矿井下用聚乙烯管性能

| 性能指标 | 配方值 | 普通 PE 管 |
|---|---|---|
| 耐磨性(dL/dV) | 263 | 112 |
| 抗氧化性(OITP，氧化诱导温度)/℃ | 275.8 | 250.2 |
| UL94 | V-0 | V-2 |

# 3.3 聚乙烯抗菌改性配方与实例

## 3.3.1 LDPE 抗菌塑料

（1）配方（质量份）

| | | | |
|---|---|---|---|
| LDPE | 100 | 氧化锌 | 2.4 |
| 硬脂酸锌 | 3 | 二烷基二硫代磷酸铜 | 2 |
| 乙烯-四氟乙烯共聚物 | 5 | 聚酰胺纤维 | 4 |
| 柠檬酸三辛酯 | 2 | 异噻唑啉酮 | 3 |
| 2-甲氧基-N-乙酰乙酰基苯胺 | 5.6 | | |

注：乙烯-四氟乙烯共聚物的数均分子量为 2200g/mol。

（2）加工工艺

将 2-甲氧基-N-乙酰乙酰基苯胺、氧化锌和硬脂酸锌进行预混合。得到的预混合料与低密度聚乙烯、聚酰胺纤维、乙烯-四氟乙烯共聚物和氧化锌进行混合，混合均匀后，加入柠檬酸三辛酯、二烷基二硫代磷酸铜和异噻唑啉酮，充分混匀，得到混合料。在 180℃ 下双螺杆挤出造粒。

（3）参考性能

LDPE 抗菌塑料性能见表 3-17。

表 3-17 LDPE 抗菌塑料性能

| 性能指标 | 配方值 | 性能指标 | 配方值 |
|---|---|---|---|
| 大肠杆菌抑菌率/% | 99.8 | 拉伸强度/MPa | 29.1 |
| 金黄色葡萄球菌抑菌率/% | 99.7 | 缺口冲击强度/(kJ/m²) | 69.1 |
| 肺炎球菌抑菌率/% | 99.5 | | |

### 3.3.2 聚乙烯抗菌塑料

（1）配方（质量份）

| | | | |
|---|---|---|---|
| 聚乙烯 | 73 | 三氧化二锑 | 15 |
| 氧化锌 | 23 | 硅灰石纤维 | 15 |
| 陶瓷纤维 | 24 | 甲酸乙酯 | 3 |
| 纳米二氧化钛 | 6 | 山梨醇 | 12 |
| 聚丙烯纤维 | 10 | | |

（2）加工工艺

按配方混合物料，加入双螺杆挤出机中挤出造粒。

（3）参考性能

抗菌塑料与现有抗菌塑料的抑菌率比较结果见表 3-18。

**表 3-18 抗菌塑料与现有抗菌塑料的抑菌率比较结果**

| 性能指标 | 配方值 | 现有产品 |
|---|---|---|
| 大肠杆菌抑菌率/% | 96 | 78 |
| 白色念珠菌抑菌率/% | 93 | 80 |
| 枯草杆菌抑菌率/% | 90 | 90 |

### 3.3.3 户外抗菌聚乙烯塑料

（1）配方（质量份）

| | | | |
|---|---|---|---|
| PE7042 | 98.5 | 三氯生 | 0.4 |
| 抗氧剂 1010 | 0.15 | 化合物 $C_{48}H_{66}N_6O_6$ | 0.8 |
| 抗氧剂 168 | 0.15 | | |

注：化合物的化学分子式为 $C_{48}H_{66}N_6O_6$，该化合物购自 Sigma-Aldrich（西格玛奥德里奇公司）。

（2）加工工艺

按配方配料后，低速（400～500r/min）共混 15min，将混合好的物料加入双螺杆挤出机中，经熔融挤出、冷水拉条造粒、筛选后，加入注塑机中 230℃ 注塑成型即可。双螺杆挤出机的转速为 350r/min，喂料频率为 32Hz，双螺杆挤出机各温度区的温度分别设定为：机头 190～195℃；九区 200～210℃；八区 220～225℃；七区 220～225℃；六区 220～225℃；五区 220～225℃；四区 210～220℃；三区 210～220℃；二区 200～210℃；一区 190～200℃。

（3）参考性能

户外抗菌聚乙烯塑料性能见表 3-19。

**表 3-19 户外抗菌聚乙烯塑料性能**

| 性能指标 | 配方值 | 性能指标 | 配方值 |
|---|---|---|---|
| 大肠杆菌抑菌率/% | 99.999 | 大肠杆菌抑菌率(5000h)/% | 99.9 |
| 金黄色葡萄球菌抑菌率/% | 99.999 | 金黄色葡萄球菌抑菌率(5000h)/% | 99.9 |

注：老化标准 ASTM G155，辐射能量（340nm）0.35W/m²，循环周期（干）102min，循环周期（湿）18min。

### 3.3.4 LDPE 抗菌塑料

（1）配方（质量份）

| | | | |
|---|---|---|---|
| 低密度聚乙烯 | 96 | 异噻唑啉酮 | 7 |
| 丙酮 | 30 | 抗菌剂 | 9 |

| 增塑剂 | 5 | 抗氧剂 168 | 2 |
| 硬脂酸（润滑剂） | 4 | 聚丙烯接枝马来酸酐（相容剂） | 7 |
| 抗氧剂 1010 | 4 | 玻璃纤维 | 28 |

注：抗菌剂的组成为壳聚糖 26 份、苯扎氯铵 26 份、氧化磷 37 份、纳米二氧化钛 7 份。

（2）加工工艺

将干燥后的低密度聚乙烯、抗菌剂、润滑剂以及抗氧剂混合均匀后，得到预混合料；再与 30 份丙酮、7 份异噻唑啉酮、28 份玻璃纤维进行混合，混合均匀后，加入增塑剂、相容剂，充分混匀，得到混合料。在平行双螺杆挤出机中，在 190℃温度条件下，螺杆转速为 400r/min，挤出成型并造粒，于烘干温度为 90℃进行烘干，获得 PE 抗菌母粒。

（3）参考性能

低密度聚乙烯抗菌塑料性能见表 3-20。

表 3-20　低密度聚乙烯抗菌塑料性能

| 性能指标 | 配方值 |
| --- | --- |
| 大肠杆菌抑菌率/% | 99.8 |
| 金黄色葡萄球菌抑菌率/% | 99.3 |
| 肺炎球菌抑菌率/% | 99.6 |

## 3.3.5　抗菌增强 HDPE 管道母料

（1）配方（质量份）

| HDPE | 75~120 | 低分子量聚乙烯 | 0.5~4 |
| WBGⅡ | 0.15~0.4 | 磷酸三甲苯酯 | 0.1~3 |
| 碳酸钙负载纳米氧化铁 | 25~45 | PE 蜡 | 4.5~12 |
| 烷基偶联剂 | 0.1~0.35 | | |

注：WBGⅡ为稀土类 β 晶型成核剂。

（2）加工工艺

称取 1.25kg 沸石加入高速混合机中进行搅拌，称量一定量的钛酸正丁酯分 3 次加入高速混合机中；高速搅拌 8min 进行负载，并将负载后的沸石取出；摊开放置 8h 进行水解，并将水解后的沸石负载物用恒温干燥箱干燥 5~9h，温度 70℃；取出后，加热得到沸石负载纳米氧化铁，再将其加入含有银离子的树脂溶液中均匀混合后通过高压喷雾干燥，获得内部负载纳米抗菌材料、外表面吸附树脂薄膜的沸石抗菌母料。随后，用成核剂对无机抗菌剂进行表面改性处理。然后，将抗菌剂和高密度聚乙烯、偶联剂、PE 蜡、分散剂和稳定剂物料按配方配比进行共混；加入双螺杆挤出机中进行混合，并挤出造粒。

（3）参考性能

抗菌增强 HDPE 管道母料抗菌性能见表 3-21。

表 3-21　抗菌增强 HDPE 管道母料抗菌性能

| 项目 | 大肠杆菌/($10^6$CFU/mL) | | | 金黄色葡萄球菌/($10^6$CFU/mL) | | |
| --- | --- | --- | --- | --- | --- | --- |
| | 0h | 24h | 48h | 0h | 24h | 48h |
| 配方样 | 45.86 | 6.85 | 1.55 | 17.33 | 1.86 | 0.30 |
| 市售样品 | 46.05 | 15.96 | 10.56 | 17.23 | 10.16 | 5.36 |

## 3.4 聚乙烯耐候性改性配方与实例

### 3.4.1 高耐候滚塑聚乙烯

(1) 配方（质量份）

① UV1164 母粒

| | | | |
|---|---|---|---|
| 聚乙烯 | 99.45 | 交联剂二(叔丁基过氧化异丙基)苯 | 0.05 |
| 紫外线吸收剂 UV1164 | 0.5 | | |

② UV3346 母粒

| | | | |
|---|---|---|---|
| 聚乙烯 | 99.45 | 1,1-二(叔丁基过氧化)-3,3,5-三甲基环己烷 | |
| 紫外线吸收剂 UV3346 | 0.5 | | 0.05 |

③ 高耐候滚塑聚乙烯

| | | | |
|---|---|---|---|
| 聚乙烯 | 98 | UV3346 母粒 | 1 |
| UV1164 母粒 | 1 | | |

注：聚乙烯的密度为 0.900g/cm³，熔体指数为 5g/10min。

(2) 加工工艺

① UV1164 母粒的制备。将聚乙烯、UV1164、交联剂二（叔丁基过氧化异丙基）苯按配方比例在双螺杆造粒机中制成 UV1164 母粒。工艺参数为：温度 150℃，转速 200r/min，机头压力 0.1MPa。

② UV3346 母粒的制备。将聚乙烯、UV3346、交联剂 1,1-二（叔丁基过氧化)-3,3,5-三甲基环己烷按配方比例在双螺杆造粒机中制成 UV3346 母粒。工艺参数为：温度 150℃，转速 200r/min，机头压力 0.1MPa。

③ 高耐候滚塑聚乙烯的制备。将 UV1164 母粒和 UV3346 母粒分别在塑料磨粉机上研磨成粉末，粒径 $D_{98} \leqslant 500\mu m$。将 UV1164 母粒粉末、1kg UV3346 母粒及聚乙烯在双螺杆造粒机中制成颗粒。工艺参数为：温度 150℃，转速 400r/min，机头压力 0.1MPa。

(3) 参考性能

高耐候滚塑聚乙烯性能见表 3-22。

**表 3-22　高耐候滚塑聚乙烯性能**

| 性能指标 | 数值 | 性能指标 | 数值 |
|---|---|---|---|
| 氙灯老化试验 | ≥36000 | 20%乙醇迁移量/(mg/kg) | 0.01 |
| 水迁移量/(mg/kg) | 未检出 | 异辛烷迁移量/(mg/kg) | 0.01 |

### 3.4.2 聚乙烯耐低温抗冲管材

(1) 配方（质量份）

| | | | |
|---|---|---|---|
| 改性聚乙烯 | 90 | 加工助剂 | 2 |
| 增韧填料 | 12 | 分散剂 | 2 |
| 阻燃剂 | 6 | | |

(2) 加工工艺

① 增韧填料的制备。将纳米二氧化硅、增韧剂 POE 和聚四氟乙烯在 65～68℃ 的真空干燥箱干燥 20～22h，并将干燥后的纳米二氧化硅、POE 和聚四氟乙烯按质量比 1：2：1 在密炼机中进行密炼共混。共混温度为 175℃，转速为 60r/min，共混时间为 7min，出料，得到增韧填料。

② 改性聚乙烯的制备。按照质量比 1∶19 称取 2,5-二甲基-2,5-双(叔丁基过氧基)己烷和高密度聚乙烯，均匀混合两种物质，随后将上述混合物放入双螺杆挤出机中挤出造粒，挤出机温度设定为 145℃，得到交联母料。按照质量比 26∶6∶5 分别称取高密度聚乙烯、低密度聚乙烯和交联母料，放入密炼机中，升温至 145℃混合 20～30min，混合均匀后切粒出料，得到聚乙烯颗粒；将聚乙烯颗粒置于 -40℃的低温条件下冷冻 14～16h，得到改性聚乙烯。

经过 2,5-二甲基-2,5-双(叔丁基过氧基)己烷的交联反应后，PE 的分子结构不断变化，逐渐从线型结构转变为三维网状结构，交联后的 PE 的储能模量和力学性能均有较大提升，使得改性聚乙烯的储能模量和力学性能均有所提升。共混后的 PE 在低温条件下冷冻一段时间后，低温冷冻使得 PE 分子链运动受到限制，材料呈现高刚性和高模量的特征，破坏方式为局部某点的韧性破裂转化为材料整体的延展性破坏，因此冲击力被分散，使得改性聚乙烯的抗冲击性能增强；再者，交联反应使得 PE 的分子链相互连接并形成固定的三维网络结构，冷冻后的改性聚乙烯在环境温度升高时，稳固的 PE 三维网状结构使得分子的运动空间较小，结构变化较小，而且其晶体结构较少，在外力作用下主要发生网状结构的刚性断裂。因此，经过低温冷冻后的改性聚乙烯的冲击性能得到增强，并且在低温环境下仍具有较好的抗冲击性能。

③ 聚乙烯耐低温抗冲管材的制备。将增韧填料在 60℃下真空干燥 24h。将增韧填料与改性聚乙烯进行密炼共混，共混温度为 190℃，转速为 50r/min，共混时间为 8min，出料，得到预混物。将预混物、阻燃剂、加工助剂和分散剂在高速搅拌机中混合 3min 后，将混合均匀的物料加入双螺杆挤出机挤出造粒。

(3) 参考性能

聚乙烯耐低温抗冲管材性能见表 3-23。

表 3-23　聚乙烯耐低温抗冲管材性能

| 测试项目 | | 配方样值 |
|---|---|---|
| 常温 | 拉伸强度/MPa | 46.9 |
| | 断裂伸长率/% | 128 |
| | 冲击强度/(kJ/m²) | 106.9 |
| 低温(-5℃) | 拉伸强度/MPa | 42.7 |
| | 断裂伸长率/% | 110 |
| | 冲击强度/(kJ/m²) | 98.4 |
| LOI/% | | 32.5 |
| UL94 | | V-0 |

## 3.4.3　聚乙烯棚膜耐候性母粒

(1) 配方 (质量份)

① 初混母粒

| | | | |
|---|---|---|---|
| 低密度聚乙烯(LDPE) | 99.52 | 辅助抗氧剂 168 | 0.03 |
| 光稳定剂 944 | 0.2 | 主抗氧剂 1010 | 0.05 |
| 紫外线吸收剂 UV-531 | 0.2 | | |

② 聚乙烯棚膜改性用接枝 PE 耐候性母粒

| | | | |
|---|---|---|---|
| 初混母粒 | 98.92 | 过氧化二异丙苯 | 0.04 |
| 十二烷基硫酸钠 | 0.04 | 乙烯基三甲基硅烷 | 1 |

(2) 加工工艺

① 初混母粒的制备。将称取的光稳定剂 944、紫外线吸收剂 UV-531、辅助抗氧剂 168、

主抗氧剂 1010 及低密度聚乙烯一起添加到高速混合机中混合均匀，得到混合物料。将混合物料添加到双螺杆挤出造粒机组中，控制温度如下：一区温度为 140℃，二区温度为 170℃，三区温度为 180℃，机头温度为 190℃。用挤出成型法挤出造粒，得到挤出物。将得到的挤出物添加到切料机中进行重新造粒，得到初改性母粒。

② 聚乙烯棚膜耐候性母粒的制备。将称取的初混母粒、十二烷基硫酸钠、过氧化二异丙苯及乙烯基三甲基硅烷一起添加到高速混合机中混合均匀，得到混合物。将混合物添加到双螺杆挤出造粒机组中，控制温度如下：一区温度为 140℃，二区温度为 170℃，三区温度为 180℃，机头温度为 190℃。用挤出成型法挤出造粒，得到聚乙烯棚膜耐候性母粒。

（3）参考性能

对采用聚乙烯棚膜耐候性母粒制得的耐候性农膜和一组普通 PE 农膜分别进行拉伸性能和光透过性测试，并利用紫外老化试验箱对 PE 耐候性农膜和普通 PE 农膜进行加速老化，然后测试其拉伸性能和光透过性。测试结果表明：未老化的农膜，添加聚乙烯棚膜耐候性母粒对农膜的拉伸性能和透光率影响不大；但添加聚乙烯棚膜耐候性母粒可以有效阻止农膜老化，其抗拉伸性能下降很慢，依旧保持良好的透过率。

## 3.4.4 耐水耐候抗老化聚乙烯塑料

（1）配方（质量份）

| | | | |
|---|---|---|---|
| PE7042 | 50 | 抗氧剂 168 | 0.15 |
| 聚乙烯 0220A | 48.4 | 光稳定剂 2020 | 0.5 |
| 抗氧剂 1010 | 0.15 | 化合物 $C_{48}H_{66}N_6O_6$ | 0.8 |

（2）加工工艺

按配方配料后，低速（500r/min）共混 20min，将混合好的物料加入双螺杆挤出机中，经熔融挤出、造粒、筛选后，加入注塑机中 230℃注塑成型即可。双螺杆挤出机的转速为 400r/min，喂料频率为 40Hz。双螺杆挤出机各温度区的温度分别设定为：机头 190~195℃；九区 200~210℃；八区 220~225℃；七区 220~225℃；六区 220~225℃；五区 220~225℃；四区 210~220℃；三区 210~220℃；二区 200~210℃；一区 190~200℃。

（3）参考性能

聚乙烯塑料样品分别在 95℃水中浸泡一定时间后测试 OIT（氧化诱导期，单位为 min），得到的结果如表 3-24 所示。聚乙烯塑料样品分别先在热水（95℃）中浸泡 3000h 后进行紫外老化测试。耐水耐候抗老化聚乙烯塑料紫外老化测试性能如表 3-25 所示。

**表 3-24　耐水耐候抗老化聚乙烯塑料 OIT 性能**

| 浸泡时间/min | 配方值/min | 浸泡时间/min | 配方值/min |
|---|---|---|---|
| 0 | 260 | 3000 | 253 |
| 500 | 258 | 4000 | 250 |
| 1000 | 257 | 5000 | 245 |
| 2000 | 255 | | |

**表 3-25　耐水耐候抗老化聚乙烯塑料紫外老化测试性能**

| 浸泡时间/min | 拉伸强度保留率/% | 浸泡时间/min | 拉伸强度保留率/% |
|---|---|---|---|
| 0 | 100 | 12000 | 98 |
| 4000 | 100 | 16000 | 90 |
| 8000 | 99 | 20000 | 81 |

注：老化测试采用标准 ASTM G 155，辐射能量（340nm）0.35W/m²，循环周期（干）102min，循环周期（湿）18min。

# 3.5 聚乙烯抗静电改性配方与实例

## 3.5.1 抗静电聚乙烯片材

### (1) 配方 (质量份)

| | | | |
|---|---|---|---|
| 线型低密度聚乙烯 | 90 | 聚乙烯吡咯烷酮 | 5 |
| 马来酸酐接枝聚乙烯 | 75 | 对氨基苯甲酸 | 3 |
| 聚酯丙烯酸酯 | 25 | 成核剂对二甲基二亚苄基山梨醇(MDBS) | 1 |
| 2-羟基乙基甲基丙烯酸酯磷酸酯 | 18 | 山梨酸酯 | 1 |
| 丙烯酸丁酯 | 15 | 乙氧基化烷基硫酸铵 | 1 |
| 十八烷基三甲基氯化铵 | 6 | | |

### (2) 加工工艺

将配方物料线型低密度聚乙烯、马来酸酐接枝聚乙烯、聚酯丙烯酸酯、2-羟基乙基甲基丙烯酸酯磷酸酯、丙烯酸丁酯加入高速搅拌机，按照 800r/min 的转速进行混合搅拌，混合搅拌时间为 10min；随后加入十八烷基三甲基氯化铵、聚乙烯吡咯烷酮、对氨基苯甲酸、MDBS、山梨酸酯、乙氧基化烷基硫酸铵，将高速搅拌机升温至 95℃，继续混合搅拌 15min，得到搅拌混合物料。将得到的搅拌混合物料经行星挤出机在 140℃ 的温度下进行一次塑化，得到胶粒，再将胶粒经扎轮机在 160℃ 的温度下进行二次塑化，得到的塑化混合物料置于开炼机中进行开炼，开炼机的前辊温度控制在 185℃，后辊温度控制在 175℃，辊筒之间的间隙控制在 1~2mm，开炼时间控制在 20min，冷却后得到炼化混合物料。将冷却后的炼化混合物料加入双螺杆挤出机，设置双螺杆挤出机的长径比为 30∶1。双螺杆挤出机包括顺次排布的五个温度区：一区温度 140℃、二区温度 150℃、三区温度 160℃、四区温度 185℃、五区温度 190℃；机头温度 190℃；螺杆转速 300r/min，经挤出得到挤出片材。挤出片材经冷却后送入热压机，在 180℃ 的温度下以 2MPa 的压力热压 3min，得到热压片材；以 5MPa 的压力冷压成型 4min，随后采用四辊牵引装置进行牵引和收卷，最后按照尺寸要求进行分切，得到成品片材。

### (3) 参考性能

抗静电聚乙烯片材性能见表 3-26。

表 3-26　抗静电聚乙烯片材性能

| 性能指标 | 数值 |
|---|---|
| 拉伸强度/MPa | 77 |
| 断裂伸长率/% | 238 |
| 表面电阻率/Ω | $10^6$ |

## 3.5.2 阻燃耐磨抗静电聚乙烯

### (1) 配方 (质量份)

| | | | |
|---|---|---|---|
| HDPE | 100 | 酚醛环氧树脂 | 3 |
| 蜜胺焦磷酸盐 | 20 | 润滑剂 | 0.2 |
| 石墨 | 15 | 抗氧剂 | 0.2 |
| 导电炭黑 | 8 | 紫外线吸收剂 | 0.1 |
| 有机抗静电剂 | 3 | | |

（2）加工工艺

将高密度聚乙烯于室温下在强度为 $78W/m^2$ 的紫外线下照射 20h，将石墨和导电炭黑在添加有高锰酸钾的 68%（质量分数）浓硝酸与 90%（质量分数）浓硫酸按质量比 1:3 组成的混酸中浸泡，浸泡温度为 50℃，浸泡时间为 90min，浸泡后清洗并干燥。取 5 份高密度聚乙烯，与蜜胺焦磷酸盐、石墨、导电炭黑、有机抗静电剂以及助剂混合，在双螺杆挤出机中挤出并造粒，得到母料。将剩余的高密度聚乙烯与母料以及酚醛环氧树脂混合，在双螺杆挤出机中挤出并造粒，得到阻燃耐磨抗静电聚乙烯复合材料。

（3）参考性能

阻燃耐磨抗静电聚乙烯性能见表 3-27。

表 3-27　阻燃耐磨抗静电聚乙烯性能

| 性能指标 | 数值 | 性能指标 | 数值 |
|---|---|---|---|
| 拉伸强度/MPa | 43 | 熔体指数/(g/10min) | 0.35 |
| 断裂伸长率/% | 482 | 极限氧指数(LOI)/% | 36 |

## 3.5.3　中空容器用抗静电聚乙烯

（1）配方（质量份）

| | | | |
|---|---|---|---|
| 聚乙烯树脂 A | 60 | 黏土 | 2 |
| 聚乙烯树脂 B | 40 | 炭黑 | 8 |
| 硬脂酸镧 | | 5 | |

注：聚乙烯树脂 A 190℃、21.6kg 的熔体指数为 11.0g/10mim，密度为 $0.947g/cm^3$；聚乙烯树脂 B 190℃、21.6kg 的熔体指数为 5.5g/10mim，密度为 $0.936g/cm^3$；炭黑 DBP（邻苯二甲酸二丁酯）吸收值为 400mL/100g，粒径为 33nm。

（2）加工工艺

将炭黑、硬脂酸镧与分散剂共混，混合 5～10min，混合后干燥，干燥温度为 50～70℃，干燥时间 7～9h。分散剂为丙酮、乙醇或聚乙烯蜡，分散剂用量没有严格限制，分散剂起分散稀释的作用，目的是增加炭黑在硬脂酸镧中的分散性能。混合物再与聚乙烯树脂 A 在密炼机中熔融共混，然后加入双螺杆挤出机中熔融、造粒。在聚乙烯树脂 B 中加入黏土，混合 2～5min 后，经双螺杆挤出机熔融、造粒。上述两种混合好的物料再进行混合，挤出造粒，制得中空容器用抗静电聚乙烯。

（3）参考性能

中空容器用抗静电聚乙烯性能见表 3-28。

表 3-28　中空容器用抗静电聚乙烯性能

| 性能指标 | 数值 | 性能指标 | 数值 |
|---|---|---|---|
| 拉伸强度/MPa | 24.6 | 简支梁缺口冲击强度(-40℃)/(kJ/m²) | 12.3 |
| 弯曲模量/MPa | 1266 | 表面阻阻率/Ω | $9.2×10^2$ |
| 简支梁缺口冲击强度(23℃)/(kJ/m²) | 24 | 容器表面电阻率/Ω | $10^8$ |

## 3.5.4　碳纳米管/抗静电剂改性 PE

（1）配方（质量份）

| | | | |
|---|---|---|---|
| 聚乙烯 | 97.6 | 抗静电剂 | 2 |
| 碳纳米管 | 0.04 | | |

（2）加工工艺

将物料按配方混合均匀，混合物料用双螺杆挤出机熔融挤出造粒。挤出工艺参数：熔体温度为160℃，螺杆转速为300r/min。用塑料磨粉机将得到的颗粒料进行磨粉，得碳纳米管/抗静电剂复合改性聚乙烯材料。磨粉工艺参数为：磨盘温度≤75℃，磨盘转速2700r/min。

（3）参考性能

碳纳米管/抗静电剂改性PE性能见表3-29。

**表3-29　碳纳米管/抗静电剂改性PE性能**

| 性能指标 | 数值 |
| --- | --- |
| 悬臂梁缺口冲击强度/(kJ/m$^2$) | 11 |
| 落锤冲击强度/(J/mm) | 15 |
| 表面电阻率/Ω | $7.2 \times 10^7$ |

## 3.5.5　长久型防静电发泡聚乙烯

（1）配方（质量份）

| | | | |
| --- | --- | --- | --- |
| 聚乙烯 | 130~152 | 十二烷基苯丙磺酸酯 | 5~15 |
| 木质素磺酸钠 | 23~38 | 单甘酯 | 0.2~0.3 |
| 纳米TiO$_2$ | 12~21 | 纳米碳酸钙 | 1~1.2 |
| 丙三醇 | 10~18 | | |

（2）加工工艺

将十二烷基苯丙磺酸酯倒入反应釜中，添加丙三醇至反应釜中密封搅拌，升温至100~120℃并保温2h；再降温至90℃，然后加入5~10份的纳米二氧化钛，保持90℃继续匀速搅拌1h，搅拌速度维持在120r/min，得到混合物A备用。加入一定量的十二烷基苯磺酸酯，该分子中的磺酸酯基团与吸附水分子具有强烈的吸附作用，抑制了水分子的挥发，同时该基团强烈的极性极易导致水分解出氢离子吸附在磺酸基团上，能够有效改善发泡聚乙烯材料表面保持水分子的能力，抑制材料中静电的积累，提高抗静电性。

将木质素磺酸钠与剩余的二氧化钛混合倒入粉碎机中粉碎至180~200目，制得混合物B。纳米TiO$_2$与木质素磺酸钠的磺酸基团相互结合，通过控制纳米TiO$_2$与木质素磺酸钠的反应时间和温度，在纳米TiO$_2$表面修饰木质素磺酸钠，形成油包水结构。木质素磺酸基团接枝在纳米TiO$_2$的表面，形成抗静电剂母料。将聚乙烯、混合物B倒入混合物A中升温至200~250℃搅拌1h，搅拌速度保持在60r/min，制得混合物C。将混合物C置入发泡机中，并添加质量为混合物C质量0.5%的滑石粉，以及单甘酯与纳米碳酸钙，挤出发泡制得长久型防静电发泡聚乙烯，挤出温度为150℃，主机转速为50~80r/min。

（3）参考性能

聚乙烯发泡材料表面电阻率经表面电阻率测试仪测试介于$10^5$~$10^9$Ω之间，在温度60℃、湿度20%RH的烘箱中静置24h，产品表面电阻率稳定，不发生变化；正常条件下使用6个月后，表面电阻率增加不超过20%。将防静电EPE（发泡聚乙烯）材料置于一般大气环境条件下放置一段时间后测试其表面电阻率值，直至低于$10^{10}$Ω即视为使用寿命，经测试材料使用寿命为150~450d。

## 3.5.6　LLDPE/纳米石墨微片导电复合材料

（1）配方（质量份）

| | | | |
| --- | --- | --- | --- |
| LLDPE | 100 | SDBS（十二烷基苯磺酸钠） | 4 |
| GNP | 40 | PEG | 4 |

注：LLDPE，DFDA-7042，中国石油天然气股份有限公司；可膨胀石墨，粒径 270μm，膨胀倍率 200～350mL/g；PEG 的平均分子量为 5500～7500。

（2）加工工艺

将一定量的可膨胀石墨置于 950℃的高温炉中膨化 35～40s，得到膨胀石墨（EG）；常温下，按配方称取 SDBS 溶于 1500mL 水中，将称好的 EG 加入溶液中搅拌 1.5h；然后用超声波清洗机超声振荡 6h，得到 GNP（纳米石墨微片）；最后过滤，将过滤得到的 GNP 置于 80℃的干燥箱中烘干，密封保存。按配方称取 PEG 和 LLDPE，将二者与处理好的 GNP 一起加入高速混合机混合 3～5min；将共混料加入双螺杆挤出机中挤出造粒，挤出机 1～9 区温度分别为 70℃、85℃、150℃、190℃、215℃、220℃、230℃、220℃、215℃，机头温度为 210℃，螺杆转速为 50r/min，喂料速度为 3.5r/min，切粒速度为 65r/min。将制得的粒料放入鼓风干燥箱中干燥，然后注塑成测试力学性能和电性能的样品；注塑成型温度为：喷嘴 200℃、一区 210℃、二区 210℃、三区 170℃。

（3）参考性能

结果表明，GNP 添加量为 40 份时，材料会形成导电网络，体积电阻率达到 8.95× $10^8 Ω·cm$，继续增加 GNP 的添加量对材料的导电性能和力学性能影响不大。加入 PEG 之后，导电复合材料的力学性能和电性能都比未加入 PEG 时得到了改善，PEG 有效地减弱了填料的团聚现象，起到了良好的分散效果。LLDPE/GNP 导电复合材料的起始分解温度都在 400℃以上，具有优良的热稳定性。

# 3.6 聚乙烯导热改性配方与实例

## 3.6.1 高导热聚乙烯

（1）配方（质量份）

| | | | |
|---|---|---|---|
| LDPE | 9 | 超高分子量聚乙烯（UHMWPE） | 81 |
| 氮化硼纳米片（BNNS） | 10 | | |

注：BNNS 为粉末状，密度为 2.11g/cm³。

（2）加工工艺

首先将 LDPE 加入密炼机中熔融，随后加入 BNNS 和 UHMWPE 继续混合 10min，得到 BNNS-LDPE/UHMWPE 混合物，混合温度、转速和时间分别为 180℃、100r/min 和 10min；将 BNNS-LDPE/UHMWPE 混合物在 200℃预热 10min，然后在 100MPa 下热压 10min，最后冷却至室温。

（3）参考性能

高导热聚乙烯性能见表 3-30。

表 3-30 高导热聚乙烯性能

| 性能指标 | 配方值 |
|---|---|
| 热导率/[W/(m·K)] | 0.75 |

## 3.6.2 导热绝缘聚乙烯

（1）配方（质量份）

| | | | |
|---|---|---|---|
| LDPE | 450 | 抗氧剂 1098F | 0.5 |
| 硅微粉 | 500 | 硅烷偶联剂 KH550 | 5 |
| 相容剂 PE-g-GMA | 50 | 催化剂 DMP-30 | 5 |

注：催化剂 DMP-30 为 2,4,6-三（二甲氨基甲基）苯酚。

（2）加工工艺

① 改性硅微粉的制备。将 5g 硅烷偶联剂 KH550、4.170g 无水乙醇和 1.222g 蒸馏水均匀混合，然后在 30℃水浴下边搅拌边水解 30min，得到 KH550 水解液。然后在高速混合机中加入 500g 的硅微粉，加热至 100～120℃，加入上述水解液，继续搅拌 30～45min，得到改性硅微粉。

② 导热绝缘聚乙烯复合材料的制备。将物料按配方称好后，加入高速混合机中混合 5～6min。将混合物料加入双螺杆挤出机中挤出，挤出温度为 160～205℃，螺杆转速为 300r/min。

（3）参考性能

导热绝缘聚乙烯性能见表 3-31。

表 3-31　导热绝缘聚乙烯性能

| 性能指标 | 配方值 |
|---|---|
| 热导率/[W/(m·K)] | 0.77 |
| 拉伸强度/MPa | 15.1 |
| 击穿电压/(kV/mm) | 28.7 |

## 3.6.3　高导热聚乙烯管材

（1）配方（质量份）

| | | | |
|---|---|---|---|
| HDPE | 110 | 氧化锌 | 0.25 |
| 石墨 | 4 | 乙烯-丁烯共聚物 | 0.8 |
| 抗氧剂 1076 | 0.4 | 聚乙烯蜡 | 0.09 |

（2）加工工艺

将物料按配方充分混合后，加入挤管成型机中，加热温度为 240℃，挤出速度为 10m/min，再经过定径、冷却、卷取、包装后，得到高导热聚乙烯管。

（3）参考性能

高导热聚乙烯管材性能见表 3-32，可以用于地热泵系统和热水管。

表 3-32　高导热聚乙烯管材性能

| 性能指标 | 标准要求(GB/T 13663.1—2017) | 配方样 |
|---|---|---|
| 20℃静液压强度(环应力 12.4MPa,100h) | 不渗漏,不破裂 | 不渗漏,不破裂 |
| 80℃静液压强度(环应力 5.5MPa,165h) | 不渗漏,不破裂 | 不渗漏,不破裂 |
| 80℃静液压强度(环应力 5MPa,1000h) | 不渗漏,不破裂 | 不渗漏,不破裂 |
| 熔体指数(试验温度 190℃,载荷 5kg) | 熔体指数的变化小于材料熔体指数值的±20% | 熔体指数的变化小于材料熔体指数值的±20% |
| 断裂伸长率(试验温度 110℃)/% | ≥350 | 401 |
| 纵向回缩率(试验温度 110℃)/% | ≤3 | 1.4 |
| 氧化诱导期(试验温度 200℃)/min | ≥20 | 68 |
| 热导率/[W/(m·K)] | 0.25～0.35 | 0.32 |

## 3.6.4　导热辐射交联聚乙烯

（1）配方（质量份）

① 改性母粒

| | | | |
|---|---|---|---|
| 胶体石墨 | 100 | 氮化硼 | 25 |

| 铝钛复合偶联剂 HY-133 | 5 | 敏化交联剂三羟甲基丙烷三丙烯酸酯 | 3 |
| 工业白油 | 10 | 抗氧剂 754 | 0.7 |
| 中密度聚乙烯 SP980 | 40 | 抗氧剂 168 | 0.3 |
| 热塑性弹性体 | 45 | | |

注：热塑性弹性体包括 35 份乙烯-醋酸乙烯酯共聚物和 10 份乙烯-丁烯共聚物。

② 导热辐射交联聚乙烯

| 改性母粒 | 40 | 中密度聚乙烯 SP980 | 60 |

（2）加工工艺

① 改性母粒的制备。先将 15μm 胶体石墨和 2μm 氮化硼加入高速混合机中，在 70～80℃下搅拌 5min；再取铝钛复合偶联剂 HY-133 经工业白油稀释后添加至粉体中，继续搅拌 10min。将中密度聚乙烯 SP980、热塑性弹性体、敏化交联剂三羟甲基丙烷三丙烯酸酯和抗氧剂加入表面活化后的粉体中，高速搅拌 15min。

② 导热管材的挤出。将改性母粒和中密度聚乙烯 SP980 混合加入管材挤出机中熔融挤出，经真空定径、冷却定型和牵引收卷得到导热管材。牵引速度控制在 20m/min。双螺杆挤出机的温度分布设定如表 3-33 所示。

**表 3-33 双螺杆挤出机的温度分布设定**

| 一区 | 二区 | 三区 | 四区 | 适配器 | 滤网 | 模头 1 | 模头 2 |
| --- | --- | --- | --- | --- | --- | --- | --- |
| 75℃ | 190℃ | 195℃ | 200℃ | 205℃ | 205℃ | 205℃ | 200℃ |

（3）参考性能

导热辐射交联聚乙烯性能见表 3-34。

**表 3-34 导热辐射交联聚乙烯性能**

| 交联度 | 热导率/[W/(m·K)] | 静液压状态下稳定性 | |
| --- | --- | --- | --- |
| | | 低温(10℃),10MPa | 高温(110℃),2.5MPa |
| 65.7 | 1.316 | 无渗漏,无破裂 | 无渗漏,无破裂 |

## 3.6.5 交联聚乙烯导热管材

（1）配方（质量份）

| HDPE(重均分子量 20 万) | 100 | 碳球(直径 1μm) | 15 |
| 碳纤维(直径 10μm,长度 1mm) | 15 | PE 蜡 | 3 |

（2）加工工艺

将配方原料置于密炼机中熔融共混 20min，温度为 170℃；之后，经单螺杆挤出机挤出造粒，造粒温度为：一区 170℃，二区 180℃，三区 200℃，机头 190℃。将所得母粒通过管材挤出机挤出，挤出温度为：一区 170℃，二区 180℃，三区 200℃，机头 190℃。真空箱内压力为 0.016MPa，牵引机牵引速度为 50m/min，得到管材（管材为单层，厚度为 1.5mm）。对管材进行辐照，辐照剂量为 130kGy，得到辐照管材。

（3）参考性能

取辐照后管材按照 GB/T 18992.2—2003 测试力学性能。测试条件为：压力 4.8MPa，温度 95℃，时间 22h。结果显示，管材没有渗漏和破裂。取辐照后管材按照 GB/T 18992.2—2003 在静液压状态下测试热稳定性。测试条件为：压力 2.5MPa，温度 110℃，时间 8760h。结果显示，管材没有渗漏和破裂。

交联聚乙烯导热管材性能见表 3-35。

**表 3-35　交联聚乙烯导热管材性能**

| 性能指标 | 配方值 |
| --- | --- |
| 热导率/[W/(m·K)] | 1.5 |
| 管材力学性能 | 无渗漏,无破裂 |
| 热稳定性 | 无渗漏,无破裂 |

## 3.6.6　高导热绝缘发泡聚乙烯型材

（1）配方（质量份）

| | | | |
| --- | --- | --- | --- |
| 聚乙烯 | 100 | 液态石蜡 | 0.5 |
| 六方氮化硼 | 20 | 含氮阻燃剂 | 2.5 |
| 聚乙烯吡咯烷酮 | 0.7 | 抗氧剂 1010 | 0.25 |
| 硬脂酸钙 | 0.5 | 抗氧剂 168 | 0.25 |

（2）加工工艺

将物料按配方称重，加入密炼机进行熔融密炼，然后转入高压模具中，升温到 140℃，充入 12MPa 氮气，恒温保压 5min。冷却得到发泡聚乙烯型材。物理发泡相对于化学发泡更加环保。

（3）参考性能

高导热绝缘发泡聚乙烯型材性能见表 3-36。可应用于锂离子电池模组的隔层。

**表 3-36　高导热绝缘发泡聚乙烯型材性能**

| 性能指标 | 配方值 |
| --- | --- |
| 热导率/[W/(m·K)] | 10.1 |
| 发泡倍数 | 5.5 |

# 第 **4** 章 ▶▶▶

# 聚丙烯改性配方与实例

## 4.1 PP 增强与增韧改性配方与实例

### 4.1.1 满足激光焊接填充改性聚丙烯

**（1）配方（质量份）**

| | | | |
|---|---|---|---|
| 无规共聚聚丙烯 | 73.9 | 亚磷酸酯类抗氧剂 | 0.3 |
| 云母粉 | 15 | 受阻胺类光稳定剂 | 0.3 |
| 增韧剂 | 10 | 硬脂酸类润滑剂 | 0.2 |
| 受阻酚类抗氧剂 | 0.3 | | |

注：云母粉目数为 500～5000 目，表面采用有机硅氧烷进行处理，以提高与聚丙烯的相容性。增韧剂为丙烯和乙烯的共聚物弹性体，熔体指数为 0.5～15g/10min。

**（2）加工工艺**

将配方中的原材料放入高速搅拌机中混合，混合速度为 600r/min，混合时间为 1min。将混合后的原材料加入双螺杆挤出机，在 180℃的温度下挤出造粒。

**（3）参考性能**

无规共聚聚丙烯具有非常高的透明性，而且云母粉也存在一定的透光性，再加上采用增韧剂的丙烯基弹性体，与 PP 基材具有很好的相容性，可降低聚丙烯的结晶性能，进一步提高材料透明度。满足激光焊接填充改性聚丙烯的性能如表 4-1 所示。

表 4-1 满足激光焊接填充改性聚丙烯的性能

| 性能指标 | 配方值 | 性能指标 | 配方值 |
|---|---|---|---|
| 拉伸强度/MPa | 21.7 | 弯曲强度/MPa | 24.9 |
| 断裂伸长率/% | >100 | 弯曲模量/MPa | 1478 |
| 简支梁缺口冲击强度/(kJ/m²) | 16.5 | 焊接力/N | 988 |

### 4.1.2 水泵专用聚丙烯增强材料

**（1）配方（质量份）**

| | | | |
|---|---|---|---|
| PP | 50 | 长玻璃纤维母粒 | 30 |

| 短切玻璃纤维 | 15 | 抗氧剂 | 0.2 |
| 硅烷偶联剂 | 0.3 | 断链剂 | 1 |
| 相容剂 PP-g-MAH | 3 | 润滑剂 | 0.5 |

注：PP 的熔体指数为 15g/10min；硅烷偶联剂为 2-丁烯基三乙氧基硅烷；断链剂为 2,5-二甲基-2,5-双（叔丁基过氧基）己烷；长玻璃纤维母粒为长玻璃纤维包覆聚丙烯复合材料［玻璃纤维含量为 50%（质量分数）］，基材为低熔体黏度（熔体指数为 100～120g/10min）聚丙烯材料，通过模头对长玻璃纤维进行表面包覆后切粒制备得到长玻璃纤维母粒。

（2）加工工艺

① 短切玻璃纤维改性处理。将短切玻璃纤维（或简称为短玻璃纤维）干燥后，用质量分数为 10% 的硅烷偶联剂的乙醇溶液低速搅拌回流 10min，室温静置 12h；真空抽滤，置于电热恒温鼓风干燥箱中 80℃干燥至恒重，得表面处理后的短切玻璃纤维。

② 水泵专用聚丙烯增强材料的制备。将聚丙烯、相容剂、抗氧剂、断链剂、润滑剂一起加入通有氮气保护的混合机中高速混合 2～10min；在氮气保护下，将混合物料投入平行双螺杆挤出机中熔融，再从挤出机的侧喂料口加入处理后的短切玻璃纤维，经挤出、造粒制得水泵专用聚丙烯增强初步材料。其中，挤出机的机筒温度为 205～220℃，螺杆转速为 400～600r/min，真空度为 -0.04～0.1MPa，切出的初步材料粒子长度控制在 7～11mm。将制得的水泵专用聚丙烯增强初步材料和长玻璃纤维母粒一起加入通有氮气保护的混合机中低速混合 5min 即得水泵专用聚丙烯增强材料。

（3）参考性能

表 4-2 为水泵专用聚丙烯增强材料性能测试结果。该材料具有高强度、高流动性、熔接线强度高等特点，标准实验条件下可以将水泵原有爆破压力提高 20%，而且处在爆破点压力的时间延长 50%。

表 4-2　水泵专用聚丙烯增强材料性能

| 性能指标 | 配方值 | 性能指标 | 配方值 |
| --- | --- | --- | --- |
| 拉伸强度/MPa | 97.9 | 热变形温度/℃ | 85 |
| 熔接线拉伸强度/MPa | 46.9 | 熔体指数/(g/10min) | 22.5 |
| 断裂伸长率/% | 4.4 | 密度/(g/cm³) | 1.129 |
| 悬臂梁冲击强度/(kJ/m²) | 11.4 | 灰分/% | 32.5 |
| 弯曲强度/MPa | 122.2 | 爆破压力/MPa | 1.2 |
| 弯曲模量/MPa | 6120 | 爆破持续时间/s | 10s |

## 4.1.3　发泡增强聚丙烯

（1）配方（质量份）

| K7760H | 32 | 有机脲促进剂 | 0.3 |
| K7726H | 68 | 抗氧剂 1010 | 0.2 |
| 乙烯-辛烯-GMA 接枝共聚物 | 25 | 抗氧剂 168 | 0.2 |
| 3000 目滑石粉 | 10 | 润滑剂 ZnSt | 0.2 |
| 双氰胺扩链剂 | 0.2 | | |

注：K7760H 为乙烯-丙烯共聚聚丙烯，燕山石化生产，熔体指数（230℃，2.16kg）为 60g/10min；K7726H 为乙烯-丙烯共聚聚丙烯，燕山石化生产，熔体指数（230℃，2.16kg）为 26g/10min。

（2）加工工艺

称取聚丙烯、乙烯-辛烯-GMA 接枝共聚物、滑石粉、扩链剂、促进剂、抗氧剂、润滑剂，投入密炼挤出一体机中，在设定的加工温度和时间下加工，混合均匀充分反应后挤出造粒。得到的改性聚丙烯增强料与商业化的发泡母粒（Hydrocerol，科莱恩公司生产）混合，按质量份计算，100份改性聚丙烯增强材料与2份发泡母粒混合均匀，用注塑机进行注塑发泡，即可得到发泡聚丙烯。

（3）参考性能

表4-3为发泡增强聚丙烯性能测试结果。发泡增强聚丙烯的实物及微观发泡照片见图4-1。

表4-3 发泡增强聚丙烯性能测试结果

| 性能指标 | 配方值 |
| --- | --- |
| 熔体指数/(g/10min) | 22 |
| 熔体复合黏度(200℃)/Pa·s | 184761 |

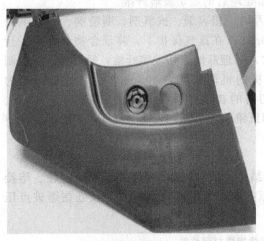

(a) 发泡实物照片

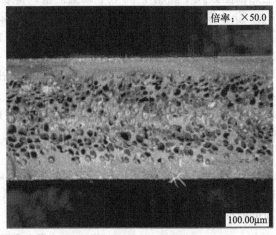

(b) 发泡SEM照片

图4-1 发泡增强聚丙烯的照片

## 4.1.4 复合长纤维增强聚丙烯

（1）配方（质量份）

| | | | |
| --- | --- | --- | --- |
| PP | 63 | 连续玄武岩纤维 | 15 |
| 连续玻璃纤维 | 15 | 高效相容剂 | 5 |

注：PP牌号为HX3900，230℃、2.16kg条件下熔体指数为32g/10min，结晶度$X_c$为95%。连续玻璃纤维：GF-988A-2000，纤维直径17$\mu$m，典型线密度为2000tex。连续玄武岩纤维：BR13-800，纤维直径13$\mu$m，典型线密度为800tex。

（2）加工工艺

① 相容剂EVA-GMA的制备。甲基丙烯酸缩水甘油酯（GMA）接枝乙烯-醋酸乙烯酯（EVA），化学滴定法测试接枝率为0.75%。通过双螺杆挤出机，由过氧化物引发剂引发GMA/苯乙烯（St）混合物接枝熔融态EVA共聚物而得。

② 复合长纤维增强聚丙烯的制备。按配方称重，混合均匀，经喂料螺杆加入挤出机，同向旋转的双螺杆挤出机螺杆直径为36mm，长径比$L/D$为44。主机筒从加料口到机头出口的各分区温度设定为：100℃、190℃、200℃、215℃、220℃、220℃、220℃，主机转速为300r/min，所得熔融态聚丙烯树脂经挤出机口模注入浸渍型腔中。将连续玻璃纤维、连续玄武岩纤维分别置于纱架之上，经张力辊预加张力进行分纱，由不同的纱管导出后平行排布，而后进入浸渍型腔中与聚丙烯树脂熔体相复合、浸润，由浸渍口模导出，经水槽冷却后牵引至切粒机，短切为10~15mm长度的长纤维增强聚丙烯粒料。

（3）参考性能

复合长纤维增强聚丙烯的性能见表 4-4。该材料可以在汽车、电子电器等一些领域的结构性制件（支架、框架、壳体等）中应用。

表 4-4　复合长纤维增强聚丙烯的性能

| 性能指标 | 配方值 | 性能指标 | 配方值 |
|---|---|---|---|
| 拉伸强度/MPa | 143 | 拉伸强度(裁样⊥)/MPa | 108 |
| 冲击强度/(kJ/m²) | 73 | 冲击强度(裁样//)/(kJ/m²) | 63 |
| 弯曲强度/MPa | 179 | 冲击强度(裁样⊥)/(kJ/m²) | 53 |
| 拉伸强度(裁样//)/MPa | 121 | 90%纤维的长纤维保留区间/mm | 2.5~4.0 |

注：强度测试按平行流动方向（//）和垂直流动方向（⊥）截取标准尺寸。纤维保留长度测试：从制件上截取小块样本放置于坩埚中，在马弗炉中于 650℃下灼烧 2h，灼烧残余物用乙醇溶液溶解；随后在倒置金相显微镜下观察，并且采用图像分析软件，获得纤维保留长度的分布曲线。根据曲线计算 90%纤维所对应的长度分布区间数据。

## 4.1.5　5G 天线罩用长玻璃纤维增强聚丙烯

（1）配方（质量份）

| | | | |
|---|---|---|---|
| PP | 47.5 | 玻璃微珠 | 2 |
| 热塑性聚酯弹性体 TPEE | 20 | 抗氧剂 | 0.2 |
| 耐候助剂 | 0.3 | | |

（2）加工工艺

将物料按配方在高速混料机（又称高速混合机）中搅拌混合均匀，然后经过双螺杆挤出机进入浸渍槽；连续玻璃纤维经过浸渍槽后进行拉条、冷却、切粒、干燥处理。

（3）参考性能

5G 天线罩用长玻璃纤维增强聚丙烯－40℃落球冲击测试结果见表 4-5。

表 4-5　5G 天线罩用长玻璃纤维增强聚丙烯－40℃落球冲击测试结果

| 性能指标 | 测试结果 |
|---|---|
| 样板表面状态 | 明显裂纹 |

注：天线罩在低温环境下的抗冲击性具体试验条件为：150mm×100mm×3mm 的样板经过－40℃冷冻后，使用质量为 0.5kg 的小球从 0.8m 的高度进行落球冲击，冲击过后的样板表面不允许有破坏或裂纹出现。

## 4.1.6　矿物纤维增强的低密度、高刚性聚丙烯

（1）配方（质量份）

| | | | |
|---|---|---|---|
| PP | 73.5 | 马来酸酐接枝聚丙烯 | 10 |
| 滑石粉 | 10 | 抗氧剂 1010 | 0.3 |
| 玄武岩纤维 | 5 | 抗氧剂 168 | 0.2 |
| 乙烯-辛烯嵌段共聚物 | 10 | | |

注：滑石粉平均直径 1μm；玄武岩纤维直径 10μm，平均长度 2.0~4.0mm。

（2）加工工艺

将物料按配方称重，在高速混合机中干混 5min，再加入双螺杆挤出机中挤出造粒。其中，螺筒内温度为：一区 220℃，二区 230℃，三区 230℃，四区 230℃，机头 240℃。双螺杆挤出机转速为 400r/min。

（3）参考性能

矿物纤维增强的低密度、高刚性聚丙烯性能如表 4-6 所示，可以用于汽车及其他行业中有轻量化减重需求的注塑零部件等各种领域。

表 4-6　矿物纤维增强的低密度、高刚性聚丙烯性能

| 性能指标 | 配方值 |
| --- | --- |
| 密度/(g/cm³) | 0.98 |
| 缺口冲击强度/(kJ/m²) | 30 |
| 弯曲模量/MPa | 1600 |

## 4.1.7　改善"浮纤"、高表面粗糙度长纤维增强聚丙烯

（1）配方（质量份）

① 功能母粒

| | | | |
| --- | --- | --- | --- |
| PP（BX3900） | 53.5 | UV700 光稳定剂 | 1 |
| 乙烯基聚硅氧烷 | 40 | EBS | 2 |
| 有机过氧化物（F40） | 2 | 炭黑 | 1 |
| 抗氧剂 1010 | 0.5 | | |

② 低"浮纤"，高表面粗糙度的长纤维增强聚丙烯

| | | | |
| --- | --- | --- | --- |
| 功能母粒 | 2 | 30%长纤维增强聚丙烯材料 | 98 |

（2）加工工艺

① 改善"浮纤"、高表面粗糙度功能母粒的制备。按配方①将物料加入高速混料机中混合均匀后，再加入双螺杆挤出机中，经双螺杆挤出机熔融、挤出、冷却、切粒制备成高流动性耐析出抗划擦功能母粒。在 230℃、2.16kg 条件下测得母粒的流动速度为 756g/min。双螺杆挤出机的一～十区加工温度设置依次为：100℃、185℃、190℃、190℃、195℃、195℃、195℃、200℃、200℃、200℃。主螺杆转速为 300r/min，水槽温度为 30℃。

② 低"浮纤"、高表面粗糙度长纤维增强聚丙烯的制备。将功能母粒与 30%长纤维增强聚丙烯材料一起加入高速混料机中，充分混合后制备成低"浮纤"、高表面粗糙度长纤维增强聚丙烯复合材料。

（3）参考性能

表 4-7 是改善"浮纤"、高表面粗糙度的长纤维增强聚丙烯性能测试结果。

表 4-7　改善"浮纤"、高表面粗糙度的长纤维增强聚丙烯性能测试结果

| 性能指标 | 配方值 | 性能指标 | 配方值 |
| --- | --- | --- | --- |
| 拉伸强度/MPa | 116.4 | 热变形温度/℃ | 85 |
| 冲击强度/(kJ/m²) | 22.3 | 母粒熔体指数/(g/min) | 756 |
| 弯曲模量/MPa | 6189 | "浮纤"等级 | 1 |

## 4.1.8　聚丙烯增韧母粒

（1）配方（质量份）

① 有机磷酸盐类透明成核剂

| | | | |
| --- | --- | --- | --- |
| 2,2'-亚甲基双(4,6-二叔丁基苯酚)磷酸盐 | 20 | 烷基锂化合物 | 20 |
| 2,2'-亚甲基双(2,4-二叔丁基苯酚)磷酸盐 | 45 | 氧化锌 | 15 |

② 聚丙烯增韧母粒

| | | | |
| --- | --- | --- | --- |
| 无规共聚聚丙烯颗粒 | 100 | 白油 | 0.2 |
| 复合型有机磷酸盐类透明成核剂 | 0.2 | 硬脂酸钙 | 0.3 |
| 抗氧剂 | 0.3 | | |

（2）加工工艺

将物料按配方比例投入高速混料机中进行干混处理，然后加入同向双螺杆挤出机挤出造

粒。混炼的转速为 1500r/min，时间为 6min，挤出机各区最高温度为 220℃。

（3）参考性能

表 4-8 为聚丙烯增韧母粒增韧性能测试结果。

**表 4-8　聚丙烯增韧母粒增韧性能**

| 性能指标 | 配方值 | 性能指标 | 配方值 |
|---|---|---|---|
| 拉伸强度/MPa | 34 | 热变形温度/℃ | 122 |
| 断裂伸长率/% | 2 | 弯曲模量/MPa | 950 |
| 悬臂梁冲击强度(23℃)/(kJ/m²) | 29.7 | 熔体指数/(g/10min) | 27 |
| 悬臂梁冲击强度(−20℃)/(kJ/m²) | 2.1 | 透光率/% | 90.7 |
| 洛氏硬度 | 98 | 阻燃等级 UL94 | V-0 |

## 4.1.9　增韧高透明抗菌聚丙烯

（1）配方（质量份）

| | | | |
|---|---|---|---|
| PP | 65 | 成核剂 | 1.0 |
| 乙丙橡胶 | 8 | 纳米银壳聚糖复合抑菌剂 | 8 |
| 空心玻璃微珠 | 5 | PP-*g*-MAH(增容剂) | 2 |
| 纳米氧化铈 | 0.5 | 抗氧剂 168 | 1 |
| HMSPP | 10 | 光稳定剂 770 | 0.5 |

注：聚丙烯为无规聚丙烯与等规聚丙烯的混合物，两者混合质量比为 1：3。乙丙橡胶为茂金属催化的乙丙三元橡胶，其中第三单体 ENB 含量占总质量的 4%，乙烯含量占总质量的 50%。空心玻璃微珠，粒径为 40～60μm，密度 0.88g/mL；纳米氧化铈，比表面积为 20m²/g；HMSPP（高熔体强度聚丙烯），熔体指数为 7～9g/10min，分子量分布 6～8。

（2）加工工艺

① 成核剂的制备。将 2,2'-亚甲基双(2,4-二叔丁基苯氧基)磷酸铝、二亚(3,4-二甲基)苄基山梨糖醇与滑石粉按比例混合，加入球磨机中，进行混合研磨，转速为 500r/min，球磨时间 2h，得到成核剂预混合料；将成核剂预混合料进行高温煅烧，煅烧温度为 250℃，煅烧时间 2h，即可得到负载型成核剂。2,2'-亚甲基双(2,4-二叔丁基苯氧基)磷酸铝、二亚(3,4-二甲基)苄基山梨糖醇与滑石粉的混合比例为 1：2：1。

② 纳米银壳聚糖复合抑菌剂的制备。高氯酸银加入水中混合均匀，得到溶液 A；将硼氢化钠与羧甲基壳聚糖加入水中，搅拌溶解，滴入 20%（质量分数）氢氧化钠水溶液调 pH 值至 10～12，得到溶液 B；将溶液 A 缓慢滴加到溶液 B 中，置于 75℃恒温水浴中超声反应，超声频率为 25Hz，反应 2.5h 得到纳米银壳聚糖复合抑菌剂溶液，后经脱水、干燥，得到纳米银壳聚糖复合抑菌剂。纳米银壳聚糖复合抑菌剂溶液的质量分数为 25%。

③ 增韧母粒的制备。先将乙丙橡胶、空心玻璃微珠、纳米氧化铈、HMSPP、纳米银壳聚糖复合抑菌剂在 20000r/min 下高速混合 20min，熔融挤出制备增韧母粒。增韧母粒直径为 1～2mm，控制切粒长度为 4mm。

④ 复合材料的制备。将聚丙烯、增韧母粒、成核剂、增容剂、稳定剂加入双螺杆挤出机中，进行熔融剪切、混炼、均化后挤出成型，制备出聚丙烯复合材料。其中，双螺杆挤出机各区的加工工艺温度分别为：一区 145～160℃，二区 160～180℃，三区 180～200℃，四区 200～210℃，五区 190～195℃。整个挤出过程的时间为 25min，压力为 15MPa，螺杆转速为 450r/min。

（3）参考性能

复合材料性能如表 4-9 所示。

**表 4-9 复合材料性能**

| 性能指标 | 配方值 | 性能指标 | 配方值 |
|---|---|---|---|
| 拉伸强度/MPa | 36.4 | 熔体指数/(g/10min) | 19 |
| 断裂伸长率/% | 48.4 | 透光率/% | 92 |
| 老化180min断裂伸长保留率/% | 93.15 | 雾度/% | 11 |
| 悬臂梁缺口冲击强度/(kJ/m²) | 23.5 | 抑菌率/% | 95.2 |
| 弯曲强度/MPa | 39.7 | 光泽度/% | 121 |
| 拉伸模量/MPa | 706 | | |

## 4.1.10 高模量高抗冲的聚丙烯

**(1) 配方（质量份）**

| | | | |
|---|---|---|---|
| PP | 65 | 滑石粉 | 10 |
| 氨基官能化聚烯烃弹性体 | 20 | 抗氧剂1010 | 0.4 |
| 硅烷偶联剂 Z-6040 | 3 | 抗氧剂1035 | 0.2 |
| HDPE | 8 | | |

**(2) 加工工艺**

① 氨基官能化聚烯烃弹性体的制备。将丁烯65g、烯丙胺35g加入1L烷烃混合溶剂中，配成溶液后加入反应釜中，升温到120℃，通入乙烯气体，控制釜内压力为2.5MPa。将主催化剂二甲基硅基叔丁基环戊二烯二氯化钛1mg和助催化剂，即10%（质量分数）的甲基铝氧烷的甲苯溶液0.25mL加入反应釜中搅拌、反应15min，得到反应物溶液。将反应物溶液转移至无水乙醇中得到固体沉淀，过滤干燥，得到丁烯插入率为40%（质量分数）、氨基官能化单体（烯丙胺）的插入率为5%（质量分数）、乙烯含量为55%（质量分数）、分子量为200000的氨基官能化聚烯烃弹性体。

② 高模量高抗冲聚丙烯的制备。将氨基官能化聚烯烃弹性体与硅烷偶联剂Z-6040用高速混合机在500r/min的转速下混合10min。加入PP、HDPE、滑石粉，以高速混合机在450r/min的转速下混合10min，再将混合物与抗氧剂混合均匀后加入双螺杆挤出机中进行熔融挤出造粒，挤出温度为200℃，搅拌转速为100r/min。

**(3) 参考性能**

高模量高抗冲聚丙烯性能如表4-10所示，可以广泛应用于轻质化汽车料中，如汽车保险杠等各种领域。

**表 4-10 高模量高抗冲聚丙烯性能**

| 性能指标 | 配方值 |
|---|---|
| 断裂伸长率/% | 289 |
| 悬臂梁缺口冲击强度/(kJ/m²) | 39 |
| 弯曲模量/MPa | 1574 |

## 4.1.11 行李箱壳体聚丙烯用材

**(1) 配方（质量份）**

| | | | |
|---|---|---|---|
| PP | 220 | 热塑性弹性体 | 5 |
| LDPE | 65 | 聚乳酸 | 13 |
| 耐寒剂 | 5 | 竹纤维 | 55 |

注：PP是嵌段共聚聚丙烯和无规共聚聚丙烯以质量比1.8:1组成的混合物；嵌段共聚聚丙烯的熔体指数为24g/10min；所述无规共聚聚丙烯的熔体指数为5g/10min。聚乙烯由熔体指数为2.2g/10min、密度为0.920g/cm³的LDPE与熔体指数为0.50g/10min、密度为0.930g/cm³的LDPE61混合而成。耐寒剂型号为

A-940，与三元乙丙橡胶 3722P 按质量比 2:0.7 混合。竹纤维的长度为 1.0mm，线密度为 1.0tex。热塑性弹性体由 POE（乙烯-辛烯共聚物）和 TPU（热塑性聚氨酯弹性体）按质量比 4:1 混合而成。聚乳酸的重均分子量为 150000，熔体指数为 2g/min，密度为 1.28g/cm³，含水率为 0.7%（质量分数）。

（2）加工工艺

称取竹纤维和其他原料，然后分别置于 70℃ 的真空烘箱中干燥 8h。将干燥后的除竹纤维外的其他原料从主喂料口加入双螺杆挤出机中，同时将干燥后的竹纤维从侧喂料口加入双螺杆挤出机中，进行挤出造粒。双螺杆挤出机的螺杆转速为 90r/min，所述双螺杆挤出机的长径比为 25:1；双螺杆挤出机的一区温度为 175℃，二区温度为 180℃，三区温度为 178℃，四区温度为 183℃，五区温度为 188℃，模头温度为 178℃。粒料投入注塑机中，在 165℃ 温度下注塑得到行李箱壳体。

（3）参考性能

表 4-11 为行李箱壳体聚丙烯用材性能测试结果。

表 4-11　行李箱壳体聚丙烯用材性能测试结果

| 性能指标 | 配方值 | 性能指标 | 配方值 |
| --- | --- | --- | --- |
| 缺口冲击强度(23℃)/(kJ/m²) | 41.3 | 跌落性能 | 无开裂、无凹陷 |
| 缺口冲击强度(−30℃)/(kJ/m²) | 9.8 | 滚筒冲击性能 | 无开裂、无凹陷 |
| 降解残留率/% | 70.28 | | |

## 4.1.12　高刚超韧可激光焊接聚丙烯

（1）配方（质量份）

| | | | |
| --- | --- | --- | --- |
| 嵌段共聚 PP | 58.6 | 受阻酚类抗氧剂 | 0.2 |
| SEBS(氢化苯乙烯-丁二烯-苯乙烯嵌段共聚物) | 20 | 亚磷酸酯类抗氧剂 | 0.2 |
| 晶须 | 20 | 受阻胺类光稳定剂 | 0.3 |
| 增透剂 NX8000K | 0.5 | 硬脂酸 | 0.2 |

注：晶须为碱式硫酸镁晶须，其分子式为 $MgSO_4 \cdot 5Mg(OH)_2 \cdot 3H_2O$，平均长度为 15μm，直径为 0.5μm，长径比为 30:1。

（2）加工工艺

将除晶须和玻璃纤维外的原料按配方配比放入高速搅拌机中混合，混合速度为 600r/min，混合时间为 1~2min。混合后的原材料加入双螺杆挤出机主喂料口，晶须和玻璃纤维加入侧喂料口，在 200℃ 的温度下进行挤出造粒。

（3）参考性能

表 4-12 为高刚超韧可激光焊接聚丙烯性能测试结果。

表 4-12　高刚超韧可激光焊接聚丙烯性能测试结果

| 性能指标 | 配方值 | 性能指标 | 配方值 |
| --- | --- | --- | --- |
| 拉伸强度/MPa | 20.1 | 线膨胀系数/(10⁶/℃) | 39.3 |
| 弯曲强度/MPa | 30.5 | 透光率(960nm)/% | 58.2 |
| 弯曲模量/MPa | 2174 | 透光率(1100nm)/% | 62.3 |
| 悬臂梁冲击强度(23℃)/(kJ/m²) | 71 | 焊接力/N | 918 |
| 悬臂梁冲击强度(−30℃)/(kJ/m²) | 8.0 | | |

## 4.1.13　改性碳纳米管高抗冲聚丙烯

（1）配方（质量份）

| | | | |
|---|---|---|---|
| POE | 25 | 抗氧剂 1010 | 2 |
| POE-*g*-MAH | 15 | VPSi-MWCNTs | 5 |

（2）加工工艺

① 有机磷酸酯（VPPA）的合成。将 0.2mol 2,6,7-三氧杂-1-磷杂双环［2.2.2］辛烷-4-甲醇-1-氧化物（PEPA）和 0.2mol 三乙胺分散于装有 400mL 四氢呋喃的三口瓶中，在氮气保护下低温搅拌使其混合均匀。将 0.1mol 乙烯基膦酰氯溶于 100mL 四氢呋喃后，转移至恒压滴液漏斗中，缓慢滴加至三口瓶中，20min 加完，升温至四氢呋喃的回流温度，反应 12h。反应结束后，降温过滤除去不溶物，将滤液倒入大量冰水中，析出白色固体，洗涤，干燥，得到有机磷酸酯（VPPA）。有机磷酸酯（VPPA）的合成路线见图 4-2。

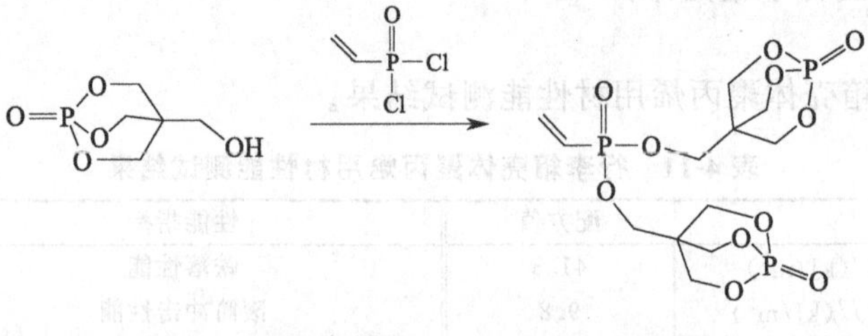

图 4-2　有机磷酸酯（VPPA）的合成路线

② MWCNTs 表面改性。将 2g MWCNTs（多壁碳纳米管）分散到 200mL HNO₃ 水溶液中，对其进行预氧化处理，搅拌 2h 后，减压抽滤，使用大量去离子水冲洗滤饼，干燥。再将其分散至 200mL 水/乙醇（体积比 2:1）的分散剂中，再加入 0.03mol 乙烯基三甲氧基硅烷（VTMS），搅拌 5h 对 MWCNTs 进行表面处理，在其表面引入双键，得到 Si-MWCNTs；将 2g Si-MWCNTs 分散于 200mL 石油醚中，采用细胞粉碎机处理使其均匀分散，再加入摩尔比为 100:1 的 VPPA 和 BTTC（苄基三硫代碳酸钠），减压抽滤，用乙醚洗涤，干燥，得到改性碳纳米管成核剂（VPSi-MWCNTs）。VPSi-MWCNTs 的合成路线见图 4-3。

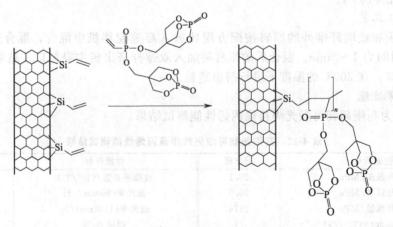

图 4-3　VPSi-MWCNTs 的合成路线

③ 高抗冲阻燃聚丙烯复合材料的制备方法。将物料按配方比例均匀混合后，在 190～210℃下熔融共混挤出造粒。

（3）参考性能

如图 4-4 所示，与未改性的 MWCNTs 相比，在 Si-MWCNTs 中可以发现 1100cm⁻¹ 处的 Si—O—Si 和 1638cm$^{-1}$ 处乙烯基的特征峰，证明乙烯基三甲氧基硅烷成功接枝到了 MWCNTs 表面。此外，反应结束之后 1100cm$^{-1}$ 处 P—O—C 键的特征峰得到了显著增强，证明了 VPPA 的引入。在 VPSi-MWCNTs 的 FTIR 谱图中，2800～2900cm$^{-1}$ 处—CH$_3$ 峰、—CH$_2$—峰也得到了一定程度的增强，同样证明了聚合反应的发生。

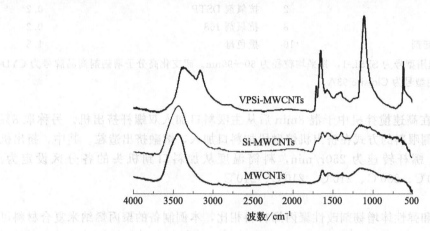

图 4-4　VPSi-MWCNTs 红外谱图

改性碳纳米管高抗冲聚丙烯材料的性能见表 4-13。

表 4-13　改性碳纳米管高抗冲聚丙烯材料的性能

| 性能指标 | 配方值 | 对比样值(纯 PP) |
| --- | --- | --- |
| 拉伸强度/MPa | 32.2 | 33.4 |
| 弯曲模量/MPa | 1167 | 864 |
| 冲击强度/(J/m) | 60.9 | 42.1 |

## 4.1.14　增韧增强洗衣机外壳材料

（1）配方（质量份）

| | | | |
| --- | --- | --- | --- |
| PP(BX3900) | 35 | 灰色色粉 | 6 |
| 高温发泡剂 TA1000 | 50 | 白油 | 4 |
| 纳米碳酸钙 | 5 | | |

（2）加工工艺

按配方将物料混合加入密炼机中，密炼机温度设定为 150℃。密炼 15min 后放料，在破碎机中破碎后与牌号为 K8303 的均聚聚丙烯按照 6∶94 的质量份混合，加入单螺杆挤出机中混合造粒，挤出机温度控制在 165～175℃。最后将造好的粒子加入注塑机中注塑成型，注塑温度设定为 225℃，冷却时间为 30s，模温为 60℃。

（3）参考性能

增韧增强洗衣机外壳材料的性能如表 4-14 所示。

表 4-14　增韧增强洗衣机外壳材料的性能

| 性能指标 | 配方值 |
| --- | --- |
| 密度/(g/cm$^3$) | 0.88 |
| 缺口冲击强度/(kJ/m$^2$) | 17.5 |
| 拉伸强度/MPa | 31 |
| 泡孔尺寸/μm | 50～60 |

### 4.1.15 低密度、低收缩、超高韧性聚丙烯

(1) 配方 (质量份)

| | | | |
|---|---|---|---|
| PP7555 | 78 | 抗氧剂 1010 | 0.1 |
| 纳米碳酸钙 | 2 | 抗氧剂 DSTP | 0.2 |
| 纳米蒙脱土 | 8 | 抗氧剂 168 | 0.2 |
| 超支化高分子增韧剂 | 10 | 黑色母 | 1.5 |

注：纳米碳酸钙选用型号为 SPSL-1，其平均粒径为 60～90nm。超支化高分子增韧剂商品牌号为 CYD-6100。纳米蒙脱土选用型号为 Cloisite 93A。

(2) 加工工艺

按配方将物料在高速搅拌机中干混 8min 后从主喂料口加入双螺杆挤出机。另称取 8% 的纳米蒙脱土通过侧喂料的方式在挤出机熔融段加料口加入，熔融挤出造粒。其中，挤出机螺杆长径比为 40，螺杆转速为 250r/min，料筒温度从加料口到机头的各分区设定为：190℃、200℃、200℃、200℃、210℃、210℃、210℃。

(3) 参考性能

与传统滑石粉和弹性体增韧剂改性聚丙烯材料相比，本例制备的聚丙烯纳米复合材料可实现减重达 7% 以上，而且尺寸稳定性更好，这将有助于降低汽车零部件的质量，达到降低能耗的目的。低密度、低收缩、超高韧性聚丙烯材料性能如表 4-15 所示。

**表 4-15  低密度、低收缩、超高韧性聚丙烯材料性能**

| 性能指标 | 配方值 | 性能指标 | 配方值 |
|---|---|---|---|
| 密度/(g/cm³) | 0.98 | 弯曲模量/MPa | 1615 |
| 缺口冲击强度/(kJ/m²) | 55.3 | 材料收缩率/% | 0.81 |

## 4.2 PP 阻燃改性配方与实例

### 4.2.1 车辆内饰用阻燃聚丙烯

(1) 配方 (质量份)

| | | | |
|---|---|---|---|
| PP | 58.4 | 耐刮擦剂芥酸酰胺 | 0.2 |
| POE | 5 | 包覆 PTFE 微粉 | 0.3 |
| 滑石粉 | 10 | 抗氧剂 1010 | 0.2 |
| 十溴二苯乙烷 | 15 | 抗氧剂 168 | 0.2 |
| 三氧化二锑 | 5 | 光稳定剂 UV-3808 | 0.2 |
| 抑烟剂八钼酸铵 | 5 | 炭黑 | 0.5 |

注：聚丙烯是熔体指数 (230℃，2.16kg) 为 30g/10min 的共聚丙烯。

(2) 加工工艺

按配方量将原料组分混合均匀后添加到双螺杆挤出机 (螺杆直径 35mm，长径比 $L/D=40$) 中，控制挤出温度 (从加料口至机头出口) 为 200℃、200℃、210℃、205℃、205℃、205℃、205℃、205℃、205℃、210℃，双螺杆转速为 300r/min；经多级真空抽提有害气体，挤出料条经过水槽冷却后切粒。

(3) 参考性能

表 4-16 为车辆内饰用阻燃聚丙烯的性能测试结果。

表 4-16　车辆内饰用阻燃聚丙烯的性能测试结果

| 性能指标 | 配方值 | 性能指标 | 配方值 |
|---|---|---|---|
| 拉伸强度/MPa | 21.3 | LOI/% | 25.2 |
| 弯曲强度/MPa | 27.3 | 氙灯老化性能,灰度等级 | 4 |
| 弯曲模量/MPa | 1803 | 烟密度等级(SDR) | 60.1 |
| 悬臂梁缺口冲击强度/(kJ/m²) | 21.1 | 气味/级 | 3.5 |

## 4.2.2　暗装底盒用阻燃聚丙烯

（1）配方（质量份）

| | | | |
|---|---|---|---|
| 均聚 PP | 68.7 | PP-g-MAH | 2 |
| 回收聚丙烯 | 22.9 | POE | 2 |
| 阻燃剂 | 3 | 抗氧剂 1010 | 0.3 |
| BaSO₄ | 15 | 抗氧剂 168 | 0.3 |
| 短切玻璃纤维 | 10 | EBS | 0.8 |

注：阻燃剂型号为 Lydorflam5014。短切玻璃纤维：热塑性塑料用无碱玻璃纤维短切原丝 508A。

（2）加工工艺

按配方称取各组分原料，在高速混合机中混合 5min；双螺杆挤出机挤出造粒，加工工艺条件为：一区温度 170～180℃，二区温度 175～185℃，三区温度 180～190℃，四区温度 180～190℃，五区温度 180～190℃，机头温度 180～200℃，主机转速 300～450r/min。

（3）参考性能

暗装底盒在家装及电工领域得到广泛应用，普遍采用的材料是矿物填充的 PVC 混配料。暗装底盒用阻燃聚丙烯适合于低温环境，具有比 PVC 更高的维卡软化点，可以应用于电工产品领域如排插、电源盒、开关后座等，并完全能满足电工应用领域的各项标准要求。表 4-17 为暗装底盒用阻燃聚丙烯性能测试结果。

表 4-17　暗装底盒用阻燃聚丙烯性能测试结果

| 性能指标 | 配方值 | 性能指标 | 配方值 |
|---|---|---|---|
| 拉伸强度/MPa | 38 | 自熄时间/s | 5 |
| 冲击强度/(J/m) | 3.5 | 收缩率/% | 1 |
| 弯曲强度/MPa | 50 | 垂直燃烧等级 UL94(1.5mm) | V-0 |
| 熔体指数/(g/10min) | 7.3 | 氧化诱导期 OIT/min | 38 |
| 密度/(g/cm³) | 1.15 | 维卡软化点/℃ | 130 |
| LOI/% | 39 | 跌落试验(−20℃,1.5m,10 个试样) | 无破 |

## 4.2.3　阻燃抗静电聚丙烯

（1）配方（质量份）

① 阻燃剂母粒 A

| | | | |
|---|---|---|---|
| PP(BX3920) | 47 | 十溴二苯乙烷 | 12 |
| 无规共聚聚丙烯 PP-R(C4220) | 5 | 三氧化二锑 | 4 |

② 阻燃剂母粒 B

| | | | |
|---|---|---|---|
| POE(Engage™8150) | 10 | 导电炭黑 | 5 |
| PBE(Vistamaxx™6102) | 15 | | |

③ 阻燃抗静电聚丙烯

| | | | |
|---|---|---|---|
| 阻燃剂母粒 | 68 | 过氧化二异丙苯 | 0.5 |
| 抗静电母粒 | 30 | 三烯丙基异氰酸酯 | 0.2 |

| 抗氧剂 1010 | 0.1 | 成核剂 CAV102 | 0.1 |
| 抗氧剂 168 | 0.1 | 硬脂酸钙 | 1 |

（2）加工工艺

将物料按配方比例加入高速混合机，经高速混合机充分共混，然后通过双螺杆挤出机（各区加工温度为200℃）挤出造粒，得到阻燃抗静电聚丙烯。

（3）参考性能

表4-18为阻燃抗静电聚丙烯性能测试结果。

**表4-18 阻燃抗静电聚丙烯性能测试结果**

| 性能指标 | 配方值 | 性能指标 | 配方值 |
|---|---|---|---|
| 阻燃性能 | 合格 | 熔体指数/(g/10min) | 38.2 |
| 表面电阻率/Ω | $5 \times 10^4$ | 二甲苯不溶物含量(质量分数)/% | 1.68 |
| 缺口冲击强度/(kJ/m²) | 19.0 | | |

## 4.2.4 高导电阻燃聚丙烯

（1）配方（质量份）

| 均聚聚丙烯 | 51 | 抗氧剂 | 0.2 |
| 共聚聚丙烯 | 30.6 | 增韧剂 | 5 |
| 阻燃剂 | 5 | 分散剂 | 0.3 |
| 阻燃协效剂 | 0.1 | 润滑剂 | 0.8 |
| 导电剂 | 2 | | |

（2）加工工艺

将导电剂、阻燃剂、阻燃协效剂、分散剂、增韧剂、润滑剂、抗氧剂放入高速混合机中2～10min充分混合，得到原料原液。将原料原液和均聚聚丙烯、共聚聚丙烯一起加入高速混合机再次高速混合1～5min，得到聚丙烯改性原料。将聚丙烯改性原料放入喂料器中，通过喂料器将聚丙烯改性原料加入双螺杆挤出机挤出造粒，挤出温度在180～220℃，干燥得到导电阻燃聚丙烯原料；再加入真空设备中，通过真空设备将导电阻燃聚丙烯原料进行有效分离，降低其密度，再将分离后的导电阻燃聚丙烯原料使用过滤装置过滤物料当中的大颗粒及团聚颗粒物，得到导电阻燃聚丙烯材料。

（3）参考性能

表4-19为高导电阻燃聚丙烯的性能。

**表4-19 高导电阻燃聚丙烯的性能**

| 性能指标 | 配方值 | 性能指标 | 配方值 |
|---|---|---|---|
| 拉伸强度/MPa | 26 | 熔体指数/(g/10min) | 25 |
| 断裂伸长率/% | 40 | 密度/(g/cm³) | 1.189 |
| 体积电阻率/Ω·cm | $10^3 \sim 10^8$ | 热变形温度/℃ | 120 |
| 缺口冲击强度/(kJ/m²) | 4 | 垂直燃烧等级 UL94(1.5mm) | V-0 |
| 弯曲强度/MPa | 36 | LOI/% | 27 |
| 弯曲模量/MPa | 1700 | | |

## 4.2.5 无滴落聚丙烯阻燃塑料母料

（1）配方（质量份）

① 防滴落复合阻燃剂

| 环糊精液 | 7 | 微孔填料 | 53 |

| | | | |
|---|---|---|---|
| 热塑性聚酰亚胺 | 22 | 可膨胀石墨 | 4 |
| 阻燃剂 | 4 | 磷酸二氢铝液 | 5 |

② 防滴落聚丙烯阻燃塑料母料

| | | | |
|---|---|---|---|
| PP | 25 | 氯化石蜡 | 2 |
| 防滴落复合阻燃剂 | 18 | 抗氧剂 1010 | 2 |

（2）加工工艺

① 防滴落复合阻燃剂的制备。先将环糊精液与微孔填料混合加入研磨机中，研磨至微孔填料的粒径小于 $10\mu m$，使环糊精充分渗透进微孔填料，然后加入热塑性聚酰亚胺粉末、阻燃剂、可膨胀石墨研磨混合均匀，再喷洒磷酸二氢铝液，经高压喷雾黏结干燥，得到防滴落复合阻燃剂。高压喷雾干燥的喷雾压力为 12MPa，雾化器转速为 20000r/min；环糊精为羟丙基-$\beta$-环糊精；环糊精液的质量分数为 5%；磷酸二氢铝液的质量分数为 15%；微孔填料为微孔沸石粉；阻燃剂由八溴双酚 S 醚与三氧化二锑以质量比 3:1 复合而成。

② 防滴落聚丙烯阻燃塑料母料的制备。防滴落复合阻燃剂与聚丙烯树脂、润滑剂（氯化石蜡）、抗氧剂 1010 加入高速混合机中，设置转速为 120r/min，在 120℃下分散 40min，双螺杆挤出造粒。其中，挤出温度依次设置为 150℃、160℃、185℃、165℃。

（3）参考性能

表 4-20 为添加了无滴落聚丙烯阻燃塑料母料的聚丙烯阻燃性能测试结果。

表 4-20　添加了无滴落聚丙烯阻燃塑料母料的聚丙烯阻燃性能测试结果

| 性能指标 | | 样品 |
|---|---|---|
| 第一次点火 | 燃烧时间/s | 6 |
| | 滴落与否 | 无滴落 |
| 第二次点火 | 燃烧时间/s | 6 |
| | 滴落与否 | 无滴落 |
| UL94 | | V-0 |

注：制得的聚丙烯阻燃塑料母料与聚丙烯以质量比 1:3 混合制样，按照 UL94 标准进行垂直燃烧测试；先后进行两次点火燃烧试验，分别记录燃烧时间，观察是否出现滴落现象，并且评定 UL94 垂直燃烧等级。

## 4.2.6　可激光标识的高效阻燃聚丙烯

（1）配方（质量份）

| | | | |
|---|---|---|---|
| PP | 56.8 | 环氧化合物 | 4 |
| 滑石粉 | 10 | 酚醛树脂 | 3 |
| 十溴二苯乙烷 | 12 | 聚醚胺 | 3 |
| 三氧化二锑 | 4 | 抗氧剂 1010 | 0.2 |
| PP-$g$-MAH | 3 | | |

（2）加工工艺

按配方称取各组分，置于高速混合机中以 300～500r/min 的转速混合 10～30min。预混物通过双螺杆挤出机进行挤出造粒，双螺杆挤出机的螺杆转速为 500r/min。树脂合金化过程各区加工温度见表 4-21。

表 4-21　树脂合金化过程各区加工温度

| 一区 | 二区 | 三区 | 四区 | 五区 | 六区 | 七区 | 八区 | 九区 | 十区 | 机头 |
|---|---|---|---|---|---|---|---|---|---|---|
| 235～240℃ | 235～240℃ | 235～240℃ | 235～240℃ | 235～240℃ | 235～240℃ | 235～240℃ | 235～240℃ | 235～240℃ | 235～240℃ | 210～220℃ |

(3) 参考性能

采用具有多官能团、低分子量且高反应活性的环氧化合物，具有活性羟基的酚醛树脂，以及含有活性氨基的聚醚胺，调整三者活性官能团的摩尔比，使三者在特定加工条件下发生微交联反应，形成三元立体网络结构，可同时改善红外及紫外激光打标效果。此外，还提高了该聚丙烯组合物的阻燃效率。表 4-22 为可激光标识的高效阻燃聚丙烯性能测试结果。

**表 4-22　可激光标识的高效阻燃聚丙烯性能测试结果**

| 性能指标 | 配方值 | 性能指标 | 配方值 |
|---|---|---|---|
| 拉伸强度/MPa | 40 | 垂直燃烧等级 UL94(3.2mm) | V-0 |
| 冲击强度/(J/m) | 4.8 | 红外激光打标 $\Delta E$ | 28 |
| 弯曲强度/MPa | 50 | 紫外激光打标 $\Delta E$ | 28 |
| 弯曲模量/MPa | 3877 | | |

注：采用激光打标仪评价材料的紫外及红外激光打标效果。具体为首先利用色度计测试注塑成型塑料板打标前的光散射值，通过打标设备对塑料板进行激光打标，并测试打标后塑料板的光散射值。用打标前后光散射差值 $\Delta E$ 度量材料激光打标效果，$\Delta E$ 值越大，材料的打标效果越好。其中，紫外激光打标测试条件为：波长 355nm，功率 5W，频率 55kHz，速度 500mm/s；红外激光打标测试条件为：波长 1064nm，电流 16A，频率 15kHz，速度 700mm/s。

## 4.2.7　"三位一体"阻燃剂改性聚丙烯

(1) 配方 (质量份)

| | | | |
|---|---|---|---|
| PP | 66.9 | 聚丙烯蜡 | 0.3 |
| FR1 | 30 | 抗氧剂 1010 | 0.1 |

(2) 加工工艺

将 3.345kg 的聚丙烯粒料和 0.15kg 的聚丙烯蜡在高速分散机中预混 2min，高速分散机的转速为 800r/min，再分别准确称取 1.5kg 的"三位一体"阻燃剂（FR1）及 0.005kg 的抗氧剂 1010 加入上述混合机中混合 15min，得到混合物，在双螺杆挤出机中挤出造粒。其中，双螺杆挤出机各区的温度设置在 150~200℃。

(3) 参考性能

表 4-23 为"三位一体"阻燃剂改性聚丙烯阻燃性能测试结果。

**表 4-23　"三位一体"阻燃剂改性聚丙烯阻燃性能测试结果**

| 性能指标 | 配方值 |
|---|---|
| 极限氧指数/% | 32.1 |
| 垂直燃烧等级 UL94(1.6mm) | V-0 |

## 4.2.8　聚丙烯载体高效无卤阻燃母粒

(1) 配方 (质量份)

| | | | |
|---|---|---|---|
| 均聚聚丙烯 | 100 | 双酚 A 双(二苯基)磷酸酯 | 45 |
| 无规共聚聚丙烯 | 100 | KH550 | 1 |
| 氧化硼 | 45 | 白油 | 8 |
| 针状纳米氢氧化铝 | 60 | | |

(2) 加工工艺

① 改性阻燃填料的制备。将针状纳米氢氧化铝、氧化硼、双酚 A 双(二苯基)磷酸酯和硅烷偶联剂 KH550 在转速为 70r/min 的高速搅拌机中混合均匀，得到改性阻燃填料。其中，针状纳米氢氧化铝的长度为 45nm，直径为 6nm。

② 聚丙烯充油处理。取 4 份白油对 100 份熔体指数为 10kg/10min 的均聚聚丙烯进行充

油处理，取 4 份白油对 100 份熔体指数为 10kg/10min 的无规共聚聚丙烯进行充油处理。其中，白油为 26# 工业用塑料加工油。

③ 双包覆的阻燃填料的制备。将改性阻燃填料和均聚聚丙烯在双螺杆挤出机中一次挤出造粒，双螺杆的转速为 400r/min，温度为 176℃。将得到的粒子放入研磨机中研磨，过筛制成平均粒径为 30μm 的均聚聚丙烯和硅烷偶联剂 KH550 双包覆的阻燃填料。

④ 将无规共聚聚丙烯和阻燃填料共混后放入双螺杆挤出机进行二次挤出造粒制得聚丙烯载体高效无卤阻燃母粒。双螺杆的转速为 550r/min，温度为 155℃。

（3）参考性能

采用均聚聚丙烯来包覆阻燃填料，无规共聚聚丙烯作为阻燃母粒的基料，形成了类似于核壳结构的双包覆。均聚聚丙烯的熔点高于无规共聚聚丙烯，使得熔融共混时仅无规共聚聚丙烯发生熔融，均聚聚丙烯始终包覆在阻燃填料表面，保证了阻燃填料与无规共聚聚丙烯具有较好的相容性，使得阻燃填料增强和增韧的效果更好。表 4-24 为添加无卤阻燃母粒的聚丙烯性能测试结果。

**表 4-24　添加无卤阻燃母粒的聚丙烯性能测试结果**

| 性能指标 | 配方值 | 性能指标 | 配方值 |
|---|---|---|---|
| 拉伸强度/MPa | 37 | 弯曲模量/MPa | 1700 |
| 缺口冲击强度/(kJ/m²) | 5 | 垂直燃烧等级 UL94(1.6mm) | V-0 |

注：聚丙烯载体高效无卤阻燃母粒与 100 份聚丙烯（型号为 HP120G）共混塑化制成标准样条。

## 4.2.9　高耐漏电的无卤阻燃增强聚丙烯

（1）配方（质量份）

| | | | |
|---|---|---|---|
| PP | 58.6 | 三聚氰胺多聚磷酸盐(MPP) | 28 |
| 玻璃纤维 | 13 | 杂化物(Rb-Si) | 0.4 |

（2）加工工艺

① 杂化物的制备。将 1.5g 氧化铷于二甲苯中溶解分散后，加入 2.0g 硅烷偶联剂，控制温度为 80℃。恒温 12h 后，旋蒸出二甲苯溶剂，离心分离、过滤，重复三次。最后，将洗净的化合物在 110℃干燥 12h。

② 高耐漏电的无卤阻燃增强聚丙烯。将聚丙烯、玻璃纤维、三聚氰胺多聚磷酸盐和杂化物（Rb-Si）按照配比混合，加入哈克转矩流变仪中，在 165℃、55r/min 条件下共混 4min，制得高耐漏电的无卤阻燃增强聚丙烯。

（3）参考性能

相比漏电起痕指数（CTI 值）是一种衡量材料漏电起痕敏感性的指标，是指材料表面在一定的电压条件下能经受住 50 滴电解液而没有形成漏电痕迹的最高电压值。在实际应用中，如果 CTI 值大于 400V，那么这种材料就具有足够的耐漏电起痕性和电绝缘性。电子电器制件常用的通用型溴系阻燃增强聚丙烯树脂，白色产品 CTI 值一般不超过 250V，黑色产品一般不超过 200V，可以替代 ABS 树脂、PC/ABS 合金等用于生产插座、角形连接器、接线柱、电器面板、接线板等电子电器制品。高耐漏电的无卤阻燃增强聚丙烯性能见表 4-25。

**表 4-25　高耐漏电的无卤阻燃增强聚丙烯性能**

| 性能指标 | 配方值 | 对比样值(市售无卤阻燃 PP) |
|---|---|---|
| 弯曲模量/MPa | 8200 | 4000～9000 |
| 环保性 | 完全符合 RoHS 指标 | 可能符合 RoHS 指标 |
| CTI 值/V | 615 | 200～250 |
| UL94 | V-0 | V-0 |

### 4.2.10 多重包覆阻燃增效功能聚丙烯母粒

#### (1) 配方（质量份）

| | | | |
|---|---|---|---|
| 多重复合包覆四溴双酚 A 双(2,3-二溴丙基)醚 | 70.0 | 无规聚丙烯 | 2.5 |
| | | 苯乙烯-丙烯腈共聚物包覆聚四氟乙烯 | 1.5 |
| 三氧化二锑 | 15.0 | 硬脂酸锌 | 0.7 |
| 高流动聚丙烯 | 10.0 | 聚二甲基硅氧烷 | 0.3 |

#### (2) 加工工艺

① 多重复合包覆四溴双酚 A 双(2,3-二溴丙基)醚的制备。向带搅拌和控温装置的搪瓷反应釜内加入 250L 无水乙醇、150kg 四溴双酚 A 双(2,3-二溴丙基)醚、9kg 铝溶胶、2kg 氧化锌溶胶，搅拌均匀并加热至 38℃，然后匀速滴加质量分数为 12.5% 的氨水，并将反应液 pH 值控制在 7.5～8.5，促使铝溶胶和氧化锌溶胶发生溶胶-凝胶反应，滴加完成后，继续搅拌 4h 后结束反应；然后用清水洗涤、过滤，在 115℃烘箱内干燥 10h，获得锌离子掺杂氢氧化铝包覆四溴双酚 A 双(2,3-二溴丙基)醚。在另外一个玻璃容器内，将 3kg 植酸溶于 6L 去离子水中，配制成浓度为 0.5g/mL 的溶液，将 150kg 锌离子掺杂氢氧化铝包覆四溴双酚 A 双(2,3-二溴丙基)醚和 250L 正丙醇投入搪瓷反应釜内，搅拌均匀并加至 35℃。将其均匀滴加到搪瓷反应釜内，在 35℃下搅拌均匀，然后匀速滴加所配制的植酸水溶液，使植酸与包覆四溴双酚 A 双(2,3-二溴丙基)醚的锌离子掺杂氢氧化铝外壳发生钝化反应，继续搅拌 1.5h 后，加入 5kg 磷酸氢锆粉体，在相同温度下搅拌 3h 后停止反应，然后用清水洗涤、过滤，在 110℃烘箱内干燥 12h，获得多重复合包覆四溴双酚 A 双(2,3-二溴丙基)醚。

② 功能母粒的制备。按配方将物料混合均匀后，转移至密炼机内进行热混炼。密炼机的混炼温度为 140℃，混炼时间为 20min，再通过锥形喂料机喂入单螺杆挤出机，挤出造粒。其中，单螺杆挤出机的螺杆转速为 150r/min，机筒温度分段控制在 160～180℃。

#### (3) 参考性能

随着国外贸易纠纷及高关税的影响，从发达国家进口四溴双酚 A 双(2,3-二溴丙基)醚阻燃剂的经济性越来越差，而且增加了使用企业的生产成本，导致所制造产品的竞争力下降。因此，开发高品质的国产四溴双酚 A 双(2,3-二溴丙基)醚阻燃剂迫在眉睫。然而，四溴双酚 A 双(2,3-二溴丙基)醚阻燃剂的合成过程较复杂，以目前国内企业的技术水平，很难在短时间内研发出先进的生产工艺，从而在产品质量上赶上发达国家的溴系阻燃剂制造水平。因此，还需要寻找简单而便捷的途径来有效改性国产四溴双酚 A 双(2,3-二溴丙基)醚阻燃剂存在的缺陷。表 4-26 为多重包覆阻燃增效功能母粒阻燃聚丙烯性能测试结果。

**表 4-26 多重包覆阻燃增效功能母粒阻燃聚丙烯性能测试结果**

| 性能指标 | 配方值 | 性能指标 | 配方值 |
|---|---|---|---|
| 极限氧指数/% | 33.7 | 黄变指数 | 15.6 |
| 垂直燃烧等级 UL94 | V-0 | 螺旋线/mm | 236.5 |

注：阻燃增效功能母粒按 25% 的质量分数与聚丙烯树脂混合，经双螺杆挤出机共混挤出造粒，再注塑成燃烧测试样条。

### 4.2.11 高抗冲聚丙烯阻燃绝缘片

#### (1) 配方（质量份）

| | | | |
|---|---|---|---|
| 聚丙烯 | 80 | 溴锑复合阻燃母粒 | 30 |

| | | | |
|---|---|---|---|
| 高岭土凝胶 | 60 | 抗氧剂 1010 | 0.2 |
| 介孔分子筛 | 1.5 | 十二烷基苯磺酸钠 | 0.5 |
| 氧化锑 | 0.5 | 2-烷基氨基乙基咪唑啉 | 0.1 |
| 氧化锆 | 3 | γ-氨丙基三乙氧基硅烷 | 2 |
| POE | 10 | | |

（2）加工工艺

① 高岭土凝胶的制备。将高岭土原料和氢氧化钠溶液混合，水热反应后过滤分离出活化高岭土。将所得的活化高岭土溶于盐酸溶液中，加热到 80℃ 反应后，过滤。高岭土酸解液在室温至 60℃ 保温 3d，并将其水洗至中性，再醇洗，即获得中性的高岭土凝胶。

② 高抗冲聚丙烯阻燃绝缘片的制备。将高岭土凝胶与溴锑复合阻燃母粒混合，混合物加入超高压微射流均质机中进行均质，均质压力为 50MPa，将均质后的混合液放入喷雾干燥机内进行喷雾干燥造粒，得到高岭土凝胶包覆阻燃剂母粒。将高岭土凝胶包覆阻燃剂母粒、十二烷基苯磺酸钠、2-烷基氨基乙基咪唑啉以及抗氧剂 1010 加入高速搅拌机中，在温度为 80℃ 的条件下搅拌 60min；在上述混合物中继续加入聚丙烯、介孔分子筛、氧化锑、氧化锆、POE 以及 γ-氨丙基三乙氧基硅烷，搅拌 90min，然后将混合物通过双螺杆挤出机挤出造粒，再切片干燥，得到绝缘片。一区温度为 180℃，二区温度为 190℃，三区温度为 190℃，模头温度为 200℃，螺杆转速为 55r/min，熔体压力为 20MPa。

（3）参考性能

表 4-27 为高抗冲聚丙烯阻燃绝缘片性能测试结果。

**表 4-27　高抗冲聚丙烯阻燃绝缘片性能测试结果**

| 性能指标 | 配方值 | 性能指标 | 配方值 |
|---|---|---|---|
| 拉伸强度/MPa | 41.3 | 垂直燃烧等级 UL94 | V-0 |
| 冲击强度/(kJ/m²) | 1156 | 人工加速老化后 UL94 | V-0 |
| 弯曲强度/MPa | 59.5 | 外观 | 表面光滑 |

## 4.2.12　单组分自由基猝灭功能膨胀型聚丙烯阻燃剂

（1）配方（质量份）

| | | | |
|---|---|---|---|
| PP | 80 | 单组分自由基猝灭膨胀型阻燃剂 | 20 |

（2）加工工艺

① 含受阻胺结构大分子成炭剂的制备。在 0℃ 条件下，往 500mL 四口烧瓶中加入 250mL 丙酮和 18.8g（0.1mol）三聚氯氰，匀速搅拌均匀 30min；将 22.3g（0.1mol）3-氨基丙基三乙氧基硅烷溶于 10mL 丙酮，0.076g（0.0001mol）受阻胺光稳定剂（型号 Tinuvin 152）溶于 10mL 丙酮，将两种溶液分别于 1h 内缓慢加入烧瓶内，同时缓慢滴加 20mL、5mol/L 的氢氧化钠水溶液，滴完后继续反应 3h；随后升温至 45℃，将 3.1g（0.05mol）乙二胺和 4.0g（0.1mol）氢氧化钠溶于 20mL 去离子水中，配成混合溶液，于 1h 内缓慢滴入烧瓶中，滴完后继续反应 3h。反应结束后将溶液过滤，滤饼用去离子水和丙酮洗涤、真空干燥，得到含受阻胺结构大分子成炭剂。

② 具有自由基猝灭功能单组分膨胀型阻燃剂的制备。在 80℃ 条件下往 500mL 四口烧瓶中加入 50g 聚磷酸铵、25g 含受阻胺结构成炭剂和 250mL 1,4-二氧六环，机械搅拌均匀后，将 3.1g（0.05mol）乙二胺和 4.0g（0.1mol）氢氧化钠溶于 20mL 去离子水中，配成混合溶液，于 1h 内缓慢滴入烧瓶中，滴完后继续反应 8h。反应结束后将混合溶液过滤，滤饼用去离子水和 1,4-二氧六环洗涤、真空干燥，得到具有自由基猝灭功能单组分膨胀型阻

燃剂。

③ 具有自由基猝灭功能单组分膨胀型阻燃剂的应用。将 80 份聚丙烯粒料加入双辊温度 170℃的开放式炼胶机上，待其熔融包辊后，加入 20 份具有自由基猝灭功能的单组分膨胀型阻燃剂，混炼 10min，随后在 180℃的平板硫化仪中热压 5min，最后在冷压机中室温冷压 5min、出片。

（3）参考性能

单组分自由基猝灭功能膨胀型聚丙烯阻燃剂用于聚丙烯阻燃测试结果见表 4-28。

**表 4-28　单组分自由基猝灭功能膨胀型聚丙烯阻燃剂用于聚丙烯阻燃测试结果**

| 项目 | 耐水测试前 | | 耐水测试后 | |
|---|---|---|---|---|
| 指标 | LOI/% | UL94 | LOI/% | UL94 |
| 测试结果 | 35.5 | V-0 | 34.5 | V-0 |

注：把用于氧指数和垂直燃烧测试的标准试样置于 70℃的蒸馏水中浸泡 168h，然后在烘箱中 100℃烘至恒重，烘干后用于极限氧指数和垂直燃烧测试。

## 4.2.13　阻燃电池盖板聚丙烯

（1）配方（质量份）

| | | | |
|---|---|---|---|
| PP | 55.4 | 抗氧剂 1010 | 0.2 |
| POE(DF61) | 3 | 抗氧剂 DSTP | 0.4 |
| 阻燃剂 AP766 | 30 | 润滑剂 TR044 | 1 |
| 相容剂 CMG5001 | 5 | 分散剂 JW-6 | 1 |
| 流动改性剂 P6006 | 3 | 着色剂 | 1 |

（2）加工工艺

按配方将物料混合均匀，用双螺杆挤出机挤出造粒。其中，从加料口到机头处的温度依次为 120℃、180℃、190℃、190℃、190℃、190℃、190℃、180℃、180℃、170℃，主机转速为 400r/min。

（3）参考性能

表 4-29 为阻燃电池盖板聚丙烯性能测试结果。

**表 4-29　阻燃电池盖板聚丙烯性能测试结果**

| 性能指标 | 配方值 | 性能指标 | 配方值 |
|---|---|---|---|
| 熔体指数/(g/10min) | 41.8 | 弯曲模量/MPa | 1588.2 |
| 无缺口冲击强度/(kJ/m²) | 30.2 | UL94 | V-0 |

# 4.3　PP 抗菌改性配方与实例

## 4.3.1　长效抗菌聚丙烯

（1）配方（质量份）

| | | | |
|---|---|---|---|
| PP | 99 | 接枝抗菌聚丙烯 | 1 |

（2）加工工艺

① 接枝抗菌聚丙烯的制备。向 500mL 三口瓶中加入 30g 烯丙苯噻唑、300mL 四氢呋喃、12mL 液溴和 0.2g 溴化铜，在 80℃反应 3h，提纯得到浅黄色固体。向 250mL 三口瓶

中加入 10g 聚丙烯和 100mL 二氯甲烷，在 100℃ 下搅拌回流 3h。待聚丙烯充分溶解后，在氮气环境中加入 0.5g 过硫酸钾和 12g 马来酸酐，升温至 150℃，继续反应 3h。待反应液温度冷却至 70℃，加入 22g 浅黄色固体。在该温度下反应 5h，沉淀，洗涤，干燥，待用。

② 长效抗菌聚丙烯的制备。按配方将物料混合均匀，用双螺杆挤出机挤出造粒。

（3）参考性能

长效抗菌聚丙烯效果如图 4-5 所示。不同添加量的抑菌生长菌落图如图 4-6 所示，抗菌剂含量为 0.5% 时有明显的抑菌效果，使 PP 材料对大肠杆菌的抑菌率由 0 增加到 48.5%，对金黄色葡萄球菌的抑菌效果稍差，抑菌率由 0 增加到 40.4%，提高了 PP 材料的抗菌性能。而随着长效抗菌剂含量的增加，材料对大肠杆菌和金黄色葡萄球菌的抑制效果越来越明显。当添加量为 1% 以上时，对大肠杆菌和金黄色葡萄球菌的抑菌率均达到 90% 以上，说明所制备的长效抗菌剂可以提高其抗菌性能。

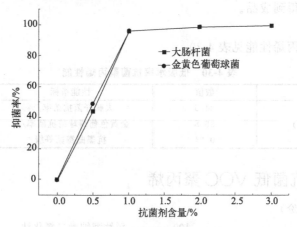

图 4-5 长效抗菌聚丙烯效果

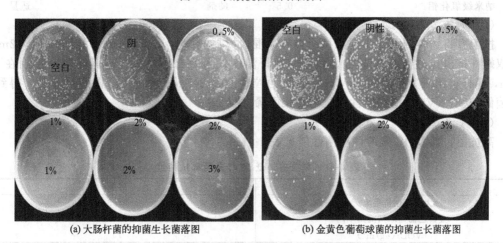

(a) 大肠杆菌的抑菌生长菌落图　　(b) 金黄色葡萄球菌的抑菌生长菌落图

图 4-6 不同添加量的抑菌生长菌落图

## 4.3.2 低吸水率抗菌聚丙烯

（1）配方（质量份）

| 聚丙烯 | 71.6 | 云母粉 | 9.8 |
| 抗菌剂 | 1.3 | 丙烯酸酯乳液 | 19.6 |
| 对羟基苯甲酸 | 3.2 | 石墨 | 4.5 |

| | | | |
|---|---|---|---|
| 交联剂 | 4.7 | 对氨基苯酚 | 11.1 |
| 三异丙醇胺 | 12.5 | 橡胶粉 | 13.3 |
| 高分子量二元醇 | 10.5 | | |

注：高分子量二元醇的平均分子量为 6500~10000。云母粉的细度为 90 目，橡胶粉的粒径为 $32\mu m$。

（2）加工工艺

将聚丙烯、三异丙醇胺和高分子量二元醇混合，添加催化剂并在 92℃下反应 4.8h，得到第一产物；向第一产物中加入对羟基苯甲酸、对氨基苯酚和橡胶粉，在 85℃下反应 6.6h，得到第二产物；将云母粉、丙烯酸酯乳液、交联剂以及它们总质量 0.34 倍的无水乙醇混合并在球磨机中球磨 2.4h，然后放入 4.5kV 的电场中保持 6min，得到第三产物。将石墨粉碎至 $44\mu m$ 并在水中超声分散均匀，得到石墨分散液；将第二产物、抗菌剂、第三产物和石墨分散液在高速混合机中混合均匀，高速混合机的混合速度为 1590r/min，然后送入双螺杆挤出机中挤出造粒，即得到成品。

（3）参考性能

低吸水率抗菌聚丙烯性能见表 4-30。

表 4-30　低吸水率抗菌聚丙烯性能

| 性能指标 | 数值 | 性能指标 | 数值 |
|---|---|---|---|
| 拉伸强度/MPa | 34.5 | 大肠杆菌抗菌率/% | 99.06 |
| 抗冲击强度/(kJ/m²) | 36.8 | 金黄色葡萄球菌抗菌率/% | 97.24 |
| 吸水率/% | 0.24 | 抗黑曲霉菌等级 | 0 |

## 4.3.3　高抗菌低 VOC 聚丙烯

（1）配方（质量份）

| | | | |
|---|---|---|---|
| PP | 100 | 锐钛型纳米二氧化钛 | 0.5 |
| 纳米级氧化铝 | 0.5 | 助剂 | 适量 |

（2）加工工艺

按配方将物料倒入高速混炼机中搅拌共混，搅拌速度为 450r/min，共混时间为 12min。用双螺杆挤出机进行挤出造粒。其中，螺杆温度设置在 220℃左右，螺杆转速控制在 4r/min，螺杆挤出压力控制在 28MPa。得到的粒料经过 245nm 紫外光源辐照 20h 后，得到高抗菌低 VOC（VOC 指挥发性有机物）聚丙烯材料。

（3）参考性能

高抗菌、低 VOC 聚丙烯抗菌性能见表 4-31。

表 4-31　高抗菌、低 VOC 聚丙烯抗菌性能

| 性能指标 | 数值 |
|---|---|
| 大肠杆菌抗菌率/% | 96.3 |
| 金黄色葡萄球菌抗菌率/% | 97.1 |
| VOC/($\mu g/m^3$) | 15 |

## 4.3.4　长效耐变色抗菌聚丙烯

（1）配方（质量份）

| | | | |
|---|---|---|---|
| PP 树脂 | 97.4 | 紫外线吸收剂 UV-328 | 0.5 |
| 吡啶硫酮锌 | 0.2 | 光稳定剂 UV-770 | 0.3 |
| 抗氧剂 1010 | 0.4 | 硬脂酸钙 | 1 |
| 抗氧剂 168 | 0.2 | | |

（2）加工工艺

将各原料混合均匀，将混合物料通过双螺杆挤出机挤出，造粒，得到长效耐变色抗菌聚丙烯复合材料。双螺杆挤出机的加工温度为 200～230℃。

（3）参考性能

长效耐变色抗菌聚丙烯材料具有优异的长效耐变色和抗菌性能，户外环境下 1 年以上不变色，而且抗菌率在 99％以上，见表 4-32；同时，其兼具优异的长效抗老化性能和低成本及高性价比的优势。

表 4-32　长效耐变色抗菌聚丙烯的性能

| 自然暴晒时间/月 | 测试项目 | | | | |
| --- | --- | --- | --- | --- | --- |
| | 色差 | 抗菌率/％ | 拉伸强度/MPa | 断裂伸长率/％ | 缺口冲击强度/(kJ/m²) |
| 0 | — | 99.99 | 24.1 | 490 | 3.8 |
| 6 | 0.8 | 99.38 | 26.1 | 460 | 3.7 |
| 12 | 1.2 | 99.21 | 25.7 | 410 | 3.5 |
| 18 | 2.1 | 97.45 | 24.8 | 330 | 2.9 |
| 24 | 2.6 | 91.18 | 22.4 | 270 | 2.4 |

## 4.3.5　无机-有机抗菌聚丙烯

（1）配方（质量份）

| | | | |
| --- | --- | --- | --- |
| PP | 98 | 抗氧剂 1010 | 1 |
| O-ZnO-EUG 复合抗菌剂 | 1 | | |

（2）加工工艺

① 无机抗菌剂的改性。将 3-氨丙基三甲氧基硅烷溶于醇和水的体积比为 1:1 的乙醇水溶液中配制偶联剂溶液，将粒径为 100nm 的氧化锌置于偶联剂溶液中以 600r/min 的转速混合 5min，过滤、清洗并干燥后即得到改性无机抗菌剂。其中，所用偶联剂与无机抗菌剂的质量比为 1:99。酚类抗菌剂的溴化：将丁香酚（EUG）溶于二氯甲烷中，加入 BPO（过氧化苯甲酰）和 NBS（N-溴代丁二酰亚胺），于 40℃条件下反应 6h 后进行 50℃蒸馏得到溴化酚类抗菌剂，其中酚类抗菌剂、引发剂和溴化剂的摩尔比为 100:1:100。

② 无机-有机复合抗菌剂的制备。将改性无机抗菌剂分散于二氯甲烷中，加入溴化酚类抗菌剂。所用改性无机抗菌剂和溴化酚类抗菌剂的质量比为 5:95，40℃条件下反应 6h，反应结束后过滤、清洗并干燥，即得到无机-有机复合抗菌剂 O-ZnO-EUG。

③ 抗菌 PP 复合材料的制备。将配方物料均匀共混，在同向双螺杆挤出机中挤出造粒。同向双螺杆挤出机温度为 190℃，喂料速度为 35r/min，螺杆转速为 45r/min。

（3）参考性能

无机-有机抗菌聚丙烯性能见表 4-33。

表 4-33　无机-有机抗菌聚丙烯性能

| 性能指标 | 配方值 | 性能指标 | 配方值 |
| --- | --- | --- | --- |
| 拉伸强度/MPa | 26.6 | 大肠杆菌杀菌率/％ | 90.1 |
| 冲击强度/(kJ/m²) | 7.5 | 金黄色葡萄球菌杀菌率/％ | 80.2 |
| 迁移率/％ | 0.05 | 黑曲霉菌抗菌等级 | 0 |

注：迁移性测试方法如下。用紫外/可见/近红外分光光度计分别测定不同浓度 EUG 或 THY（百里香酚，酚类抗菌剂）的乙醇溶液在 274nm 和 287nm 下的紫外吸收峰值，绘制标准曲线。将尺寸为 50mm×50mm×2mm 的 PP 复合材料样品置于 45mL 乙醇中，60℃下间隔 24h 测试浸液的紫外吸收峰值，与标准曲线对照并计算迁移率。抗菌性能测试方法：根据国家标准 GB/T 31402—2015 测试抗菌 PP 复合材料对大肠杆菌和金黄色葡萄球菌的抗菌率；根据国家标准 GB/T 24128—2018 测试抗菌 PP 复合材料抗黑曲霉菌的抗菌等级。

### 4.3.6 环保抗菌聚丙烯薄膜

(1) 配方 (质量份)

| | | | |
|---|---|---|---|
| 聚丙烯 | 100 | 固化剂 | 2.5 |
| 硬脂酸钙 | 15 | 增塑剂 | 8 |
| 聚乙烯醇 | 25 | 抗菌剂 | 10 |
| 生物降解材料 | 15 | 滑石粉 | 3 |
| 碳酸钙 | 6 | 羧甲基纤维素 | 4 |
| 硅烷偶联剂 | 1.5 | | |

(2) 加工工艺

① 改性氧化铜-二氧化钛-氧化锌复合纳米纤维 (抗菌剂) 的制备。取 0.5mol 氯化锌加入乙二醇和水的混合溶剂 2L (乙二醇和水的体积比为 1:3)，加入 0.5mol 氢氧化钠，超声混合 10min；随后加入 0.8mol 二氧化钛和 0.1mol 硝酸铜，再加入 0.4mol 聚乙烯吡咯烷酮，继续搅拌 10min，然后转入内衬为聚四氟乙烯的高压水热反应釜中。密封控制反应釜的压力为 2MPa，在 220℃下保温 10h，冷却至室温取出，过滤、洗涤、干燥后获得氧化铜-二氧化钛-氧化锌复合纳米纤维。向氧化铜-二氧化钛-氧化锌复合纳米纤维中加入丙醇，搅拌，再加入钛酸酯偶联剂，加热至 50~60℃，均匀搅拌反应 1h，停止反应后去除溶剂，洗涤、干燥后得到改性氧化铜-二氧化钛-氧化锌复合纳米纤维。其中，复合纳米纤维中 CuO、$TiO_2$ 和 ZnO 的摩尔比为 1:8:5，纤维的长度为 15~20μm。

② 环保抗菌聚丙烯薄膜的制备。称取配方原料投入密炼机内进行混料，将密炼机的工作温度设置为 250℃，转速为 130r/min，混合时间为 25min；共混料在密炼机中混合均匀后，投入单螺杆吹膜机内进行吹膜，得到膜基体。单螺杆吹膜机的温度设置为 240~290℃，将膜基体贴在线棒涂布机的基板上并固定住，采用线棒将涂膜液涂布于膜基体表面，风干后，制得环保抗菌聚丙烯薄膜。

(3) 参考性能

环保抗菌聚丙烯薄膜性能见表 4-34。

**表 4-34 环保抗菌聚丙烯薄膜性能**

| 测试项目 | | 数值 |
|---|---|---|
| 拉伸强度/MPa | 横向 | 60.4 |
| | 纵向 | 24.9 |
| 弹性模量/MPa | 横向 | 519.6 |
| | 纵向 | 676.3 |
| 大肠杆菌杀菌率/% | | 99.76 |
| 金黄色葡萄球菌杀菌率/% | | 99.78 |

### 4.3.7 抗菌透气聚丙烯席材料

(1) 配方 (质量份)

① 抗菌剂

| | | | |
|---|---|---|---|
| 碳纳米粉 | 40 | 烯丙基三乙氧基硅烷 | 1 |
| 铜粉 | 10 | 甲基丙烯酸-2-羟丙酯 | 10 |
| 纳米氧化银 | 5 | | |

② 抗菌纬线

| 聚丙烯 | 95 | 助剂 | 2 |
| 抗菌剂 | 3 | | |

③ 改性剂

| 石墨烯 | 80 | 纳米氧化锌 | 3 |
| 高岭土 | 5 | 纤维素粉末 | 1 |
| 长石粉 | 2 | 硅藻土 | 2 |
| 二氧化钛 | 1 | | |

④ 经线

| 聚丙烯 | 95 | 改性剂 | 5 |

（2）加工工艺

① 抗菌剂的制备。将配方①中原料混合均匀，研磨成粉末即得抗菌剂。

② 抗菌透气聚丙烯席材料的制备。制备纬线：将聚丙烯、抗菌剂以及助剂混合均匀，在 200～220℃下经双螺杆挤出机挤出造粒、拉丝后得到纬线。制备经线：先将石墨烯、高岭土、长石粉、二氧化钛、纳米氧化锌、纤维素粉末以及硅藻土混合后球磨分散 1h 得到改性剂，然后将聚丙烯以及改性剂混合均匀，在 250～300℃下经双螺杆挤出机挤出造粒、拉丝后得到经线。将上述经线和纬线进行编织即可得到抗菌透气聚丙烯席。

（3）参考性能

根据 GB 15979—2002 标准采用贴膜培养法测试，以大肠杆菌和木霉菌为受试菌种，该抗菌透气聚丙烯席的抑菌率达 99.95%。

# 4.3.8　长效抗菌负离子聚丙烯

（1）配方（质量份）

| 聚丙烯 | 75.8 | 抗氧剂 168 | 0.2 |
| 抗菌剂填料 | 12 | 润滑剂硅酮粉（硅酮学名为聚硅氧烷） | 1.3 |
| POE | 10 | PP-$g$-MAH | 0.4 |
| 抗氧剂 1010 | 0.2 | | |

（2）加工工艺

① 抗菌剂填料的制备。将 350g 6-氨基己酸和 100g L-羟基脯氨酸加入足量的去离子水中；在反应溶液中加入 1.05mL 质量分数为 85% 的 $H_3PO_4$ 催化，并加入 350g 纳米 ZnO/电气石材料，其中 ZnO/电气石材料中 ZnO：电气石＝1：0.3。以上反应溶液在氮气氛围保护下加热至 210℃，反应 2h 后，冷却至室温，样品过滤、洗涤、干燥。将上述制得的 200g 抗菌材料加入 1.05L 去离子中，加入 2g 十六烷基三甲基溴化铵和 1.2g 纳米二氧化硅及中空埃洛石，室温下反应 2h，即可得到抗菌填料。

② 长效抗菌负离子聚丙烯的制备。将配方中各组分加入高速混合机中干混 8min，将混合均匀的原料加入双螺杆挤出机中熔融挤出造粒。

（3）参考性能

表 4-35 为长效抗菌负离子聚丙烯性能测试结果。

表 4-35　长效抗菌负离子聚丙烯性能测试结果

| 性能指标 | 配方值 | 性能指标 | 配方值 |
| --- | --- | --- | --- |
| 拉伸强度/MPa | 21 | 弯曲强度/MPa | 32 |
| 悬臂梁缺口冲击强度/(kJ/m²) | 13 | 大肠杆菌杀菌率/% | 99.3 |

## 4.3.9 抗菌防霉聚丙烯发泡珠粒

（1）配方（质量份）

① 抗菌防霉聚丙烯

| | | | |
|---|---|---|---|
| PP（HMSPP201） | 100 | 泡孔成核剂（滑石粉） | 0.1 |
| 胍盐复合抗菌剂 | 1.2 | 抗氧剂1010 | 0.2 |
| 防霉剂吡啶硫酮锌 | 0.1 | 抗氧剂168 | 0.1 |

② 抗菌防霉聚丙烯发泡珠粒

| | | | |
|---|---|---|---|
| 抗菌防霉聚丙烯 | 100 | 高岭土 | 5 |
| 去离子水 | 2700 | 硫酸铝 | 0.2 |
| 十二烷基苯磺酸钠 | 0.4 | | |

（2）加工工艺

① 胍盐复合抗菌剂的制备。将聚六亚甲基胍盐酸盐1000.0g溶于水中配制成质量分数为20％的水溶液；将50.0g硫酸锌配制成质量分数为25％的水溶液；125.0g丁苯胶乳溶液经辐射交联后直接使用，浓度为40％。将配制好的胍盐聚合物水溶液加入盛有含锌水溶液的容器中，边加入边搅拌，直至混合均匀，形成透明的液体混合物。再将液体混合物加入胶乳溶液中，边加入边搅拌，直至混合均匀。然后，向混合物中加入5.0g抗迁移剂（型号2794 XP）。所得的混合物利用喷雾干燥仪进行干燥，得到固体粉末；将所得固体粉末转移至高速搅拌器中，添加5.0g气相二氧化硅作为分散剂，高速混合、分散后，得到胍盐复合抗菌剂。

② 抗菌防霉聚丙烯的制备。将聚丙烯基树脂、胍盐复合抗菌剂、防霉剂、泡孔成核剂和加工助剂等放入高速搅拌机中高速混合30s，然后加入微粒子制备系统，扭矩控制在65％左右，转速300r/min。

③ 抗菌防霉聚丙烯发泡珠粒的制备。将抗菌防霉聚丙烯与分散介质去离子水、表面活性剂十二烷基苯磺酸钠、分散剂高岭土和分散增强剂硫酸铝一次性加入高压釜中混合均匀。使用惰性发泡剂将反应釜内残余空气排出，去除反应釜内空气后盖紧釜盖。将惰性发泡剂喂入该高压釜中，初步调整压力直到其稳定。随后搅拌在该高压釜中的分散体，以匀速将其加热到比膨胀温度低0.5～1℃。随后，调整釜内压力达到发泡所需压力。以0.1℃/min的平均加热速度将温度升到发泡温度，发泡温度比微粒熔融峰温低0.5～2℃。在发泡温度和压力条件下，持续搅拌0.25～0.5h。然后，将该高压釜的出料口打开，使反应釜内的物料排泄到收集罐中，以获得聚丙烯发泡珠粒。在进行出料的同时，喂入二氧化碳气体，使全部粒子完全发泡且进入收集罐之前，该高压釜中的压力保持在发泡压力附近。发泡工艺参数见表4-36。

**表4-36　发泡工艺参数**

| 发泡温度/℃ | 发泡压力/MPa | 成型压力/MPa |
|---|---|---|
| 146 | 4 | 0.23 |

④ 抗菌防霉聚丙烯发泡珠粒成型体的制备。抗菌防霉聚丙烯发泡珠粒使用模塑成型机在0.23MPa的压力下模塑成型，随后将所获成型体在温度为65℃、压力为标准大气压的条件下熟化24h，即得到模塑成型品。

（3）参考性能

抗菌防霉聚丙烯发泡珠粒性能见表4-37。

表 4-37　抗菌防霉聚丙烯发泡珠粒性能

| 性能指标 | | 数值 |
|---|---|---|
| 密度/(g/cm³) | | 0.07 |
| 泡孔结构 | | √ |
| 模塑制品表面质量 | | √ |
| 50%压缩强度/MPa | | 0.76 |
| 金黄色葡萄球菌抗菌率/% | 水煮前 | 99.9 |
| | 水煮后 | 99.9 |
| 大肠杆菌抗菌率/% | 水煮前 | 99.9 |
| | 水煮后 | 99.9 |
| 防霉等级 | 水煮前 | 0 |
| | 水煮后 | 0 |

## 4.3.10　纳米 Cu/C 抗菌聚丙烯母料

（1）配方（质量份）

| | | | |
|---|---|---|---|
| 聚丙烯 | 52.9 | 抗氧剂 | 0.2 |
| 纳米 Cu/C 复合材料 | 15 | 分散剂 | 1 |
| 无机粉体 | 25 | 润滑剂 | 0.6 |
| 表面修饰剂 | 1 | | |

注：纳米 Cu/C 复合材料是粒径为 10～50nm 的市售产品。无机粉体是 2500 目碳酸钙粉体与 3000 目滑石粉的混合物，其质量比为 1:2。表面修饰剂是质量比为 2:1 的 KH560 硅烷偶联剂与钛酸酯的混合物。分散剂是质量比为 2:3 的低分子量聚丙烯与低分子量乙烯-醋酸乙烯酯共聚物的混合物。抗氧剂为抗氧剂 1010 和抗氧剂 168 质量比为 2:1 的复配物。润滑剂是质量比为 1:1:3:2 的 $N,N'$-亚乙基双硬脂酰胺、季戊四醇硬脂酸酯、硬脂酸酰胺与芥酸酰胺的复配物。

（2）加工工艺

称取纳米 Cu/C 复合材料和无机粉体，置于带有夹套加热装置的高速混合机中，启动搅拌，升高温度至 110℃，然后加入表面修饰剂，高速运转 30min，测试活化度达到 100% 即可。将表面修饰后的纳米 Cu/C 复合材料和无机粉体置于捏合机中，加入分散剂，加热至 130℃，进行预分散处理，时间 10min。按配方称量其他物料搅拌混合 10min，然后喂入双螺杆挤出机，挤出造粒。双螺杆挤出机的设备和工艺条件如表 4-38 所示。

表 4-38　双螺杆挤出机的设备和工艺条件

| 各区温度/℃ | | | | | | | | 转速/(r/min) |
|---|---|---|---|---|---|---|---|---|
| 一区 | 二区 | 三区 | 四区 | 五区 | 六区 | 七区 | 机头 | 主机 |
| 150 | 200 | 226 | 230 | 226 | 226 | 220 | 230 | 300～500 |

（3）参考性能

纳米 Cu/C 抗菌聚丙烯母料抗菌性能见表 4-39。

表 4-39　纳米 Cu/C 抗菌聚丙烯母料抗菌性能

| 样品 | 有效成分 | 大肠杆菌抗菌率/% | 金黄色葡萄球菌抗菌率/% | 白色念珠菌抗菌率/% |
|---|---|---|---|---|
| PP 塑料 | 1% | 99.5 | 99.5 | 99.5 |

### 4.3.11 聚丙烯塑料杯用抗菌母料

（1）配方（质量份）

| | | | |
|---|---|---|---|
| PP | 105 | 改性抗菌填料 | 20 |

（2）加工工艺

将层状沸石机械粉碎至 100～170 目后除杂，取除杂后的层状沸石 100g 作为银载体加入 50g 浓度为 0.6mol/L 的盐酸溶液中，得到半干状混合物，持续搅拌均匀；再加入浓度为 0.2mol/L 的硝酸银溶液 100g，缓慢搅拌，得到负载氯化银的层状沸石。负载氯化银的层状沸石在 55℃ 干燥后用水合肼进行还原，得到载银沸石抗菌材料。将载银沸石抗菌材料分散在有机季铵盐与马来酸酐的混合溶液中，有机季铵盐与马来酸酐混合溶液中的有机季铵盐浓度为 0.1mol/L，马来酸酐浓度为 5mol/L；加入溶入 MEKP（过氧化甲乙酮）引发剂的苯乙烯 5mol 进行接枝，在 70℃ 下保温反应 3h，然后降至室温并过滤，洗涤滤饼、干燥、破碎。将破碎后的改性抗菌填料与聚丙烯树脂在密炼机中混炼均匀，送入螺杆挤出机，在螺杆挤出机中挤出造粒，得到分散性能优异的抗菌塑料母料。

（3）参考性能

聚丙烯塑料杯用抗菌母料抗菌性能见表 4-40。

表 4-40　聚丙烯塑料杯用抗菌母料抗菌性能

| 性能指标 | 数值 |
|---|---|
| 大肠杆菌/($10^5$CFU/mL) | 0.065 |

### 4.3.12 汽车内饰件用抗菌聚丙烯

（1）配方（质量份）

| | | | |
|---|---|---|---|
| PP(N-Z30S) | 80 | 滑石粉 | 15 |
| 抗菌剂 | 0.2 | 硬脂酸锌 | 0.2 |
| POE(8137) | 20 | 炭黑(M717) | 0.5 |
| 聚丙烯接枝聚二甲基硅氧烷 | 1 | | |

注：抗菌剂为银离子抗菌剂 BM-502FA，玻璃载体；聚丙烯接枝聚二甲基硅氧烷接枝率为 63%，分子量约为 68 万。

（2）加工工艺

称取配方各组分，加入高速混合机中混合 1～3min，转速为 1000～2000r/min，得到预混料；预混料经双螺杆挤出机熔融挤出，螺杆各区温度为 190～230℃，真空造粒。

（3）参考性能

表 4-41 为汽车内饰件用抗菌聚丙烯抗菌防污性能测试结果，产品可以用在仪表板、副仪表板、立柱、手套箱、门板、门槛、空调壳体等汽车内饰件中。

表 4-41　汽车内饰件用抗菌聚丙烯抗菌防污性能测试结果

| 性能指标 | 配方值 |
|---|---|
| 防污性能 | 3 |
| 抗菌性能 | A |

注：防污性能测试，在样板表面滴上 2 滴液体鞋油，常温干燥 24h 后用纱布擦拭。按如下方法评价：完全擦拭不留痕迹为 3 级；部分擦拭为 2 级；完全擦拭不掉为 1 级。抗菌性能测试：根据 JIS Z 2801：2012，按如下方法评价：明显抑菌为 A，一般抑菌为 B，不抑菌为 C。

## 4.3.13　聚丙烯用抗菌增强色母粒

（1）配方（质量份）

| | | | |
|---|---|---|---|
| PP | 47.5 | 高强型聚酯纤维 | 13.5 |
| PP-g-MAH | 8 | 纳米银 | 7 |
| 蜂蜡 | 7 | 纳米二氧化钛 | 4 |
| 辛二酸钙 | 12.5 | 分散剂 | 5 |
| 纳米碳酸钙 | 10.5 | 抗氧剂 1010 | 4.6 |
| 碳纤维 | 7.5 | 有机色料 | 4 |

注：碳纤维的单丝直径为 0.9～1.1μm，长度为 20～25mm。高强型聚酯纤维伸长率为 10.4%。分散剂为聚醚改性硅油和硅烷偶联剂的混合物，质量比为 1∶0.42。有机色料由质量比为 1∶0.5 的酞菁红和酞菁绿组成。

（2）加工工艺

将配方物料加入高速混合机中，搅拌转速为 1750r/min，混合温度为 92℃，混合 13min；送入双螺杆挤出机挤出造粒，温度控制在 175～215℃，螺杆转速为 230r/min。

（3）参考性能

表 4-42 为聚丙烯用抗菌增强色母粒性能测试结果。

表 4-42　聚丙烯用抗菌增强色母粒性能

| 性能指标 | 配方值 | 纯 PP |
|---|---|---|
| 拉伸强度/MPa | 14.3 | 11.0 |
| 冲击强度/(J/m) | 68 | 55 |
| 大肠杆菌杀菌率/% | 98.7 | 不抗菌 |
| 金黄色葡萄球菌杀菌率/% | 97.7 | 不抗菌 |

## 4.3.14　超长抗菌效果的熔喷级聚丙烯

（1）配方（质量份）

① 改性无机纳米抗菌剂

| | | | |
|---|---|---|---|
| KH550 | 10 | 无水乙醇 | 100 |
| 纳米二氧化钛＋纳米氧化铝 | 10 | | |

② 有机抗菌剂母粒

| | | | |
|---|---|---|---|
| 熔喷级聚丙烯 | 100 | 变色抑制剂碱式碳酸锌 | 0.1 |
| 吡啶硫酮锌 | 0.5 | 抗氧剂 1010 | 0.1 |

③ 抗菌熔喷级聚丙烯

| | | | |
|---|---|---|---|
| 均聚聚丙烯 | 100 | 抗氧剂 1010 | 0.1 |
| 改性无机抗菌剂 | 0.1 | 光稳定剂 770 | 0.4 |
| 降解剂 DCP(过氧化二异丙苯) | 0.1 | 碳酸钙 | 10 |

注：均聚聚丙烯的熔体指数为 10g/10min。

（2）加工工艺

① 无机纳米抗菌剂的改性。将硅烷偶联剂 KH550 装入盛有无水乙醇的烧杯中，搅拌稀释。将纳米二氧化钛、纳米氧化铝（1∶1）加入稀释液中，充分搅拌，制备液体，80℃反应 30min，离心后取沉淀物、干燥、研磨后备用。

② 有机抗菌剂母粒的制备。将配方②物料在混合机中混合均匀，加入双螺杆中挤出切粒。

③ 抗菌熔喷级聚丙烯的制备。将配方③物料在混合机中混合均匀，通过失重秤（以 10kg/h 的速度加入）加入双螺杆挤出机中，以 100kg/h 的速度共混挤出。双螺杆各区温度：一区 170℃、二区 180℃、三区 180℃、四区 180℃、五区 190℃、六区 190℃、七区 190℃、八区 190℃、九区 190℃、十区 190℃、十一区 190℃、十二区 190℃、十三区 190℃、十四区 190℃、十五区 190℃、换向阀 170℃、换网器 170℃、机头 160℃，转速为 250r/min。

④ 熔喷无纺布的制备。基本工艺参数为喷丝螺杆温度 230℃、喷丝头温度 260℃、拉伸区域热空气温度 240℃，螺杆转速为 6r/min；拉伸区域空气流速和传送带速度的调节要求：调到纤维直径分布在 2～5μm 之间，克重调到 25～26g/m²。

（3）参考性能

超长抗菌效果的熔喷级聚丙烯性能见表 4-43。

表 4-43　超长抗菌效果的熔喷级聚丙烯性能

| 测试项目 | 16h | | 36h | | 168h | | 360h | |
|---|---|---|---|---|---|---|---|---|
| | 光照 | 非光照 | 光照 | 非光照 | 光照 | 非光照 | 光照 | 非光照 |
| 大肠杆菌杀菌率/% | 99.2 | 99.3 | 98.7 | 98.7 | 98.7 | 98.7 | 98.6 | 98.3 |
| 金黄色葡萄球菌杀菌率/% | 99.3 | 99.3 | 99.3 | 98.8 | 98.8 | 98.7 | 98.6 | 98.6 |

注：测试方法为 GB/T 20944.3—2008《纺织品抗菌性能的评价　第 3 部分：振荡法》。

## 4.3.15　壳聚糖微球负载纳米银抗菌聚丙烯

（1）配方（质量份）

PP　　　　　　　　　　　　　　100　　　　壳聚糖微球/纳米银复合抗菌剂　　　　8

（2）加工工艺

① 壳聚糖微球的制备。在室温下，将 100mg 壳聚糖粉末溶于 50mL 1%（体积分数）的乙酸溶液中，持续搅拌直至完全溶解，然后用 NaOH 溶液调节体系的 pH 值为 5。保持磁力搅拌状态，用注射器吸取 20mL 浓度为 1mg/mL 的三聚磷酸钠溶液，将其以 30mL/h 的速度缓慢滴入上述溶液中。继续搅拌 24h，分离，用去离子水洗涤，放入 37℃恒温干燥箱中自然干燥，即得壳聚糖微球。

② 银纳米粒子的制备。将 8mg AgNO₃ 和 12mg 柠檬酸钠溶于 25mL 去离子水中，接着向该混合溶液中加入 25mL 新鲜配制的浓度为 0.06mol/L 的硼氢化钠溶液，并持续搅拌 1h 后分离，用去离子水洗涤，在 70℃条件下真空干燥，即得银纳米粒子。

③ 壳聚糖微球/纳米银复合抗菌剂的制备。将壳聚糖微球以及银纳米粒子分别分散于 25mL 去离子水中，然后向壳聚糖微球悬浮液中缓慢滴加银纳米粒子悬浮液。将上述混合溶液超声分散 6h，分离，用去离子水洗涤，放入 37℃恒温干燥箱中自然干燥，即得壳聚糖微球/纳米银复合抗菌剂。

④ 壳聚糖微球负载纳米银抗菌聚丙烯材料的制备。将 PP 和壳聚糖微球/纳米银复合抗菌剂在高速混合器中混合均匀，然后将混合物经双螺杆挤出机挤出造粒，挤出工艺为：一区温度 180℃，二区温度 210℃，三区温度 210℃，四区温度 210℃，五区温度 210℃，六区温度 180℃，进料速度为 5r/min，出料速度为 15r/min。

（3）参考性能

以天然高分子壳聚糖微球作为载体，负载纳米银无机抗菌剂，对纳米银起到缓冲释放效果，使得抗菌时间更持久；壳聚糖微球与聚丙烯具有良好的相容性，保证了纳米银在塑料制品中良好的分散性，同时提高了材料的抗菌稳定性和持久性。壳聚糖微球可定向吸引细菌，并且壳聚糖与银都以小尺寸形式存在，使复合抗菌剂以及抗菌聚丙烯材料具备更加优异的抗菌性能。

### 4.3.16 防霉功能的涂料桶专用聚丙烯

(1) 配方 （质量份）

| | | | |
|---|---|---|---|
| PP | 100 | EBS | 0.5 |
| 抗菌防霉剂 | 0.6 | 偶联剂 KH 570 | 0.7 |
| 改性凹凸棒土 | 3 | 抗氧剂 1010 | 0.8 |

注：PP 为共聚聚丙烯，其熔体指数为 1.2g/10min，熔体指数测试条件为 190℃、2.16kg；抗菌防霉剂由吡啶硫酮锌与噻唑类抗菌剂按质量比 3∶1 混合而成。

(2) 加工工艺

① 改性凹凸棒土的制备。将凹凸棒土粉体置于 580℃ 的高温条件下加热处理，然后研磨细化并加入 0.04 倍凹凸棒土粉体质量的复合偶联剂（偶联剂 KH 570 与硅烷偶联剂按质量比 1∶1.6 组成），搅拌、升温至 80℃ 后保温 2h；接着加入 0.03 倍凹凸棒土粉体质量的分散剂 $N,N'$-亚乙基双硬脂酰胺，继续搅拌保温处理 30min，即可得到改性凹凸棒土。

② 防霉功能的涂料桶专用聚丙烯的制备。将改性凹凸棒土与抗菌防霉剂加入高速混合机中进行预混合，然后加入分散剂、偶联剂和抗氧剂；继续加入 PP 搅拌混合，随后在挤出机中挤出造粒。

(3) 参考性能

表 4-44 为防霉功能的涂料桶专用聚丙烯性能测试结果。

**表 4-44　防霉功能的涂料桶专用聚丙烯性能**

| 性能指标 | 配方值 | 性能指标 | 配方值 |
|---|---|---|---|
| 拉伸强度/MPa | 85 | 杀菌率/% | 99.9 |
| 悬臂梁缺口冲击强度/(kJ/m²) | 14.8 | 防霉性 | 0 |
| 弯曲强度/MPa | 108 | | |

# 4.4　PP 耐刮擦改性配方与实例

### 4.4.1　耐刮擦聚丙烯

(1) 配方 （质量份）

| | | | |
|---|---|---|---|
| PP(M1200HS) | 71 | 抗氧剂 168 | 0.2 |
| POE7467 | 5 | 硬脂酸锌 | 0.2 |
| 滑石粉 | 20 | 聚-4-甲基 1-戊烯（PMP） | 8 |
| 抗氧剂 1010 | 0.2 | | |

(2) 加工工艺

将配方物料在高速混合机中混合 3min，转速 500r/min；利用长径比为 30∶1 的双螺杆挤出机挤出造粒。料筒各段温度：一区 120℃，二区 200℃，三区 200℃，四区到九区 210℃，并抽真空。主机转速为 500r/min，主喂料频率为 25Hz。

(3) 参考性能

表 4-45 为耐刮擦聚丙烯性能测试结果。

**表 4-45　耐刮擦聚丙烯性能测试结果**

| 性能指标 | 配方值 |
| --- | --- |
| 耐刮擦性(针头 1mm,载荷 10N)ΔL 值 | 0.6 |
| 熔体指数/(g/10min) | 27 |
| 密度/(g/cm³) | 1.024 |

注：耐刮擦性按 PV3952 进行检验，负荷为 10N，通过测定刮擦试样表面的 ΔL 值（即黑白颜色的变化标志）来评判其耐刮擦性能；ΔL 的数值越小，表示材料的耐刮擦性能越好。

## 4.4.2　耐刮擦填充聚丙烯

（1）配方（质量份）

| | | | |
| --- | --- | --- | --- |
| PP | 40 | 单酚型受阻酚抗氧剂 | 0.1 |
| 高结晶 PP | 40 | 辅助抗氧剂亚磷酸烷基酯 | 0.1 |
| 改性滑石粉 | 20 | 聚乙烯蜡 | 0.5 |
| 2,4-二羟基二苯甲酮 | 0.5 | | |

注：改性滑石粉是指白度为 80～85、粒径为 1.3～2.6μm 的滑石粉与钛酸酯偶联剂按照质量比 100∶1 混合而成的混合物。

（2）加工工艺

将配方物料放入高速混合机中，于 80℃混合 10min；加入双螺杆挤出机中进行挤出造粒，各区温度范围为 180～200℃。

（3）参考性能

表 4-46 为耐刮擦填充聚丙烯性能测试结果。

**表 4-46　耐刮擦填充聚丙烯性能测试结果**

| 性能指标 | 配方值 |
| --- | --- |
| 耐刮擦性(针头 1mm,载荷 10N)ΔL 值 | 0.62 |
| 熔体指数/(g/10min) | 38.7 |
| 密度/(g/cm³) | 1.048 |

注：耐刮擦性按 PV3952 进行检验，负荷为 10N，通过测定刮擦试样表面的 ΔL 值（即黑白颜色的变化标志）来评判其耐刮擦性能；ΔL 的数值越小，表示材料的耐刮擦性能越好。

## 4.4.3　高光泽耐划伤聚丙烯

（1）配方（质量份）

| | | | |
| --- | --- | --- | --- |
| 均聚 PP | 78 | 成核剂 HPN68L | 0.1 |
| 1250 目硅灰石 | 5 | 抗氧剂 B225 | 0.1 |
| 2000 目硫酸钡 | 10 | 抗氧剂 PS802FL | 0.1 |
| 充油 SEBS | 2 | 色母粒(米色) | 2 |
| SEBS | 3 | | |

注：均聚 PP 树脂牌号为 K1020，熔体指数为 20g/10min，购自北京燕山石油化工有限公司；成核剂，美国 Milliken 公司生产，牌号为 HPN68L；SEBS 牌号为 YH-602，购自岳阳石化公司。

（2）加工工艺

① 充油 SEBS 的制备。将润滑剂（2000S 甲基硅油）与银纹扩展抑制剂 SEBS 在高速搅拌下以质量用量为 1∶3 的比例进行充油处理，得到充油 SEBS，放置 48h 备用。

② 高光泽耐划伤聚丙烯的制备。将配方物料加入高速搅拌机中搅拌均匀，经双螺杆混

炼机造粒，混炼温度为 200～230℃，真空度为 -0.08MPa。

（3）参考性能

硅灰石在一定程度上可提高聚丙烯表面结晶度，本身在划伤过程中会出现滚动，降低了剥离，一定程度上提高材料的耐划伤性能。选择目数高的硫酸钡，在一定程度上可以提高制品光泽度和降低受热时气孔的产生。聚乙烯的结晶速度比聚丙烯快很多，结晶度高。聚乙烯的片状单晶首先形成，使制品表面平整，硬度提高，限制了皮层聚丙烯大球晶的形成，从而提高制品光泽度。表 4-47 为高光泽耐划伤聚丙烯性能测试结果。

**表 4-47 高光泽耐划伤聚丙烯性能测试结果**

| 性能指标 | 配方值 | 性能指标 | 配方值 |
|---|---|---|---|
| $\Delta E$ | 0.29 | 光泽度(60°)/% | 97 |
| 气味等级 | 2 | 划痕宽度/$\mu m$ | 200 |
| 发黏现象 | 无 | | |

注：划伤性能 $\Delta E$ 参照德国大众汽车公司（简称大众公司）标准 PV3952；析出发黏参照大众公司标准 PV1306；光泽度参照 GB 8807—1988；气味等级参照大众公司标准 PV3900；划痕宽度采用偏光显微镜进行观察和测量，表征划痕的宏观状况。

## 4.4.4 耐刮擦无卤阻燃聚丙烯

（1）配方（质量份）

| | | | |
|---|---|---|---|
| 高结晶均聚聚丙烯 | 56 | 耐刮擦剂聚硅氧烷 | 2 |
| 阻燃剂 | 20 | 聚乙烯蜡 | 0.5 |
| 无碱玻璃纤维粉 | 15 | 硬脂酸钙 | 0.5 |
| PP-$g$-MAH | 5 | 抗氧剂 245 | 1 |

注：聚丙烯树脂为结晶度大于 70% 的高结晶均聚聚丙烯，在 230℃、2.16kg 下的熔体指数为 10g/10min；阻燃剂是焦磷酸哌嗪、三聚氰胺聚磷酸盐、氧化锌按质量比 65:30:5 混合而成的混合物；填充剂是无碱玻璃纤维粉（$D_{90}=7\mu m$）；相容剂为 PP-$g$-MAH，其接枝率为 0.6%～0.8%。

（2）加工工艺

称取配方物料，经混料机在搅拌转速 300r/min 下混合 3min 后，从主喂料口加入双螺杆挤出机；阻燃剂经过侧喂料输送器进入双螺杆挤出机挤出造粒。双螺杆挤出机的加工温度为 180～200℃，主机转速为 200～400r/min，真空度≥0.06MPa。

（3）参考性能

表 4-48 为耐刮擦无卤阻燃聚丙烯性能测试结果。

**表 4-48 耐刮擦无卤阻燃聚丙烯性能测试结果**

| 性能指标 | 配方值 | 性能指标 | 配方值 |
|---|---|---|---|
| 拉伸强度/MPa | 25 | 缺口冲击强度(-30℃)/(kJ/m²) | 5.2 |
| 弯曲强度/MPa | 40 | 阻燃性能 UL94 | V-0 |
| 缺口冲击强度(23℃)/(J/m) | 25 | 铅笔硬度 | HB |

## 4.4.5 石墨烯改性的聚丙烯耐刮擦材料

（1）配方（质量份）

| | | | |
|---|---|---|---|
| 聚丙烯 | 97 | 抗氧剂 168 | 0.25 |
| 石墨烯 | 1 | 润滑剂 EBS | 0.5 |
| 抗氧剂 1010 | 0.25 | 分散剂 KH550 | 1 |

（2）加工工艺

称量配方物料后，混合均匀，双螺杆挤出机挤出造粒。挤出工艺为一区温度 170～180℃，二区温度 175～185℃，三区温度 180～190℃，四区温度 180～190℃，五区温度 180～190℃；机头温度为 180～200℃，主机转速为 300～500r/min。

（3）参考性能

表 4-49 为石墨烯改性的聚丙烯耐刮擦材料性能。

表 4-49 石墨烯改性的聚丙烯耐刮擦材料性能

| 性能指标 | 配方值 | 性能指标 | 配方值 |
|---|---|---|---|
| 拉伸强度/MPa | 33.4 | 弯曲模量/MPa | 1350.1 |
| 断裂伸长率/% | 60.5 | 熔体指数/(g/10min) | 12.9 |
| 悬臂梁冲击强度/(kJ/m²) | 3.5 | 五指刮擦试验 | 刮痕不明显 |
| 弯曲强度/MPa | 37.6 | 网格刮擦测试 | −0.06 |

# 4.5 PP 抗静电改性配方与实例

## 4.5.1 聚丙烯抗静电爽滑母粒

（1）配方（质量份）

① 抗静电剂

| | | | |
|---|---|---|---|
| 十二烷基二羟乙基甲基溴化铵 | 22 | 硼酸乙酯 | 8 |
| 乙氧基化烷基硫酸铵 | 7 | 油酸酰胺 | 3 |
| 乙氧基胺 | 14.5 | | |

② 聚丙烯抗静电爽滑母粒

| | | | |
|---|---|---|---|
| 聚丙烯粉 | 36 | 抗静电剂 | 7 |
| 芥酸酰胺 | 1 | 抗氧剂 1076 | 2.1 |
| 硬脂酸锌 | 3 | | |

（2）加工工艺

按配方将物料送入高速混合机中，搅拌转速为 1800r/min，混合温度为 92℃，混合 8min；然后送入双螺杆挤出机挤出造粒，熔融温度控制在 175～210℃（分 6 个温度区段，每个温度区段的温度递增），螺杆转速为 225r/min。

（3）参考性能

表 4-50 为聚丙烯抗静电爽滑母粒性能。

表 4-50 聚丙烯抗静电爽滑母粒性能

| 性能指标 | 配方值 | 性能指标 | 配方值 |
|---|---|---|---|
| 拉伸强度/MPa | 10.9 | 缺口冲击强度/(J/m) | 53.5 |
| 断裂伸长率/% | 40 | 爽滑性 | 良好 |
| 表面电阻率/Ω | $0.56 \times 10^8$ | | |

注：测试样品为在聚丙烯基材中添加 3% 母粒。爽滑性：将 10 个标准样条重叠，压上 5kg 砝码，在 140℃ 烘箱里放置 1h 后，自然冷却；放置 72h，观察可剥离难易程度，采用"良好""一般""较差""差" 4 个等级标准衡量。

## 4.5.2 防静电低温耐用聚丙烯

（1）配方（质量份）

| | | | |
|---|---|---|---|
| 聚丙烯塑料 | 88 | 脂肪醇聚氧乙烯醚 | 4 |

| | | | |
|---|---|---|---|
| 乙丙橡胶 | 14 | 长玻璃纤维 | 28 |
| 硫代二丙酸二硬脂醇酯 | 5 | 聚丙烯酰胺 | 3 |

（2）加工工艺

按配方将物料加入混料机中混合均匀，经双螺杆挤出机挤出切粒。

（3）参考性能

防静电低温耐用聚丙烯塑料具有防静电性好、低温冲击性好、强度高、耐候性好、成本低、质量好、使用寿命长的特点。

### 4.5.3 永久型抗静电聚丙烯

（1）配方（质量份）

① 功能母粒

| | | | |
|---|---|---|---|
| PP（HL504FB） | 48 | 抗氧剂 1010 | 0.5 |
| 聚乙二醇（PEG） | 50 | 抗氧剂 168 | 1.5 |

注：PP 熔体指数为 450g/min。聚乙二醇（PEG）分子量在 5000 以上。

② 永久型抗静电聚丙烯

| | | | |
|---|---|---|---|
| PP（M2600R） | 60 | 抗氧剂 1010 | 0.1 |
| 功能母粒 | 10 | 润滑剂白油 | 1 |
| 滑石粉 | 20 | 乙烯基双硬脂酰胺（EBS） | 0.9 |
| 弹性体 | 8 | | |

（2）加工工艺

① 永久型抗静电功能母粒的制备。按配方将物料加入混料机中混合均匀后，经双螺杆挤出机挤出切粒。双螺杆挤出机的一区到十区的加工温度依次为 105℃、165℃、175℃、180℃、195℃、195℃、200℃、205℃、205℃、205℃。主螺杆转速为 400r/min，水槽温度为 40℃。

② 永久型抗静电聚丙烯的制备。按配方将物料加入混料机中混合均匀后，经双螺杆挤出机挤出切粒。双螺杆挤出机的一区到十区的加工温度依次为 165℃、195℃、215℃、215℃、215℃、220℃、220℃、225℃、235℃、235℃。主螺杆转速为 460r/min，水槽温度为 45℃。

（3）参考性能

表 4-51 为永久型抗静电聚丙烯性能测试结果。

**表 4-51　永久型抗静电聚丙烯性能测试结果**

| 性能指标 | 配方值 | 性能指标 | 配方值 |
|---|---|---|---|
| 拉伸强度/MPa | 20 | 弯曲强度/MPa | 32 |
| 缺口冲击强度/(kJ/m²) | 33 | 表面电阻率/Ω | $10^{10}$ |

### 4.5.4 抗静电人造草坪聚丙烯草丝纤维

（1）配方（质量份）

① 抗静电母粒

| | | | |
|---|---|---|---|
| 聚丙烯 | 65 | 填料 | 10 |
| 抗静电剂 | 25 | 分散剂 | 0.5 |

注：抗静电剂由质量比为 4∶1 的十八烷基甲基二羟乙基溴化铵和乙二醇单硬脂酸酯组成；填料由质量比为 3∶1∶1 的纳米碳酸钙、纳米二氧化硅和纳米硫酸钙组成。分散剂由质量比为 1∶1 的石蜡油和硬脂

酸钙组成。

② 人造草坪草丝纤维

| | | | |
|---|---|---|---|
| 聚丙烯 | 90 | 抗氧剂 1010 | 1 |
| 色母粒 | 6 | 紫外线吸收剂 UV-327 | 1 |
| 抗静电母粒 | 3 | | |

（2）加工工艺

① 抗静电母粒的制备。按配方将聚丙烯、抗静电剂、填料和分散剂混合均匀，在双螺杆挤出机上造粒，温度控制在 185℃。

② 人造草坪草丝纤维的制备。按配方将聚丙烯、色母粒、抗静电母粒、抗氧剂、紫外线吸收剂共混挤出成型，制备草丝纤维。挤出成型的温度为 210℃，总拉伸比为 5，烘箱温度为 90℃。

（3）参考性能

表 4-52 为抗静电人造草坪聚丙烯草丝纤维能测试结果。

表 4-52  抗静电人造草坪聚丙烯草丝纤维性能测试结果

| 性能指标 | 配方值 |
|---|---|
| 表面电阻率/Ω | $7 \times 10^9$ |
| 断裂强度/(cN/tex) | 19 |

## 4.5.5  聚丙烯抗静电性的功能母粒

（1）配方（质量份）

| | | | |
|---|---|---|---|
| 载体 PP 树脂 | 90 | 氯化镁 | 12.5 |
| PA 树脂 | 17.5 | 硬脂酸钡 | 0.6 |
| 活性氧化铝粉 | 12.5 | 钛酸酯偶联剂 | 0.6 |
| 黏土 | 12.5 | | |

（2）加工工艺

将各原料组分放入混合搅拌机中在 45℃搅拌混合 1h，搅拌速度 370r/min。将混合物料投入双螺杆挤出机中，保持双螺杆挤出机的搅拌速度为 170r/min，挤出造粒。其中，双螺杆挤出机各段的温度分别为：一段 160～185℃、二段 185～195℃、三段 195～200℃、四段 200～205℃、五段 205～210℃、六段 200～205℃，模头温度为 200～205℃。

（3）参考性能

表 4-53 为添加抗静电性的功能母粒聚丙烯性能测试结果。

表 4-53  添加抗静电性的功能母粒聚丙烯性能测试结果

| 性能指标 | 配方值 | 对比样值（市售聚丙烯薄板） |
|---|---|---|
| 表面电阻率/Ω | $8.5 \times 10^{11}$ | $>10^{12}$ |
| 拉伸强度/MPa | 26 | 23 |
| 缺口冲击强度/(kJ/m²) | 19.0 | 19.3 |

## 4.5.6  用于防爆环境的抗静电聚丙烯

（1）配方（质量份）

| | | | |
|---|---|---|---|
| 嵌段共聚丙烯 | 87.5 | 多壁碳纳米管 | 2 |
| 导电炭黑 | 10 | 抗氧剂 1010 | 0.3 |

| 抗氧剂 168 | 0.2 |
|---|---|

（2）加工工艺

将物料在高速混合器中干混 5min，再加入双螺杆挤出机中熔融挤出造粒。其中，螺筒内温度为：一区 220℃，二区 230℃，三区 230℃，四区 230℃，机头 240℃。双螺杆挤出机转速为 400r/min。

（3）参考性能

表 4-54 为用于防爆环境的抗静电聚丙烯的性能。

**表 4-54　用于防爆环境的抗静电聚丙烯性能**

| 性能指标 | 配方值 | 性能指标 | 配方值 |
|---|---|---|---|
| 密度/(g/cm$^3$) | 0.96 | 缺口冲击强度/(kJ/m$^2$) | 32 |
| 拉伸强度/MPa | 32 | 表面电阻率/Ω | 10$^3$ |

## 4.5.7　手性导电高分子抗静电聚丙烯

（1）配方（质量份）

| | | | |
|---|---|---|---|
| 聚丙烯树脂 | 100 | PP-*g*-MAH | 1 |
| 导电滑石粉 | 20 | 抗氧剂 | 1 |
| 手性聚吡咯 | 10 | 抗光老化剂 | 1 |
| 表面活性剂溶液 | 5 | | |

注：聚丙烯树脂在 230℃、2.16kg 负载下的熔体指数为 45～60g/min。

（2）加工工艺

① 导电滑石粉的制备。将 100g 滑石粉加入 200g 5%（质量分数）的苯胺/邻氨基苯磺酸共聚物水溶液中，在 300r/min 条件下搅拌 2h，过滤，烘干得到导电滑石粉。

② 手性聚吡咯的制备。取 5g 十八酰基-L-苯丙氨酸钠溶于 5L 水中，之后在冰水浴中将其冷却成凝胶状；以 400r/min 的速度涡旋搅拌并加入 1L 吡咯单体，加完之后搅拌 1min 使吡咯单体与十八酰基-L-苯丙氨酸钠混合均匀；滴加 0.2g 引发剂，滴完后再搅拌 0.5min 使吡咯聚合；之后将混合体系放入 40℃油浴中静置 48h；取出，醇洗两次，400℃煅烧 3h 后得到手性聚吡咯。

③ 手性导电高分子抗静电聚丙烯的制备。按配比称取各原料混合均匀，将混合均匀的原料通入双螺杆挤出机中挤出造粒。挤出机各工区温度为：一区 185℃，二区 200℃，三区 210℃，四区 215℃，五区 215℃，六区 220℃，七区 225℃，八区 235℃，九区 235℃，十区 235℃。原料在双螺杆挤出机中的停留时间为 3min，压力为 15MPa。

（3）参考性能

采用手性导电高分子，可有效降低聚丙烯复合材料的表面电阻率，有利于提高聚丙烯复合材料及其注塑成品的抗静电能力；同时，具有手性结构的导电高分子在表面活性剂水溶液的作用下，通过分子间的氢键作用，可产生手性诱导，降低聚丙烯分子链段的取向，使其规则排列，从而提高聚丙烯注塑成品的力学性能。手性聚吡咯的手性螺旋结构强化了分子链间的缠绕，不仅可以进一步提升聚丙烯注塑成品的力学性能，还提高了抗静电材料与基材结合的稳定性。表 4-55 为手性导电高分子抗静电聚丙烯性能测试结果。

**表 4-55　手性导电高分子抗静电聚丙烯性能**

| 性能指标 | 配方值 | 性能指标 | 配方值 |
|---|---|---|---|
| 拉伸强度/MPa | 38 | 弯曲强度/MPa | 18 |
| 缺口冲击强度/(kJ/m$^2$) | 33 | 表面电阻率/Ω | 6×10$^9$ |

## 4.6 PP耐候改性配方与实例

### 4.6.1 低密度高耐候聚丙烯

**（1）配方（质量份）**

| | | | |
|---|---|---|---|
| PP（K7726H） | 64 | 抗氧剂168 | 0.2 |
| POE 8100 | 10 | 硬脂酸镁 | 0.6 |
| 滑石粉 | 10 | 表面改性的中空玻璃微珠 | 10 |
| 抗氧剂1010 | 0.2 | | |

**（2）加工工艺**

① 改性聚合物溶液的制备。在反应器中加入30份（质量份，下同）乙醇并升温至80℃，将40份甲基丙烯酸环己酯、10份甲基丙烯酸月桂酯、10份4-甲基丙烯酰氧基二苯甲酮、4份偶氮二异丁腈、4份α-甲基苯乙烯二聚体加入滴加罐中并混合均匀得到混合液，将其滴加入反应器中进行反应。在滴加至混合液质量剩余80%时，向混合液中加入5份甲基丙烯酰氧基丙基三乙氧基硅烷，搅拌均匀后继续滴加2h，混合液总滴加时间为4h，滴完后80℃保温2h。然后降至室温，得到改性聚合物溶液，改性聚合物溶液的固体含量为70%（质量分数）。

② 表面改性的中空玻璃微珠的制备。在反应器中将85份（质量份，下同）空心玻璃微珠iM16K、14份聚合物溶液（固含量为70%）、5份光安定化基硅烷偶联剂混合均匀。采用乙醇（90份）和去离子水（6份）调节溶液中固含量在50%（质量分数），并保证去离子水用量为乙醇质量的6%左右，然后在搅拌过程中滴加乙酸调节溶液的pH值在4~5.5之间，室温搅拌30min后，升温至80℃继续反应2h。将反应后的空心玻璃微珠用乙醇洗涤抽滤后，室温晾干，然后在100℃下干燥12h，得到表面特殊改性的中空玻璃微珠。

③ 低密度高耐候聚丙烯的制备。将配方各原料按比例称取后放入高速混合机混合3~10min后，将混合的原料置于长径比为48:1、螺杆转速为200r/min、温度为195~215℃的双螺杆挤出机中挤出造粒。

**（3）参考性能**

表4-56为低密度高耐候聚丙烯的性能。

**表4-56 低密度高耐候聚丙烯的性能**

| 性能指标 | 配方值 | 性能指标 | 配方值 |
|---|---|---|---|
| 拉伸强度/MPa | 25 | 表面黏性 | 1 |
| 体积收缩率（水平/垂直）/% | 0.75/0.77 | 耐候性能（光泽度保持率）/% | 85 |
| 悬臂梁冲击强度/(kJ/m²) | 31 | 密度/(g/cm³) | 0.93 |
| 弯曲模量/MPa | 2050 | | |

注：体积收缩率参照标准ISO 294-4测试；耐候性能参照标准GB/T 16422.2—2022，分别测定材料试验前后的表面光泽，即得光泽保持率=试验后光泽/试验前光泽；光泽保持率越高，其耐候性能越好。表面黏性测试如下。参照大众公司PV1306，通过暴露试验来测定塑料的表面黏性，从而考察小分子物质的析出性：1为不发黏；2为稍黏；3为黏。

### 4.6.2 耐候聚丙烯荧光控制面板材料

**（1）配方（质量份）**

| | | | |
|---|---|---|---|
| 聚丙烯 | 100 | 氧化锌 | 3 |
| 纳米硫化锌 | 3 | 玻璃微珠 | 20 |

| 季戊四醇硬脂酸酯 | 0.4 | 抗氧剂 168 | 0.3 |
| 抗氧剂 1010 | 0.3 | | |

（2）加工工艺

配方物料除聚丙烯外，先在高速混合机中混合 5min；再加入聚丙烯在高速混合机中混合 5min。将混合均匀的物料加入双螺杆挤出机挤出造粒。挤出机温度设置为：一区 140℃、二区 160℃、三区 170℃、四区 180℃、五区 175℃、六区 175℃、七区 175℃、八区 175℃、九区 175℃、十区 175℃、机头 180℃。

（3）参考性能

表 4-57 为耐候聚丙烯荧光控制面板材料性能。

**表 4-57 耐候聚丙烯荧光控制面板材料性能**

| 性能指标 | 配方值 | 性能指标 | 配方值 |
|---|---|---|---|
| 拉伸强度/MPa | 38 | 老化后拉伸强度/MPa | 31 |
| 缺口冲击强度/(kJ/m²) | 8 | 老化后缺口冲击强度/(kJ/m²) | 6.5 |

## 4.6.3 波形沥青瓦固定钉帽耐候聚丙烯

（1）配方（质量分数，%）

| PP | 62.83 | 弹性体 | 20 |
| 抗氧剂 AO-18 | 0.5 | 硫化剂过氧化二异丙苯（DCP） | 0.15 |
| 磷酸酯类辅助抗氧剂 PS-2 | 0.1 | 活性助硫化剂 TAIC（三烯丙基异氰尿 | |
| 受阻胺类光稳定剂 HALS-1/HALS-3 | 1 | 酸酯） | 0.02 |
| 紫外线吸收剂 UVA-19 | 0.4 | 双马来酸酐接枝剂 | 1.5 |
| 颜料 | 1.5 | Ni-1 活性猝灭剂 | 0.2 |
| 金红石型 TiO₂ | 0.5 | PE 蜡 | 0.5 |
| 偶合剂 | 0.8 | 滑石粉 | 10 |

（2）加工工艺

采用平行双螺杆挤出机挤出造粒，工艺温度 190～210℃。

（3）参考性能

配方产品经长久（4 年以上）使用，不褪色、不老化，不会发生钉帽脱开的现象，钉子依然保持固定时的拉紧力。图 4-7 为波形沥青瓦固定钉帽的使用照片。图 4-8 为波形沥青瓦固定钉帽的照片。

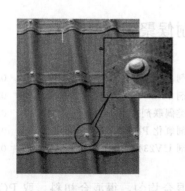

图 4-7 波形沥青瓦固定钉帽的使用照片

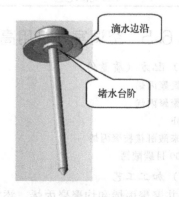

图 4-8 波形沥青瓦固定钉帽的照片

### 4.6.4 支柱绝缘子用高耐候高韧性增强聚丙烯

**（1）配方（质量份）**

| | | | |
|---|---|---|---|
| 无规共聚聚丙烯树脂 | 47 | 混合) | 1 |
| 无碱玻璃纤维纱 | 40 | 润滑分散剂（硬脂酸锌和硅酮粉混合） | 0.6 |
| 相容剂（丙烯酸与苯乙烯及丁二烯的共 | | 抗氧剂（硫代酯类抗氧剂） | 0.4 |
| 聚物） | 7 | 绿色色粉 | 4 |
| 复配耐候剂（抗紫外线吸收剂和光稳定剂 | | | |

**（2）加工工艺**

将配方物料在高速混合机混合 5～8min，然后将混好的料置于双螺杆挤出机经挤出、造粒。挤出工艺参数为：第一区温度 150℃、第二区～第四区温度 170～185℃、第九区温度 185～210℃，机头温度 205℃，主机螺杆转速为 350～420r/min，喂料频率为 18～24Hz。

**（3）参考性能**

表 4-58 为支柱绝缘子用高耐候高韧性增强聚丙烯性能测试结果。

**表 4-58　支柱绝缘子用高耐候高韧性增强聚丙烯性能测试结果**

| 性能指标 | 配方值 |
|---|---|
| 拉伸强度/MPa | 100 |
| 悬臂梁缺口冲击强度/(kJ/m²) | 25 |
| 弯曲强度/MPa | 125 |
| 弯曲模量/MPa | 5800 |
| D65 光源,色差 | 0.2 |
| 热氧老化 130℃/240h 后的性能 | |
| 拉伸强度/MPa | 97 |
| 悬臂梁缺口冲击强度/(kJ/m²) | 22 |
| 弯曲强度/MPa | 123 |
| 弯曲模量/MPa | 6800 |
| D65 光源,色差 | 0.34 |
| 快速紫外老化 1500h 后的性能 | |
| 拉伸强度/MPa | 98 |
| 悬臂梁缺口冲击强度/(kJ/m²) | 24 |
| 弯曲强度/MPa | 124 |
| 弯曲模量/MPa | 6900 |
| D65 光源,色差 | 0.29 |

### 4.6.5 空调室外机用高强度高冲击耐候聚丙烯

**（1）配方（质量份）**

| | | | |
|---|---|---|---|
| 共聚聚丙烯 | 77 | 成核剂 HB2002 | 0.4 |
| 均聚聚丙烯 | 8 | 抗氧剂 1076 | 0.2 |
| POE | 10 | 硅烷类偶联剂 | 0.6 |
| 马来酸酐接枝聚丙烯 | 5 | 分散剂氧化 PE 蜡 | 0.5 |
| 6000 目碳酸钙 | 15 | 耐候 UV234 | 0.6 |

**（2）加工工艺**

取共聚聚丙烯和均聚聚丙烯，添加硅烷类偶联剂混合均匀，得混合初料。取 POE、马来酸酐接枝聚丙烯、碳酸钙、成核剂 HB2002、抗氧剂 1076、分散剂氧化 PE 蜡和耐候剂 UV234，混合，组成助剂包。助剂包添加到混合初料中混合均匀，送入双螺杆挤出机挤出造粒。挤出机各区温度为：一区 140℃，二区 160℃，三区 190℃，四区 190℃，五区 200℃，六区 200℃，七区 200℃，八区 210℃，九区 210℃，十区 220℃。

（3）参考性能

表 4-59 为空调室外机用高强度高冲击耐候聚丙烯性能。

**表 4-59　空调室外机用高强度高冲击耐候聚丙烯性能**

| 性能指标 | 配方值 |
| --- | --- |
| 拉伸强度/MPa | 22.1 |
| 断裂伸长率/% | 455 |
| 悬臂梁缺口冲击强度/(kJ/m²) | 28.5 |
| 弯曲强度/MPa | 26.5 |
| 弯曲模量/MPa | 1594 |
| 热氙灯下老化 2500h 后的性能 | |
| 拉伸强度/MPa | 18.3 |
| 断裂伸长率/% | 325 |
| 悬臂梁缺口冲击强度/(kJ/m²) | 23.4 |
| 总色差 ΔE | 0.87 |

# 4.7　PP 其他性能改性配方与实例

## 4.7.1　高光表面复合聚丙烯

（1）配方（质量份）

| | | | |
| --- | --- | --- | --- |
| PP | 71 | 成核剂二亚苄基山梨醇(DBS)衍生物 | 3 |
| 球形硫酸钡 | 20 | 光亮润滑剂 PPA7541 | 5 |

（2）加工工艺

称取配方物料高速搅拌分散后用双螺杆挤出机挤出造粒。

（3）参考性能

表 4-60 为高光表面复合聚丙烯性能。

**表 4-60　高光表面复合聚丙烯性能**

| 性能指标 | 配方值 | 性能指标 | 配方值 |
| --- | --- | --- | --- |
| 拉伸强度/MPa | 29.5 | 熔体指数/(g/10min) | 18 |
| 简支梁冲击强度/(kJ/m²) | 12.4 | 光泽度/% | 83.6 |
| 弯曲强度/MPa | 50 | | |

## 4.7.2　低光泽汽车内饰用聚丙烯

（1）配方（质量份）

| | | | |
| --- | --- | --- | --- |
| 共聚 PP | 50 | 滑石粉 | 10 |
| 三元乙丙橡胶 | 20 | 抗氧剂 | 0.4 |

注：聚丙烯树脂的熔体指数为 80g/10min；增韧剂为三元乙丙橡胶，三元乙丙橡胶的熔体指数为 8g/10min；填料为滑石粉且目数为 1000~2000；抗氧剂为 1010 和 168 的混合物，而且质量比为 1:2。

（2）加工工艺

称量配方物料后，混合均匀。用双螺杆挤出机挤出造粒。粒料干燥处理后通过注塑机进行注塑成型，得到低光泽汽车内饰。其中，注塑机的模具温度为 80℃，注塑机的模具皮纹表面通过多棱角金刚砂进行亚光处理。

**(3) 参考性能**

通过高流动的共聚聚丙烯（熔体指数为 80g/10min 以上）和增韧剂提高材料的流动性，配合较高的模温（例如，60～80℃）以提高材料对模具纹理的复刻能力。在不增加材料成本和不降低材料性能的前提下，显著降低汽车内饰的光泽度，达到良好的亚光效果。低光泽汽车内饰用聚丙烯光泽度如表 4-61 所示。

表 4-61　低光泽汽车内饰用聚丙烯光泽度

| 性能指标 | 配方值 |
|---|---|
| 光泽度/% | 1.2 |

### 4.7.3　低气味高光泽阻燃聚丙烯智能马桶专用料

**(1) 配方（质量份）**

| | | | |
|---|---|---|---|
| PP | 88.6 | 润滑剂硬脂酸钙 | 0.5 |
| 阻燃剂八溴双酚 S 醚 | 5 | 成核剂 NA-21 | 0.2 |
| 协效阻燃剂三氧化二锑 | 2 | 光稳定剂 UV-3808 | 0.4 |
| 抗氧剂 1010 | 0.1 | 复配除味剂 | 3 |
| 抗氧剂 168 | 0.2 | | |

注：复配除味剂由金属有机骨架材料与吸水母粒复配组成，比例为 2:1；PP 为载体的吸水母粒；吸水母粒含水量为 85%。

**(2) 加工工艺**

将配方物料加入高速混合机中，以 300r/min 的转速均混 3min，获得混合物后，经双螺杆挤出机挤出造粒。挤出机的各区温度为：120℃、180℃、190℃、190℃、190℃、180℃、180℃、180℃、180℃、180℃。在螺杆转速为 300～500r/min 的工艺条件下，采用二级抽真空的方式。

**(3) 参考性能**

低气味聚丙烯常用的气味吸附剂为沸石、黏土、分子筛、硅藻土等无机物，这些物质加入阻燃聚丙烯体系中虽然能降低材料的气味及 VOC 含量，但因其与聚丙烯相容性差，会降低材料的光泽度，并且材料表面会有麻点，影响制品外观。成核剂的加入可以细化 PP 的球晶尺寸，使结晶更加致密，保证材料的光泽度。表 4-62 为低气味高光泽阻燃聚丙烯智能马桶专用料性能测试结果。

表 4-62　低气味高光泽阻燃聚丙烯智能马桶专用料性能测试结果

| 性能指标 | 配方值 | 性能指标 | 配方值 |
|---|---|---|---|
| 拉伸强度/MPa | 33.2 | 阻燃性能 | V-0 |
| 简支梁冲击强度/(kJ/m²) | 4.5 | 光泽度/% | 92 |
| 弯曲模量/MPa | 1560 | 气味等级 | 3 |

### 4.7.4　汽车硬塑仪表板用低光泽、高刚性、高抗冲聚丙烯

**(1) 配方（质量份）**

| | | | |
|---|---|---|---|
| 聚丙烯 | 60.3 | 抗氧剂 DSTP | 0.1 |
| 滑石粉 | 20 | 抗氧剂 168 | 0.2 |
| POE(Engage™ 8150) | 5 | 光稳定剂 944 | 0.15 |
| 全硫化粉末橡胶(VP-108) | 10 | 光稳定剂 770 | 0.15 |
| PP-g-MAH | 2 | 其他助剂 | 2 |
| 抗氧剂 3114 | 0.1 | | |

（2）加工工艺

将配方物料在高速混合器中干混 3～15min，然后将混合好的原料加入双螺杆挤出机中，经熔融挤出后冷却造粒。其工艺参数为：一区温度 190～200℃，二区温度 200～210℃，三区温度 200～210℃，四区温度 205～215℃；螺杆转速为 100～1000r/min。整个挤出过程的停留时间为 1～2min，压力为 12～18MPa，排气真空度达到 5～20kPa。

（3）参考性能

表 4-63 为汽车硬塑仪表板用低光泽、高刚性、高抗冲聚丙烯性能测试结果。

表 4-63　汽车硬塑仪表板用低光泽、高刚性、高抗冲聚丙烯性能测试结果

| 性能指标 | 配方值 | 性能指标 | 配方值 |
|---|---|---|---|
| 拉伸强度/MPa | 22.7 | 缺口冲击强度（-30℃）/(kJ/m²) | 5.2 |
| 弯曲强度/MPa | 27.9 | 低温落球冲击 | 无裂纹 |
| 弯曲模量/MPa | 1536 | 熔体指数/(g/10min) | 24.3 |
| 缺口冲击强度（23℃）/(kJ/m²) | 45.7 | 光泽度（皮纹面） | 1.6 |

## 4.7.5　电热材料用聚丙烯

（1）配方（质量份）

| | | | |
|---|---|---|---|
| 等规聚丙烯 | 540 | 抗氧剂 1010 | 5 |
| 热塑性聚氨酯 | 100 | 硬脂酸镧 | 5 |
| 聚丙烯接枝马来酸酐 | 50 | 硬脂酸 | 5 |
| 碳纳米管 | 70 | 白油 | 5 |
| 四溴双酚 A | 210 | | |

（2）加工工艺

称取等规聚丙烯、热塑性聚氨酯、聚丙烯接枝马来酸酐先置于密炼机中，然后往密炼机中加入配方中其他组分，进行密炼，得到混合料。其中，密炼机的转速为 20r/min，密炼周期为 10min。将破碎后的混合料加入挤出机中进行熔融挤出。其中，挤出机为双螺杆挤出机，挤出机的工艺参数为：一区温度 170℃，二区温度 180℃，三区温度 185℃，四区温度 190℃，五区温度 195℃，六区温度 200℃，七区温度 205℃，八区温度 210℃，九区温度 210℃；机头温度为 200℃，转速为 250r/min。

（3）参考性能

该材料可广泛应用于电热领域，譬如可以应用在汽车用加热坐垫（在车载 USB 通电下即可快速、安全加热）、车用密封条（可快速升温解冻）、电热马桶盖以及其他家用、商用、汽车用装饰品和电热毯、暖手宝等产品。表 4-64 为电热材料用聚丙烯性能测试结果。

表 4-64　电热材料用聚丙烯性能测试结果

| 性能指标 | | 配方值 |
|---|---|---|
| 拉伸强度/MPa | | 27.5 |
| 简支梁缺口冲击强度/(kJ/m²) | | 2.33 |
| UL94 | | V-0 |
| 弯曲强度/MPa | | 73.4 |
| 弯曲模量/GPa | | 2.43 |
| 电热测试升温时间/s | 24V | 55 |
| | 30V | 45 |
| | 36V | 30 |

注：电热测试，样品板尺寸为 160mm×30mm×3mm，得到 5 组样品板；将 5 组样品板分别在温度为 23℃、相对湿度为 50% 的室内环境下放置 30min 以上，然后在样品板两端施加不同的额定电压（24V，30V，36V），同时测试样品板表面温度升至 40℃的时间。

## 4.7.6 低收缩、低线膨胀系数聚丙烯

**(1) 配方（质量份）**

| | | | |
|---|---|---|---|
| 聚丙烯（H9018） | 15 | 抗氧剂1010 | 0.3 |
| POE 7387 | 30 | 抗氧剂168 | 0.3 |
| 光稳定剂（UV-3808PP5） | 0.3 | 1250目滑石粉 | 40 |
| 硬脂酸 | 0.3 | 纳米氢氧化镁 | 15 |

**(2) 加工工艺**

将聚丙烯、POE、光稳定剂、硬脂酸、抗氧剂在高速混合机中混合5min，其中高速混合机的转速为800r/min。将混合好的物料加入双螺杆挤出机中，同时1250目滑石粉从侧喂口A加入，纳米氢氧化镁从侧喂口B加入，进行挤出造粒。其中，所述双螺杆挤出机的温度从喂料段到机头依次为170℃、200℃、200℃、210℃、210℃、205℃、205℃、205℃、200℃、200℃，挤出采用双真空工艺，而且真空度要求不大于-0.08MPa。

**(3) 参考性能**

低收缩、低线膨胀系数聚丙烯性能如表4-65所示。其可以广泛地应用于轻质化汽车料中，如汽车保险杠等领域。

**表4-65 低收缩、低线膨胀系数聚丙烯性能**

| 性能指标 | 配方值 | 性能指标 | 配方值 |
|---|---|---|---|
| 悬臂梁缺口冲击强度/(kJ/m²) | 26 | 收缩率（TD）/‰ | 4.9 |
| 弯曲模量/MPa | 2385 | 收缩率（AVG）/‰ | 4.3 |
| 收缩率（MD）/‰ | 3.7 | | |

注：线膨胀系数按ISO 11359标准测试，温度范围为23～85℃，在150mm×150mm×3mm方板中间位置截取10mm×10mm×3mm尺寸样片进行测试。MD是指注塑时熔体从浇口进入型腔的流动方向，TD是指垂直流动方向，AVG是指MD与TD的平均值。

## 4.7.7 疏水高介电聚丙烯平壁增强电力IFB波纹管

**(1) 配方（质量份）**

**① 疏水材料（笼形聚倍半硅氧烷修饰纳米 $SiO_2$ 包覆鳞片石墨材料）**

| | | | |
|---|---|---|---|
| 蒸馏水 | 100 | 笼形聚倍半硅氧烷 | 5 |
| 鳞片石墨 | 10 | 表面活性剂 | 3 |
| 正硅酸乙酯 | 3 | 偶联剂 | 10 |

注：鳞片石墨的鳞片尺寸为100μm，晶体粒径为1μm；笼形聚倍半硅氧烷为八环氧基笼形聚倍半硅氧烷；表面活性剂为脂肪醇聚氧乙烯醚硫酸钠（AES）与椰子油脂肪酸二乙醇酰胺（6501）质量比为2：1的混合物；偶联剂为质量比为3：1的γ-氨丙基三乙氧基硅烷、γ-甲基丙烯酰氧基丙基三甲氧基硅烷的混合物。

**② 疏水高介电聚丙烯平壁增强电力IFB波纹管**

| | | | |
|---|---|---|---|
| PP | 100 | PE蜡 | 1.5 |
| 疏水材料 | 22 | EBS | 2 |
| 聚酰亚胺绢云母粉复合微粒 | 15 | 抗氧剂1076 | 0.4 |
| POE | 8 | 抗氧剂168 | 0.2 |
| PP-g-MAH | 6 | | |

（2）加工工艺

① 聚酰亚胺绢云母粉复合微粒的制备。称取 10g 绢云母粉加入 100mL 无水乙醇中，加入 0.5g 偶联剂在常温条件下充分搅拌均匀，记为溶液 A。分别称量 2.5g 4,4'-二氨基二苯醚倒入 100mL 的三口烧瓶中，加入 70mL N,N-二甲基乙酰胺并搅拌溶解。在搅拌过程中缓慢加入 3g 均苯四甲酸酐，充分搅拌反应 12h 后生成聚酰胺酸，记为溶液 B。边搅拌，边将溶液 A 缓慢加入溶液 B 中，常温下 600r/min 速度搅拌 24h 后，采用常规的流延、涂覆、加热脱水、粉碎，制得聚酰亚胺绢云母粉复合微粒。

② 笼形聚倍半硅氧烷修饰纳米 SiO₂ 包覆鳞片石墨材料的制备。称取 10 份鳞片石墨，采用 Hummers 法制得氧化鳞片石墨；称取 5 份氧化鳞片石墨与 3 份表面活性剂置于 100 份蒸馏水中，加入浓度 5.5mol/L 的 HNO₃ 将溶液 pH 值调为 3～5，常温搅拌 1h，称取 10 份铝酸酯偶联剂加入混合液中继续磁力搅拌 20h。真空抽滤并用蒸馏水洗涤 3～5 次后，常温真空干燥 48h 得到活性 SiO₂ 包覆鳞片石墨材料。取 5 份笼形聚倍半硅氧烷和 10 份活性 SiO₂ 包覆鳞片石墨材料溶解于甲苯中，超声 1h 后 85℃恒温反应 3.5h，105℃干燥后粉碎制得笼形聚倍半硅氧烷修饰纳米 SiO₂ 包覆鳞片石墨材料。

③ 疏水高介电聚丙烯平壁增强电力 IFB 波纹管的制备。先将疏水材料、介电材料、分散剂加入高速混合机内，升温至 100℃，以 100r/min 的转速搅拌 1h 后，依次加入 PP 树脂、增韧剂、相容剂、润滑剂、抗氧剂，以 300r/min 的转速常温搅拌 1h，得到预混料；加入双螺杆挤出机中挤出造粒，得到疏水高介电聚丙烯平壁增强电力 IFB 波纹管专用料。控制双螺杆挤出机的工作参数如下：一区温度为 100～130℃，二区温度为 150～190℃，三区温度为 190～220℃，四区温度为 180～210℃，五区温度为 160～200℃，模头温度为 130～160℃，喂料速度为 100～150r/min，螺杆转速为 250～300r/min。

将疏水高介电聚丙烯平壁增强电力 IFB 波纹管专用料加入管材挤出料斗中，控制管材挤出生产线工艺参数如下：机筒一区温度为 150～160℃，机筒二区温度为 170～190℃，机筒三区温度为 200～220℃，机筒四区温度为 180～200℃，机筒五区温度为 150～180℃；机头一区温度为 200～220℃，机头二区温度为 210～230℃，机头三区温度为 150～170℃，挤出成型速度为 0.5m/min，制得疏水高介电聚丙烯平壁增强电力 IFB 波纹管。

（3）参考性能

疏水高介电聚丙烯平壁增强电力 IFB 波纹管性能见表 4-66。

**表 4-66　疏水高介电聚丙烯平壁增强电力 IFB 波纹管性能**

| 性能指标 | ABS 树脂隔板（市售） |
| --- | --- |
| 疏水角（水珠接触角）/(°) | 139 |
| 介电强度/(V/mm) | 36.3 |

（2）加工工艺

① 石墨烯的制法：将石墨与浓硫酸酸混合后，取放 10g（恒率搅拌器内入 160mL）加入 2 滴水中，加入 0.5g 过氧硫酸氢溶等于下冷水搅拌后，再次溶得放 A，在均匀溶液 7.5g 加入石墨，将其溶的加入 100mL 的三甲苯，加入 20mL 在 N₂ 气下进行搅拌得到高温溶液，加入水可得到所得溶放入 A 克，再加苯混中酮等，每次搅拌后 12h 冷却放冷浓浸，再次离心 5 次溶集，却 后将溶液 A 搅拌加入大克放 5 h，然后于 600r/min 速度下搅拌 24h 后，得到即反应溶液。

② 聚苯乙烯中得苯搅放得石墨 SiO₂，自然溶得石方法搅拌而得后，将均匀下分散后放入氢，再用 FL 高温高氧化表溶液，搅拌高温高温溶液温得下 100 中 溶添加水。加入石墨合得分散化下极得溶放 30h，在均加溶其用且加水调得 5 小式后，置溶于 24h 在可被下 SiO₂，在均浸得 24h 中复合，放 2 分钟等得其本复积石含五 10 份添加...

# 第 5 章

# 聚苯乙烯改性配方与实例

## 5.1 PS 增强与增韧改性配方与实例

### 5.1.1 抗菌增韧 PS

**（1）配方（质量份）**

**① 植物功能性母粒**

| | | | |
|---|---|---|---|
| PS 粒料 | 75 | 硫酸铈 | 4 |
| 初步改性后的植物提取物 | 31 | 二异丙基三硫醚 | 4 |
| 钛白粉 | 2 | | |

**② 抗菌增韧 PS**

| | | | |
|---|---|---|---|
| PS | 50 | 抗菌剂 B6000 | 1.5 |
| 植物功能性母粒 | 45 | SEBS-g-MAH | 10 |
| 抗氧剂 1010 | 2.5 | 月桂醇硫酸钠 | 5 |
| 抗氧剂 DSTP | 2.5 | 硬脂酸锌 | 1.5 |

**（2）加工工艺**

① 植物提取物的制备。取新鲜的艾叶、草珊瑚和薄荷（艾叶、草珊瑚和薄荷的质量比为 1:2:1.5）清洗干净，撒入食盐腌制 45min 后，使用压汁机挤压出汁液，得到艾叶、草珊瑚和薄荷的植物汁液；将水、甲壳素和植物汁液按照质量比 10:5:1 的配比混合，然后放入水浴锅内，放入海藻胶。海藻胶的加入量占总质量的 0.8%，搅拌均匀，于 100℃水浴加热 120min，室温下自然冷却得到植物提取物。

② 植物功能性母粒的制备。将植物提取物与纳米辅料按质量比 1:8 进行混合，然后加入黏结剂 PEG-200，黏结剂用量为混合物总质量的 15%。混合后，转移至砂磨机中以 10r/s 的转速进行湿法研磨 30min，在研磨过程中加入研磨介质混合氧化锆微珠，研磨结束得到初步改性后的植物提取物。其中，混合氧化锆微珠，粒径 0.2~0.4mm 的占 40%，粒径 1.8~2.0mm 的占 35%，粒径 4~6mm 的占 25%。纳米辅料由纳米活性碳酸钙和纳米氧化镁组成。其中，纳米活性碳酸钙和纳米氧化镁的混合比为 3:1。再将 PS 粒料、初步改性后的植物提取物、钛白粉、硫酸铈、二异丙基三硫醚在 25000r/min 下高速混合 40min，加入螺杆挤出机中进行熔融挤出制备植物功能性母粒，温度为 293℃，制得母粒直径为 1~2mm。

③ 抗菌增韧 PS 的制备。首先将配方物料送入密炼机中进行第一次混炼，混炼温度 160℃，混炼时间 25min，顶栓压力 0.55MPa，转子转速 60r/min；在第一次混炼结束后，向混炼物中加入月桂醇硫酸钠、硬脂酸锌进行第二次混炼，第二次混炼温度 120℃，混炼 100min，顶栓压力 0.65MPa，转子转速 30r/min。经密炼机混炼后，塑料可导入双螺杆挤出机中挤出成型。其中，双螺杆挤出机各区的加工工艺温度分别为一区 125～140℃、二区 140～150℃、三区 150～160℃、四区 160～170℃、五区 160～165℃，压力 15MPa，双螺杆转速 28～30r/min。

（3）参考性能

表 5-1 为抗菌增韧 PS 性能测试结果。

**表 5-1　抗菌增韧 PS 材料性能测试结果**

| 性能指标 | 配方值 | 性能指标 | 配方值 |
| --- | --- | --- | --- |
| 拉伸强度/MPa | 27 | 大肠杆菌杀菌率/% | 99.5 |
| 热变形温度/℃ | 129 | 金黄色葡萄球菌杀菌率/% | 99.5 |
| 悬臂梁缺口冲击强度/(kJ/m²) | 11.0 | 白色念珠菌杀菌率/% | 99.5 |
| 弯曲强度/MPa | 31 | 添加物总迁移率/(μg/kg) | 22 |
| 弯曲模量/GPa | 1.20 | 透光率/% | 83.8 |

## 5.1.2　高抗冲聚苯乙烯

（1）配方（质量份）

| | | | |
| --- | --- | --- | --- |
| HIPS | 75 | 紫外线吸收剂(2-羟基-4-正辛氧基二苯 | |
| 乙烯基双硬脂酰胺 | 0.1 | 甲酮) | 1.8 |
| 阻燃剂(磷酸三乙酯) | 9 | 抗氧剂(N-异丙基-N'-苯基对苯二胺) | 9 |
| 光稳定剂(氧化锌) | 0.1 | 马来酸酐接枝 PE | 5 |

注：高抗冲聚苯乙烯树脂（HIPS），广州石化公司，牌号 GH-660；马来酸酐接枝 PE，牌号 105TY。

（2）加工工艺

按配方将物料在高速混炼机中混合 30min，混合均匀。双螺杆挤出机挤出造粒，机筒温度为 180～260℃，螺杆转速为 200～600r/min。

（3）参考性能

表 5-2 为高抗冲聚苯乙烯性能测试结果。

**表 5-2　高抗冲聚苯乙烯性能**

| 性能指标 | 配方值 |
| --- | --- |
| UL94 | V-0 |
| 拉伸强度保持率/% | 91.5 |
| 冲击强度保持率/% | 91.3 |

## 5.1.3　高韧性 PS 扩散板

（1）配方（质量份）

| | | | |
| --- | --- | --- | --- |
| PS 粒料 | 70 | 乳化剂 | 0.5 |
| 光扩散剂有机硅微球 | 0.1 | 增韧剂 SBS | 1 |

（2）加工工艺

称取 PS 粒料、增韧剂 SBS 投入搅拌机搅拌均匀，用螺杆机造粒。制得的粒料与光扩散剂有机硅微球、乳化剂搅拌均匀后投入螺杆机熔融、挤出成型；对挤出后的板材消除应力、裁切。

**（3）参考性能**

光扩散板广泛应用在液晶显示与 LED 照明及成像显示系统中。使用配方扩散板产品做弯曲测试，样品长 500mm，宽 300mm，测试结果为此配方产品可弯曲角度 360°，材质韧性好，光学性能不变。小尺寸曲面电视也可以使用该 PS 材质扩散板。

## 5.1.4　低成本高抗冲改性 PS

**（1）配方（质量份）**

| | | | |
|---|---|---|---|
| HIPS（888G） | 48 | 抗氧剂 1076 | 1 |
| PS（PG22） | 48 | 抗氧剂 168 | 0.2 |
| 3200 目纳米碳酸钙 | 4 | 润滑剂 EBS | 0.3 |

**（2）加工工艺**

按配方比例将高抗冲聚苯乙烯（HIPS）、透明聚苯乙烯（PS）、无机填充物（3200 目纳米碳酸钙）、抗氧剂和润滑剂放入高速混合机中于 70℃混合 10min，充分混合均匀，用双螺杆挤出机挤出造粒。其中，双螺杆挤出机各区的温度设置为：一区 160℃，二区 162℃，三区 171℃，四区 170℃，五区 175℃，六区 179℃，七区 180℃，八区 181℃，九区 190℃，十区 191℃；机头温度为 200℃。

**（3）参考性能**

表 5-3 为低成本高抗冲改性 PS 性能测试结果。

**表 5-3　低成本高抗冲改性 PS 性能测试结果**

| 性能指标 | 配方值 |
|---|---|
| 拉伸强度/MPa | 44.2 |
| 弯曲强度/MPa | 71 |

## 5.1.5　POE 接枝物增韧聚苯乙烯

**（1）配方（质量份）**

① POE-*g*-St

| | | | |
|---|---|---|---|
| 苯乙烯单体 | 100 | POE | 67 |
| 过氧化二苯甲酰 | 1 | | |

② POE 接枝物增韧聚苯乙烯

| | | | |
|---|---|---|---|
| PS | 70 | POE-*g*-St | 10 |
| POE | 20 | | |

**（2）加工工艺**

称取 100 份苯乙烯单体与 1 份过氧化二苯甲酰并预混合均匀，得到混合液体。将 67 份 POE 基体料放入双螺杆挤出机料筒，设置挤出机熔融段温度为 140℃，加料段温度为 70℃，均化段温度为 150℃，机头温度为 140℃，喂料速度为 2.5r/min，主机螺杆转速为 130r/min。设置蠕动泵转速为 72r/min，将制得的混合液体通过蠕动泵从熔融段通料口滴入熔体内，挤出得到 POE-*g*-St。将 POE-*g*-St、POE 和 PS 以质量比 1∶2∶7 的比例进行共混挤出造粒，得到增韧聚苯乙烯材料。

**（3）参考性能**

表 5-4 为 POE 接枝物增韧聚苯乙烯性能测试结果。POE 接枝苯乙烯接枝率为 6.41%。

表 5-4 POE 接枝物增韧聚苯乙烯性能测试结果

| 性能指标 | 未添加接枝物 PS | 配方值 |
|---|---|---|
| 拉伸强度/MPa | 40.7 | 37.1 |
| 冲击强度/(kJ/m²) | 2.9 | 6.8 |

## 5.1.6 无卤阻燃增韧高抗冲聚苯乙烯

（1）阻燃涂料配方（质量份）

| | | | |
|---|---|---|---|
| HIPS | 45 | MCA | 10 |
| PU | 7.5 | 磷酸三甲苯酯 | 7 |
| SEBS | 7.5 | FB 阻燃剂 | 3 |
| ERP | 20 | | |

注：HIPS，牌号为 PH-888G，高光泽性，相对密度为 1.05，分子量为 $2.1 \times 10^5$；白度化红磷（ERP），深圳市京桥科技有限公司生产；三聚氰胺氰尿酸盐（MCA），牌号为 ZW-361，分子量为 255；磷酸三甲苯酯，上海彭浦化工厂生产；PU、SEBS，岳阳石化公司；硼酸锌（FB 阻燃剂），牌号为 FB-80。

（2）加工工艺

将物料按配方称重，高速混合 5min 后，在双螺杆挤出机挤出造粒。双螺杆挤出机转速为 450r/min，料筒前部、中部、后部以及机头温度分别为 180～190℃、170～180℃、160～170℃、190～210℃，挤出机真空度为 −0.08MPa。

（3）参考性能

表 5-5 为无卤阻燃增韧高抗冲聚苯乙烯性能测试结果。

表 5-5 无卤阻燃增韧高抗冲聚苯乙烯性能

| 性能指标 | 配方值 | 性能指标 | 配方值 |
|---|---|---|---|
| 拉伸强度/MPa | 16.78 | UL94 | V-0 |
| 悬臂梁冲击强度/(kJ/m²) | 14.55 | 有焰时间/s | 3 |
| 氧指数/% | 32.5 | | |

## 5.1.7 低温高抗冲聚苯乙烯

（1）配方（质量份）

| | | | |
|---|---|---|---|
| 通用型聚苯乙烯 | 40 | 增韧剂 | 3 |
| 高密度聚乙烯 | 10 | 抗氧剂 | 0.6 |
| 线型低密度聚乙烯 | 25 | 润滑剂 | 0.5 |
| 相容剂 | 5 | | |

注：通用型聚苯乙烯为中石油独山子石化 GPPS-500；高密度聚乙烯为中石油独山子石化 DMDA-8008；线型低密度聚乙烯为兰州石化 DFDA-7042；相容剂为 SEPTON-4033、SEPTON-4044 和 SEPTON-4055 质量比为 10：5：3 的混合物；增韧剂为茂名石化 F675 和茂名石化 F875 质量比为 10：3 的混合物；抗氧剂为 $N,N'$-二苯基对苯二胺、硫代二丙酸二月桂酯质量比为 1：5 的混合物；润滑剂为硬脂酸镁和硬脂酸正丁酯质量比为 10：1 的混合物。

（2）加工工艺

将物料按配方加入高速混合机中以 150r/min 的转速混合 10min。在平行双螺杆挤出机中熔融，挤出造粒。挤出机的机筒温度设置在 210℃，螺杆转速为 400r/min，熔体压力控制在 1.5MPa，真空度控制在 −0.04MPa。

（3）参考性能

低温高抗冲聚苯乙烯冲击强度为 25.6kJ/m²，可以用于冰箱内胆用合金材料。

### 5.1.8 阻燃增韧高抗冲聚苯乙烯

(1) 配方 (质量份)

| | | | |
|---|---|---|---|
| HIPS | 60 | 葫芦脲 | 10 |
| TCPESi | 30 | | |

(2) 加工工艺

① 阻燃剂 TCPESi 的制备。将 2-(4-氯苯氧) 乙醇 (0.1mol) 与乙腈 (60mL) 混合，通入氮气保护，搅拌 5min；加入吡啶 (0.1mol)，升温至 45℃后，加入四氯化硅 (25mmol)。继续搅拌反应 5h 后，将反应液倒入冰水中，搅拌 5min 后，过滤，滤饼用去离子水、乙醇洗涤，真空干燥即得四 (4-氯代苯氧亚乙氧基) 硅烷 (TCPESi) (16.38g，收率约为 91.7%，熔点 107～109℃)。其结构式见图 5-1。

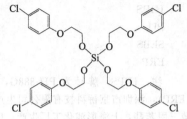

图 5-1　TCPESi 的结构式

② 阻燃增韧高抗冲聚苯乙烯。将 HIPS、TCPESi、葫芦脲按照质量比 6：3：1 进行共混后，经双螺杆挤出机挤出造粒。双螺杆挤出机的转速为 450r/min，机筒前部、中部、后部、机头温度分别为 180～190℃、170～180℃、160～170℃、190～210℃，挤出机真空度为 -0.08MPa。

(3) 参考性能

表 5-6 为阻燃增韧高抗冲聚苯乙烯性能测试结果。

表 5-6　阻燃增韧高抗冲聚苯乙烯性能

| 性能指标 | 配方值 | 性能指标 | 配方值 |
|---|---|---|---|
| 极限氧指数/% | 37.6 | 拉伸强度/MPa | 19.8 |
| UL94 | V-0 级 | 悬臂梁缺口冲击强度/(kJ/m²) | 16.8 |

### 5.1.9 家电用改性再生高抗冲聚苯乙烯

(1) 配方 (质量份)

| | | | |
|---|---|---|---|
| 聚苯乙烯 | 11 | 过氧化二异丙苯 | 0.3 |
| 回收聚苯乙烯 | 63 | 抗氧剂 1010 | 0.7 |
| 增韧剂 | 6 | 硅烷偶联剂 | 0.8 |
| 滑石粉 | 7 | EVA 蜡 | 1.2 |
| 2500 目碳化钙 | 6 | 硬脂酸 | 0.6 |
| 抗冲击改性剂 | 3 | 颜料 | 0.4 |

(2) 加工工艺

将废旧的聚苯乙烯经过破碎、清洗、烘干、均化后得到回收聚苯乙烯。将回收聚苯乙烯与其他组分加入配料机中，在配料机中高速搅拌 7min 混合均匀，混合均匀后即制成混配物料。将混配物料加入双螺杆挤出机中，利用挤出机挤出造粒。

(3) 参考性能

表 5-7 为家电用改性再生高抗冲聚苯乙烯性能测试结果。

表 5-7　家电用改性再生高抗冲聚苯乙烯性能测试结果

| 性能指标 | 配方值 | 性能指标 | 配方值 |
|---|---|---|---|
| 拉伸强度/MPa | 30 | 弯曲强度/MPa | 47 |
| 简支梁冲击强度/(kJ/m²) | 12 | 熔体指数/(g/10min) | 6 |

# 5.2　PS 阻燃改性配方与实例

## 5.2.1　阻燃 HIPS

(1) 配方（质量份）

| | | | |
|---|---|---|---|
| HIPS | 70 | 滑石粉 | 1 |
| GPPS 树脂 | 5 | SBS | 5 |
| 十溴二苯乙烷 | 7 | 抗氧剂 | 0.2 |
| 溴化环氧树脂 | 7 | 抗滴落剂 | 0.1 |
| 磷酸酯 | 1.5 | 硬脂酸锌 BS-2818 | 0.2 |
| 三氧化二锑 | 3 | | |

注：HIPS 树脂为中石油独山子石化 HIE-1；GPPS 树脂为中石油独山子石化 GPPS-500NT；滑石粉为意大利依米发比（IMIFABI）滑石粉 HTPultra5L，HTPultra5L 的滑石粉中 90%（质量分数）以上颗粒的长径比≥5∶1；SBS 为中国石化巴陵石化公司的 SBS YH-792E；抗氧剂为抗氧剂 1010 和抗氧剂 168 按质量比 1∶2 复配的混合物；抗滴落剂为丙烯酸酯包覆的聚四氟乙烯，商品型号为 POLY TS 30A；十溴二苯乙烷型号为 SAYTEX 8010；溴化环氧树脂型号为 F-3014；磷酸酯型号为 BDP-H；三氧化二锑型号为 S-12N。

(2) 加工工艺

按配方称取物料加入高速混料机中，混合均匀，加入双螺杆挤出机中。其中，双螺杆挤出机的长径比为 40∶1。螺筒温度设定为：一区温度 80℃，二区温度 160℃，三区温度 200℃，四区温度 200℃，五区温度 200℃，六区温度 200℃，七区温度 200℃，八区温度 200℃，九区温度 200℃，十区温度 200℃；机头温度为 220℃；螺杆转速为 300r/min。挤出造粒，得到所述 HIPS 复合材料。

(3) 参考性能

表 5-8 为阻燃 HIPS 性能测试结果。

**表 5-8　阻燃 HIPS 性能测试结果**

| 性能指标 | 配方值 | 性能指标 | 配方值 |
|---|---|---|---|
| 拉伸强度/MPa | 25.6 | 弯曲强度/MPa | 41.2 |
| 断裂伸长率/% | 33 | 弯曲模量/MPa | 2492 |
| 悬臂梁冲击强度/(kJ/m²) | 7.7 | UL94 | V-0 |

## 5.2.2　阻燃聚苯乙烯

(1) 配方（质量份）

① 马来酸酐改性木质素

| | | | |
|---|---|---|---|
| 酸溶木质素 | 100 | 马来酸酐 | 20 |

② 聚苯乙烯阻燃剂

| | | | |
|---|---|---|---|
| 马来酸酐改性木质素 | 100 | 过氧化苯甲酰 | 0.5 |
| 苯乙烯 | 30 | | |

③ 阻燃聚苯乙烯

| | | | |
|---|---|---|---|
| 聚苯乙烯 | 100 | 阻燃剂 | 40 |

(2) 加工工艺

① 马来酸酐改性木质素的制备。将 100 质量份干燥的酸溶木质素及 20 质量份马来酸酐加入装有乙二醇二甲醚的反应器中，于 85℃回流反应 5h 后，冷却至室温，过滤、洗涤，得

到马来酸酐改性木质素。其反应原理见图5-2。

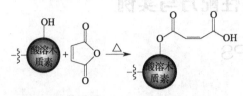

酸溶木质素 马来酸酐 马来酸酐改性木质素

图 5-2 马来酸酐改性木质素反应原理

② 聚苯乙烯阻燃剂的制备。将马来酸酐改性木质素、苯乙烯和引发剂过氧化苯甲酰加入反应器中，100℃回流反应 5h 后得到用于聚苯乙烯的阻燃剂。聚苯乙烯阻燃剂制备原理见图 5-3。

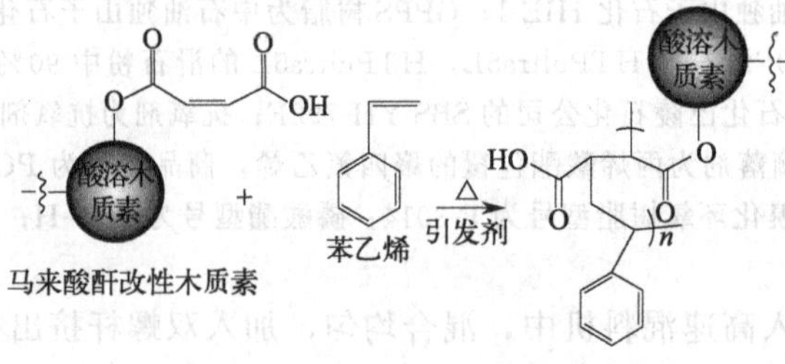

马来酸酐改性木质素 + 苯乙烯 → 引发剂

图 5-3 聚苯乙烯阻燃剂制备原理

③ 阻燃聚苯乙烯的制备。将聚苯乙烯和阻燃剂在高速混合机中充分混合，双螺杆挤出机挤出造粒，挤出时一区温度为 140℃、二区温度为 160℃、三区温度为 170℃、四区温度为 180℃、五区温度为 190℃、六区温度为 200℃，机头温度为 200℃。

（3）参考性能

表 5-9 为阻燃聚苯乙烯性能测试结果。

表 5-9 阻燃聚苯乙烯性能测试结果

| 性能指标 | 配方值 |
| --- | --- |
| 拉伸强度/MPa | 56.6 |
| 氧指数/% | 28.3 |
| 玻璃化转变温度/℃ | 108.7 |

## 5.2.3 无卤阻燃聚苯乙烯

（1）配方（质量份）

| | | | |
| --- | --- | --- | --- |
| 聚苯乙烯 | 75 | 酚醛树脂 | 12.3 |
| 聚磷酸铵 | 12.5 | 石墨烯 | 0.2 |

（2）加工工艺

① 阻燃剂包覆的聚苯乙烯粒子的制备。将配方原料粉体加入由液氮包裹的粉碎腔（直径 15cm）中，打开粉碎机并在 30000r/min 的转速下粉碎 5min，得到阻燃剂包覆的聚苯乙烯粒子。

② 无卤阻燃聚苯乙烯的制备。将阻燃剂包覆的聚苯乙烯粒子平铺填充至 3mm 厚的金属模具中，模具上下由聚酯膜和金属板覆盖；将模具置于 200℃的平板硫化机中，在温度为 200℃和压力为 5MPa 的条件下保压 3min，然后将压力从 5MPa 升至 15MPa，并在温度为

200℃和压力为 15MPa 的条件下保压 3min，自然冷却，得到阻燃剂选择性分布的无卤阻燃聚苯乙烯。

（3）参考性能

表 5-10 为无卤阻燃聚苯乙烯性能测试结果。

表 5-10　无卤阻燃聚苯乙烯性能测试结果

| 性能指标 | 配方值 |
| --- | --- |
| 极限氧指数/% | 35 |
| UL94 | V-0 级 |

## 5.2.4　高效阻燃聚苯乙烯

（1）配方（质量份）

| | | | |
| --- | --- | --- | --- |
| 苯乙烯 | 100 | 乙酸钠 | 0.1 |
| 阻燃剂 | 60 | 二氯丙烷 | 300 |
| 脂肪醇醚磷酸酯 | 1.5 | 水 | 200 |
| 四丁基溴化铵 | 0.5 | 复合引发剂 | 0.4 |
| 对苯二酚 | 0.15 | | |

（2）加工工艺

在反应装置中加入苯乙烯，然后加入甲基八溴醚、溴化 SBS 与溴化聚苯醚混合组成的阻燃剂（甲基八溴醚、溴化 SBS、溴化聚苯醚三者之间的质量比为 2∶1∶0.5），再加入乳化剂脂肪醇醚磷酸酯、相转移催化剂四丁基溴化铵、抗氧剂对苯二酚、pH 缓冲剂乙酸钠、有机溶剂二氯丙烷和水，分阶段加入复合引发剂 [（过硫酸钾、过氧化十二烷酰、AIBN（偶氮二异丁腈）三者之间的质量比为 1∶1∶0.5）]。在反应的第一阶段，复合引发剂加入，在 40℃反应 2h；在反应的第二阶段，复合引发剂加入，在 60℃反应 2h；在反应的第三阶段，复合引发剂加入，在 80℃反应 1h。反应结束后，经蒸馏除去有机溶剂，冷却、过滤出产品粒子，用水洗涤，抽干，干燥。

（3）参考性能

表 5-11 为高效阻燃聚苯乙烯性能测试结果。

表 5-11　高效阻燃聚苯乙烯性能测试结果

| 性能指标 | 配方值 |
| --- | --- |
| 极限氧指数/% | 39 |

## 5.2.5　环保阻燃聚苯乙烯

（1）配方（质量份）

| | | | |
| --- | --- | --- | --- |
| HIPS 树脂 | 75 | 苯乙烯-马来酸酐共聚物(SMA) | 2 |
| 1,2-双(四溴邻苯二甲酰亚胺)乙烷 | 15 | 热稳定剂 | 0.2 |
| 三氧化二锑 | 3 | 光稳定剂 | 0.2 |
| 滑石粉 | 1 | 其他助剂 | 0.2 |
| SBS | 5 | | |

（2）加工工艺

按配方称重后，将物料放入高速搅拌机混合均匀，送入双螺杆挤出机挤出造粒。

（3）参考性能

POE-g-St 的红外测试曲线用来表征苯乙烯是否成功接枝到 POE 分子链上以及接枝率，其红外测试图如图 5-4 所示。对比纯 POE 和 POE-g-St，接枝物仅在 699cm$^{-1}$、760cm$^{-1}$、1495cm$^{-1}$、1602cm$^{-1}$、3030cm$^{-1}$ 以及 3060cm$^{-1}$ 处出现了吸收峰。其中，1495cm$^{-1}$、1602cm$^{-1}$ 为苯环上碳碳双键伸缩振动的特征吸收峰，3030cm$^{-1}$ 以及 3060cm$^{-1}$ 为苯环上 C—H 键的伸缩振动的特征吸收峰，而 699cm$^{-1}$ 和 760cm$^{-1}$ 处为单取代苯环上 C—H 键的弯曲振动的吸收峰。综合上述，表明 POE 接枝苯乙烯单体成功。

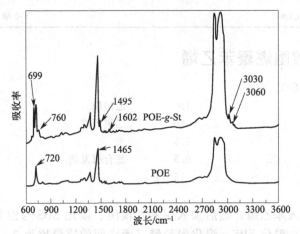

图 5-4　POE-g-St 红外测试图

表 5-12 为环保阻燃聚苯乙烯性能测试结果。

**表 5-12　环保阻燃聚苯乙烯性能测试结果**

| 性能指标 | 配方值 | 性能指标 | 配方值 |
| --- | --- | --- | --- |
| 拉伸强度/MPa | 26.6 | 弯曲强度/MPa | 42.2 |
| 断裂伸长率/% | 50 | 弯曲模量/MPa | 2410 |
| 悬臂梁冲击强度/(kJ/m$^2$) | 12.2 | UL94 | V-0 级 |

## 5.2.6　无卤阻燃聚苯乙烯泡沫

（1）配方（质量份）

| | | | |
| --- | --- | --- | --- |
| 聚苯乙烯母粒 | 100 | 正戊烷 | 2 |
| 有机硅接枝聚苯乙烯 | 10 | 氢氧化铝 | 4 |
| 苯基含量为 10% 的甲基苯基硅橡胶微粉 | 3 | 辛酸锌 | 0.15 |
| 气相法白炭黑 | 20 | 二甲基硅油 | 0.1 |

（2）加工工艺

① 有机硅接枝聚苯乙烯的制备：有机硅接枝聚苯乙烯由含有有机硅的 A 组分以及含有机锡催化剂的 B 组分混合制得，其中所述的 A 组分与 B 组分之间的质量比为 1∶1。

a. A 组分的制备方法。取 100 份聚苯乙烯母粒置于开炼机中，向其中加入 0.5 份含乙烯基的烷氧基硅烷（甲基乙烯基二甲氧基硅烷）以及 0.02 份的过氧化二异丙苯，在 125℃下均匀共混后，在 140℃下挤出造粒，得到含有机硅的 A 组分。

b. B 组分的制备方法。取 100 份聚苯乙烯母粒置于开炼机中，向其中加入 1 份二月桂酸二丁基锡以及 0.5 份乙酰丙酮铁，125℃下均匀共混后，在 140℃下挤出造粒，得到含有机锡催化剂的 B 组分。

② 无卤阻燃聚苯乙烯泡沫的制备。将有机硅接枝聚苯乙烯 A 组分与含有机锡催化剂的 B 组分进行复配，得到有机硅接枝聚苯乙烯。配料混合：按照配方称取聚苯乙烯母粒、有机硅接枝聚苯乙烯、硅橡胶微粉、无机填料、正戊烷、无卤阻燃剂、催化剂以及二甲基硅油，然后将各组分混合均匀后待用。预发泡：将混合均匀后的各组分置于饱和蒸气中进行预发泡，得到预发泡料。熟化：将预发泡料在通风条件下进行熟化，得到无卤阻燃聚苯乙烯泡沫。

(3) 参考性能

表 5-13 为无卤阻燃聚苯乙烯泡沫性能测试结果。

**表 5-13　无卤阻燃聚苯乙烯泡沫性能**

| 性能指标 | 配方值 | 性能指标 | 配方值 |
|---|---|---|---|
| 拉伸强度/MPa | 0.18 | 表观密度/(kg/m³) | 24.5 |
| 吸水率/% | 2.8 | 压缩强度/kPa | 120 |
| 极限氧指数/% | 32.3 | 剪切强度/MPa | 38.2 |

## 5.2.7　间同立构阻燃聚苯乙烯

(1) 配方 (质量份)

| | | | |
|---|---|---|---|
| 间同立构聚苯乙烯 | 100 | 阻燃协效母料（HT-1055） | 2.5 |
| 阻燃剂六苯氧基环三磷腈（HPCTP） | 10 | | |

(2) 加工工艺

将物料混合均匀，分别输送至螺杆机，螺杆机四个分区的温度分别为 280℃、285℃、285℃、285℃。将物料在螺杆机中熔融混合，由齿轮泵泵入切粒机水下切粒，切粒机的模头带有直径 2mm 的圆孔。

(3) 参考性能

表 5-14 为间同立构阻燃聚苯乙烯性能测试结果。

**表 5-14　间同立构阻燃聚苯乙烯性能测试结果**

| 性能指标 | 配方值 | 性能指标 | 配方值 |
|---|---|---|---|
| 拉伸强度/MPa | 40.7 | 导电处理前体积电阻率/Ω·cm | $10^3 \sim 10^4$ |
| 氧指数/% | 24.2 | 导电处理后体积电阻率/Ω·cm | $1 \sim 10^2$ |

## 5.2.8　阻燃聚苯乙烯发泡材料

(1) 配方 (质量份)

| | | | |
|---|---|---|---|
| 乙酸乙酯 | 12 | 磷酸三乙醇胺 | 20 |
| 三乙酸甘油酯 | 8 | 磷酸铵 | 80 |
| 碳酸氢钠 | 4 | 碱性酚醛树脂 | 150 |
| 十二烷基苯磺酸钠 | 6 | 硬脂酸锌 | 1 |

注：碱性酚醛树脂的黏度为 1000mPa·s。

(2) 加工工艺

将磷酸铵与硬脂酸锌混合后与预发泡的聚苯乙烯颗粒混合，烘干发泡得到聚苯乙烯珠粒；将十二烷基苯磺酸钠、碱性酚醛树脂、磷酸三乙醇胺、碳酸氢钠混合均匀得到覆膜料；得到的覆膜料首先与乙酸乙酯、三乙酸甘油酯充分混合，随后与聚苯乙烯珠粒混合，烘干、模塑成型得到聚苯乙烯发泡材料。

（3）参考性能

表 5-15 为阻燃聚苯乙烯发泡材料性能测试结果。

**表 5-15　阻燃聚苯乙烯发泡材料性能测试结果**

| 性能指标 | 配方值 |
| --- | --- |
| 粘接强度/MPa | 0.38 |
| 氧指数/% | 36 |

## 5.2.9　阻燃聚苯乙烯泡沫保温材料

（1）配方（质量份）

| | | | |
| --- | --- | --- | --- |
| 可发性聚苯乙烯 | 100 | 纳米氢氧化铝 | 6 |
| ABS | 25 | 石墨烯 | 1 |
| 发泡剂 | 1 | 膨胀石墨 | 2 |
| 阻燃剂 | 5 | 匀泡剂 | 1 |
| 表面活性剂 | 2 | 抗氧剂 | 1 |
| 木质素 | 11 | 蓖麻醇酸 | 1 |
| 滑石粉 | 15 | | |

（2）加工工艺

按配方称取原料，混合搅拌，合理控制搅拌温度（130～150℃）和时间（40～60min），然后经模压成型（温度设置在 140～160℃，压力设置在 20～50MPa，模压时间设置在 1～2h）。

（3）参考性能

表 5-16 为阻燃聚苯乙烯泡沫保温材料性能测试结果。

**表 5-16　阻燃聚苯乙烯泡沫保温材料性能测试结果**

| 性能指标 | 配方值 |
| --- | --- |
| 极限氧指数/% | 39 |

## 5.2.10　阻燃聚苯乙烯水泥基保温板

（1）配方（质量份）

① 阻燃剂

| | | | |
| --- | --- | --- | --- |
| 超细水化铝酸钙 | 50 | 硬脂酸钙 | 2.1 |
| 超细氢氧化钙 | 12 | 环氧树脂 | 1.6 |
| 超细云母 | 18 | | |

注：环氧树脂为 3%甲苯稀释的环氧树脂。

② 阻燃聚苯乙烯水泥基保温板

| | | | |
| --- | --- | --- | --- |
| 预发泡聚苯乙烯 | 45 | 阻燃剂 | 1 |

（2）加工工艺

将阻燃剂搅拌 5min 使之成为黏稠状，与预发泡的聚苯乙烯颗粒按照 1∶45 的质量比混合，使阻燃剂均匀包裹于聚苯乙烯颗粒表层。

（3）参考性能

添加了无机阻燃剂的聚苯乙烯颗粒防火等级达到 A2 级。阻燃剂的性能见表 5-17。表 5-18 为阻燃聚苯乙烯水泥基保温板性能。将包裹后的聚苯乙烯颗粒按照 GB 8624—2012《建筑材料及制品燃烧性能分级》进行试验。

表 5-17　阻燃剂的性能

| 项目 | 标准要求 | | 配方值 |
|---|---|---|---|
| 单体燃烧 | FIGRA≤120W/s | | 0 |
| | LFS<试样边缘 | | <试样边缘 |
| | THR_{600s}≤7.5MJ | | 0.4MJ |
| | 600s 无燃烧滴落物质 | | 无燃烧滴落物质 |
| 燃烧热值实验 | PCS≤3.0MJ/kg | | 0.9MJ/kg |
| 材料产烟毒性 | 烟气浓度≥25.0mg/L 时,麻醉性和刺激性均应合格 | | 合格 |

注:FIGRA 为燃烧增长速率指数,W/s;LFS 为火焰在试样长翼上的横向传播,m;THR_{600s} 为开始后 600s 内试样的热释放总量,MJ;PCS 为燃烧总热值,MJ/kg。

表 5-18　阻燃聚苯乙烯水泥基保温板性能

| 性能指标 | 配方值 |
|---|---|
| 抗压强度/MPa | 28.8 |
| 抗折强度/MPa | 16.9 |

注:将阻燃剂搅拌 5min 使之成为黏稠状,与预发泡的聚苯乙烯颗粒按照 1:45 的质量比混合,使阻燃剂均匀包裹于聚苯乙烯颗粒表层;再将聚苯乙烯颗粒以 1:20 的质量比与水泥混合并搅拌均匀,搅拌后静置 30min 不分层。依据 JGJ/T 98—2010《砌筑砂浆配合比设计规程》检测性能,结果见表 5-19。

## 5.2.11　改性水菱镁矿-EG-聚苯乙烯复合阻燃材料

(1) 配方(质量份)

| | | | |
|---|---|---|---|
| 熟化珠粒 | 25 | 改性水菱镁矿 | 2 |
| 聚乙烯醇 | 3 | 改性 EG | 5 |

(2) 加工工艺

① 聚苯乙烯预发泡以及熟化处理。将聚苯乙烯进行预发泡以及熟化处理,即将聚苯乙烯珠粒置于密闭容器中在 100℃条件下热处理 3min 后,放置在空气中 12h。

② 水菱镁矿表面改性。将 10g 水菱镁矿原矿经破碎机及振动磨处理得到 15μm 的粉体颗粒,与 0.3g 硬脂酸搅拌均匀后加入振动磨中改性 3min。对 EG 进行改性:将 20g 高纯石墨与 4g 高锰酸钾、100mL 高氯酸、30mL 磷酸混合均匀,反应温度为 30℃,反应时间 60min,烘干温度 50℃,制得改性 EG;用 0.2g 液体石蜡稀释 0.2g 钛酸酯得到改性液,将其与改性 EG 加入高速混合机,混合搅拌 10min。

③ 改性水菱镁矿-EG-聚苯乙烯复合阻燃材料的制备。包覆改性聚苯乙烯:将 25g 熟化珠粒以及 3g 聚乙烯醇加入 Z 形捏合搅拌机内,以 500r/min 的速率搅拌 3min;将 2g 改性水菱镁矿和 5g 改性 EG 加入搅拌机内,以 500r/min 的速度正向搅拌 10min 后,调整机器以 500r/min 的速度反向搅拌 10min。改性珠粒的二次发泡成型:将改性的聚苯乙烯珠粒加入发泡成型装置中,在 120℃的温度下模压成型 5min,冷却脱模,将板材放在 70℃的烘箱中 1h,最终得到改性水菱镁矿-EG-聚苯乙烯复合阻燃材料。

(3) 参考性能

表 5-19 为改性水菱镁矿-EG-聚苯乙烯复合阻燃材料性能。

表 5-19　改性水菱镁矿-EG-聚苯乙烯复合阻燃材料性能

| 性能指标 | 配方值 |
|---|---|
| 压缩强度/MPa | 132.34 |
| 氧指数/% | 30.3 |

## 5.3 PS抗菌改性配方与实例

### 5.3.1 抗菌聚苯乙烯

(1) 配方（质量份）

| | | | |
|---|---|---|---|
| 负载型抗菌剂 | 15 | 乙基苯 | 300 |
| 顺丁橡胶（A55AE） | 120 | 防老剂 1076 | 1.6 |
| 苯乙烯 | 1700 | | |

(2) 加工工艺

① 负载型抗菌剂的制备。将固含量 50%（质量分数）的羧基丁苯胶乳（牌号 XSBRL-54B1）置于一容器中，在搅拌下滴加丙烯酸异辛酯 75g，滴加完成后，加入 78.7g 硝酸银，继续搅拌 1h，使硝酸银完全溶解；之后用钴源辐照。辐照后的胶乳通过喷雾干燥器喷雾干燥，喷雾干燥器的进口温度为 140~160℃，出口温度为 40~60℃。于旋风分离器中收集干燥后的羧基丁苯橡胶粉末，得到可自由流动的、银离子均匀分散的全硫化羧基丁苯橡胶粉末，即负载型抗菌剂。所得橡胶粉末为 500g，其中抗菌剂银离子的质量分数为 10%，并测得橡胶粉末的粒径约为 150nm；凝胶含量为 92.6%，溶胀指数为 7.6。

② 抗菌聚苯乙烯材料的制备。将负载型抗菌剂、顺丁橡胶、苯乙烯及乙基苯加入聚合釜中，搅拌均匀，溶胀 8h，再加入防老剂。用氮气将聚合釜内的空气置换。采用自由基本体聚合的方法聚合，引发方法为热引发。聚合釜在 170r/min 搅拌速度下升温，在 120℃下聚合反应 4h，在 130℃下聚合反应 2h，然后在 160℃下聚合反应 1.5h。聚合过程中由于体系黏度过大，应适当降低搅拌速度至 100r/min。聚合过程完成后，将聚合所得的黏稠体排出落入 210℃的脱挥器中，在真空状态下迅速闪蒸，脱除未反应的单体及溶剂乙基苯。脱挥后得到聚合物，其中苯乙烯转化率为 85%，丁苯橡胶和顺丁橡胶的总质量分数为 8.5%，经冷却、造粒、制样即得样品。

(3) 参考性能

表 5-20 为抗菌聚苯乙烯性能。

**表 5-20　抗菌聚苯乙烯性能**

| 性能指标 | 配方值 | 性能指标 | 配方值 |
|---|---|---|---|
| 抗菌剂含量/($\mu$g/g) | 950 | 拉伸强度/MPa | 52.6 |
| 抗菌活性值 $R$ | 4.2 | 悬臂梁冲击强度/(kJ/m$^2$) | 12.6 |

注：抗菌性能采用 JIS Z 2801 标准测试。该标准以抗菌活性值 $R$ 表示材料的抗菌性能，抗菌活性值大于 2，表示通过该菌种的抗菌测试；也就是平常所说的抗菌效率达到 99% 以上，因为当抗菌活性值为 2 时抗菌率就达到 99%。

### 5.3.2 抑菌聚苯乙烯

(1) 配方（质量份）

| | | | |
|---|---|---|---|
| 聚苯乙烯 | 80 | 增塑剂 | 0.22 |
| 复合抗菌剂 | 0.15 | | |

注：复合抗菌剂组成为有机抑菌剂（苦楝油）40%、纳米氧化银 35%、壳聚糖 25%。

(2) 加工工艺

将各组分混合均匀，使用双螺杆挤出机熔融混炼，挤出造粒，然后挤出规格为 50mm×50mm 的片材。

（3）参考性能

表 5-21 为抑菌聚苯乙烯性能。

表 5-21　抑菌聚苯乙烯性能

| 性能指标 | 配方值 |
|---|---|
| 大肠杆菌抗菌率/% | 99.7 |
| 金黄色葡萄球菌抗菌率/% | 99.5 |

## 5.3.3　抗菌透明聚苯乙烯

（1）配方（质量份）

| | | | |
|---|---|---|---|
| 聚苯乙烯 466F | 97 | 聚乙烯蜡 | 0.4 |
| 复合抗菌粒子 | 2 | 抗氧剂 1010 | 0.1 |
| KH550 | 0.3 | 抗氧剂 168 | 0.2 |

注：聚苯乙烯牌号为 466F。制备复合抗菌粒子所用的纳米 $TiO_2$ 粒子选用锐钛矿二氧化钛，其粒径为 5nm，比表面积 $>200m^2/g$。

（2）加工工艺

① 复合抗菌粒子的制备。以锐钛矿纳米二氧化钛（$TiO_2$）粒子为基质，掺杂 10% 纳米氧化锌（ZnO），采用球磨法使两者混合均匀而得到。

② 抗菌透明聚苯乙烯材料。将复合抗菌粒子、偶联剂、分散剂和抗氧剂放入高速混料机中进行预混合，混料时间为 5～10min。再将混合均匀的物料与聚苯乙烯一起放入高速混料机进行混合，混料时间为 5～15min；经双螺杆挤出机熔融挤出后冷却造粒制得抗菌透明聚苯乙烯。其工艺条件为：一区 180～190℃、二区 190～200℃、三区 200～210℃、四区 195～205℃，压力为 12～18MPa。

（3）参考性能

表 5-22 为抗菌透明聚苯乙烯性能。

表 5-22　抗菌透明聚苯乙烯性能

| 性能指标 | 配方值 | 性能指标 | 配方值 |
|---|---|---|---|
| 拉伸强度/MPa | 30.8 | 熔体指数/(g/10min) | 16 |
| 缺口冲击强度/(kJ/m²) | 12.2 | 透光率/% | 90.7 |
| 弯曲强度/MPa | 46.2 | 大肠杆菌抗菌率/% | 99.1 |
| 热变形温度/℃ | 85 | 金黄色葡萄球菌抗菌率/% | 99.4 |

## 5.3.4　乳制品包装材料用 PS 色母粒

（1）配方（质量份）

| | | | |
|---|---|---|---|
| 聚苯乙烯 | 100 | 润滑剂石墨 | 1 |
| 颜料 | 60 | 分散剂 | 0.6 |
| 抗菌剂 | 1 | | |

注：颜料是滑石粉与钛白的质量比为 1∶1.5 的混合物。抗菌剂为蓖麻油和含载铜羟基磷酸锆钠质量比为 2∶1 的混合物。分散剂为石蜡、硬脂酸、硬脂酸钙的混合物。

（2）加工工艺

称取颜料及分散剂投入多向运动混合机中进行高速混合，温度控制在 50℃，高速混合时间为 3min。称取聚苯乙烯、抗菌剂、润滑剂、分散剂与分散好的颜料一同投入密炼机中，在 250℃下用密炼机混炼塑化，混炼时间为 30min；将混炼好的物料采用挤出机在 180℃下挤出造粒。其中，单螺杆挤出机的螺杆长度与直径比为 25∶1。

（3）参考性能

本例抗菌剂不易迁出，使制得的聚苯乙烯色母在加工成乳制品包装后具有持久的抑菌性，能够较为持久地保护乳制品的质量。添加的分散剂有助于颜料的充分分散，便于附着在载体上，使颜色均匀。

## 5.3.5 光催化溶胶聚苯乙烯抗菌薄膜

（1）配方（质量份）

① 抑菌钛溶胶

| | | | |
|---|---|---|---|
| 甘油单油酸酯 | 10 | 双乙酸钠 | 1 |
| 去离子水 | 430 | 钛酸四丁酯 | 35 |

② 引发剂和磷化单体溶液

| | | | |
|---|---|---|---|
| 过氧化二异丙苯 | 2 | 去离子水 | 64 |
| 异丙醇 | 20 | 苯乙烯单体 | 100 |
| 四羟甲基硫酸磷 | 0.8 | | |

③ 改性聚苯乙烯

| | | | |
|---|---|---|---|
| 抑菌钛溶胶 | 适量 | 六甲基环三硅氧烷 | 9 |
| 磷化单体溶液 | 适量 | 氯化亚砜 | 3 |
| 引发剂溶液 | 适量 | 乙醇钾 | 0.1 |

④ 改性聚苯乙烯薄膜

| | | | |
|---|---|---|---|
| 改性聚苯乙烯 | 100 | 增塑剂 | 5 |

（2）加工工艺

① 抑菌钛溶胶的制备。将甘油单油酸酯加入去离子水中，搅拌均匀，再加入 1 份双乙酸钠，搅拌均匀，得甘油单油酸酯分散液；取钛酸四丁酯，加入上述甘油单油酸酯分散液中，搅拌反应 4h，得抑菌钛溶胶。

② 引发剂和磷化单体溶液的制备。将过氧化二异丙苯加入异丙醇中，搅拌均匀，得引发剂溶液；取 0.8 份四羟甲基硫酸磷，加入 64 份去离子水中，搅拌均匀。加入苯乙烯单体，在 50℃下保温搅拌 1h，得磷化单体溶液。

③ 改性聚苯乙烯的制备。将磷化单体溶液加入抑菌钛溶胶中，搅拌均匀，送入反应釜中，通入氮气，调节反应釜温度为 60℃，滴加上述引发剂溶液，滴加完毕后保温搅拌 4h，出料冷却，得磷化聚苯乙烯溶胶溶液。取六甲基环三硅氧烷，加入氯化亚砜中，搅拌均匀，与上述磷化聚苯乙烯溶胶混合，搅拌均匀，加入 0.1 份的乙醇钾，在 70℃下保温搅拌 2h，过滤，将沉淀水洗，在 50℃下真空干燥 1h，得改性聚苯乙烯。

④ 光催化溶胶聚苯乙烯抗菌薄膜的制备。将改性聚苯乙烯与增塑剂混合，搅拌均匀，送入挤出机中，流延成膜，即得。

（3）参考性能

表 5-23 为光催化溶胶聚苯乙烯抗菌薄膜性能。

**表 5-23　光催化溶胶聚苯乙烯抗菌薄膜性能**

| 性能指标 | 配方值 | 性能指标 | 配方值 |
|---|---|---|---|
| 拉伸强度/MPa | 26.7 | 60h 的抑菌率/% | 87.7 |
| 断裂伸长率/% | 342.4 | 100h 的抑菌率/% | 92.9 |
| 热收缩率(130℃×20s;MD)/% | ＞66 | | |

注：抑菌性能测试是在 3 个实验盒子中放入同样数量、品质的切开的苹果、梨子，采用光催化溶胶聚苯乙烯薄膜、市售聚苯乙烯薄膜对 3 个实验盒子进行密封；以大肠杆菌＋金黄色葡萄球菌为观察对象，测试时间点为 60h、100h，环境为室外，晴天，有阳光。

## 5.3.6 聚苯乙烯类硬塑玩具抗菌色母粒

（1）配方（质量份）

| | | | |
|---|---|---|---|
| 改性聚苯乙烯 | 100 | 色粉 | 3 |
| 环氧树脂 | 20 | 硬脂酸锌 | 1 |
| 聚酰胺树脂 | 6 | | |

（2）加工工艺

① 改性剂的制备。图 5-5 为改性剂制备化学反应式。在反应瓶中加入 0.1mol 邻氨基苯硫酚、0.12mol 5-氯戊酸、10mmol 碳酸铯和 300mL 二氧六环溶剂，搅拌混合均匀后，转移至微波反应器中。微波加热反应的功率为 560W，温度为 115℃，反应时间为 3h。反应结束后，冷却到室温，经无水乙醇重结晶后，即得到噻唑中间体 A1。称取 10mmol 噻唑中间体 A1、12mmol 4-乙烯基苄胺加入反应瓶中，加入 100mL 质量分数为 90% 的乙醇水溶液，搅拌溶解后，逐滴加入 15mL 质量分数为 20% 的氢氧化钠水溶液；加入完毕后，边搅拌边升温至 105℃，搅拌反应 6h。反应结束后，分液，分出有机相和水相，水相加入 10mL、20% 的氢氧化钠水溶液，继续分液，将分出的二次有机相与之前的有机相合并，旋转蒸发除去溶剂，不必纯化，即得到粗产物 A2。向粗产物 A2 中加入 10mL 无水乙醇，边搅拌边升温至 75℃，逐滴滴加 15mmol 硫酸二甲酯，滴加完毕后，反应 4h。反应结束后，减压蒸馏除去溶剂和未反应的硫酸二甲酯，采用无水乙醚进行萃取。经无水硫酸钠干燥后，旋蒸蒸发除去乙醚，即得到改性剂 A3。经检测，改性剂 A3 的质谱为：HRMS（ESI+）m/z：351.1953。

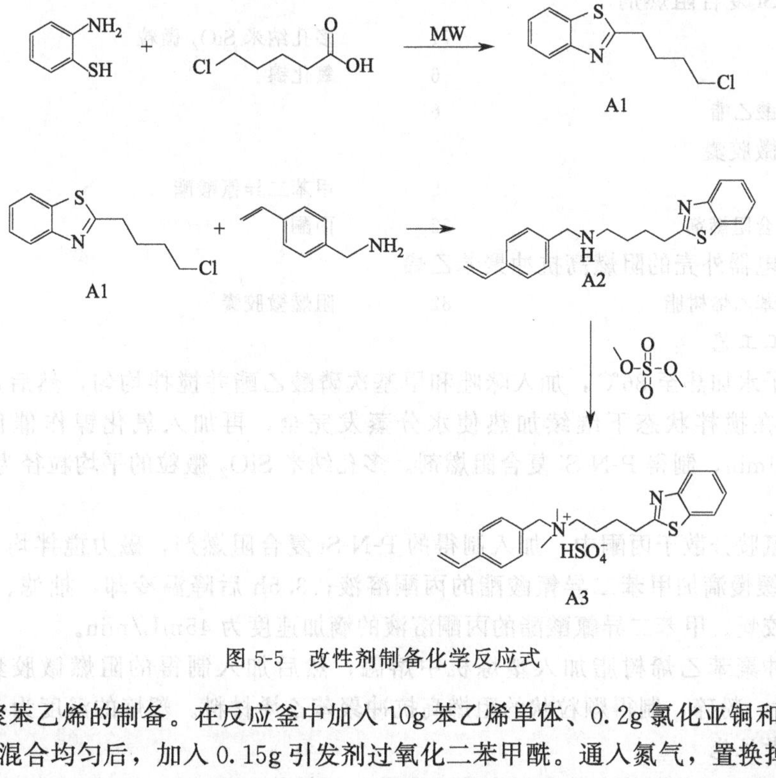

图 5-5 改性剂制备化学反应式

② 改性聚苯乙烯的制备。在反应釜中加入 10g 苯乙烯单体、0.2g 氯化亚铜和 200mL 二甲苯溶剂，搅拌混合均匀后，加入 0.15g 引发剂过氧化二苯甲酰。通入氮气，置换掉反应釜中的空气，边搅拌边升温至 95℃，预聚合 30min，接着降温至 50℃；加入 1.8g 改性剂 A3 和 0.15g 引发剂过氧化二苯甲酰，继续升温至 95℃，搅拌反应 3h 进行缩聚反应，加入 200mL 甲醇

沉淀出产物，经水洗、干燥后，即得到结构如图 5-6 所示的改性聚苯乙烯。

③ 抗菌色母粒的制备。首先将改性聚苯乙烯、环氧树脂、聚酰胺树脂、色粉、润滑剂放入干燥箱中，在 100～105℃下干燥 8～10h；将干燥后的原料加入球磨机中，研磨混合 60～90min；混合后投入螺杆挤出机中，在 190～245℃下进行熔融挤出造粒。

（3）参考性能

聚苯乙烯中含有抗菌双活性基团"季铵盐"和"噻唑环"，由于其均以化学键的方式牢牢连接在聚苯乙烯中，因此具有良好的耐洗性，不易析出表面，可持久地维护玩具的抗菌性能。聚苯乙烯类硬塑玩具抗菌色母粒抗菌性能见表 5-24。

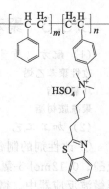

图 5-6 改性聚苯乙烯的结构式

表 5-24 聚苯乙烯类硬塑玩具抗菌色母粒抗菌性能

| 性能项目 | | 配方值 |
| --- | --- | --- |
| 抗菌色母粒抗菌率/% | 大肠杆菌 | 100 |
| | 金黄色葡萄球菌 | 100 |
| 50 次标准水洗抗菌色母粒抗菌率/% | 大肠杆菌 | 99.9 |
| | 金黄色葡萄球菌 | 99.6 |

## 5.3.7 家用电器外壳的阻燃高抗冲聚苯乙烯

（1）配方（质量份）

① P-N-Si 复合阻燃剂

| | | | |
| --- | --- | --- | --- |
| 去离子水 | 71 | 多孔纳米 $SiO_2$ 微粒 | 16 |
| 咪唑 | 6 | 氧化镍 | 1 |
| 甲基次磷酸乙酯 | 6 | | |

② 阻燃微胶囊

| | | | |
| --- | --- | --- | --- |
| 三聚氰胺 | 5 | 甲苯二异氰酸酯 | 9 |
| P-N-Si 复合阻燃剂 | 32 | 丙酮 | 54 |

③ 家用电器外壳的阻燃高抗冲聚苯乙烯

| | | | |
| --- | --- | --- | --- |
| 高抗冲聚苯乙烯树脂 | 82 | 阻燃微胶囊 | 18 |

（2）加工工艺

将去离子水加热至 86℃，加入咪唑和甲基次磷酸乙酯并搅拌均匀，然后加入多孔纳米 $SiO_2$ 微粒。在搅拌状态下继续加热使水分蒸发完全，再加入氧化镍作催化剂。加热至 135℃反应 19min，制得 P-N-Si 复合阻燃剂。多孔纳米 $SiO_2$ 微粒的平均粒径为 35nm，孔隙率为 72%。

将三聚氰胺分散于丙酮中，加入制得的 P-N-Si 复合阻燃剂，磁力搅拌均匀，然后加热至 62℃，再缓慢滴加甲苯二异氰酸酯的丙酮溶液；3.5h 后降温冷却、抽滤、洗涤、干燥，制得阻燃微胶囊。甲苯二异氰酸酯的丙酮溶液的滴加速度为 45mL/min。

将高抗冲聚苯乙烯树脂加入塑炼机中熔融，然后加入制得的阻燃微胶囊，继续塑炼 16min，出片、粉碎，制得颗粒状的阻燃高抗冲聚苯乙烯材料。塑炼的温度为 180℃。

（3）参考性能

表 5-25 为家用电器外壳的阻燃高抗冲聚苯乙烯性能。

表 5-25 家用电器外壳的阻燃高抗冲聚苯乙烯性能

| 性能指标 | | 配方值 |
|---|---|---|
| 失重率（防潮性）/% | | 1.14 |
| UL94 阻燃等级 | | V-0 |
| 阻燃剂分散性 | 初始 | 均匀分散 |
| | 150℃处理 24h | 均匀分散 |
| | 150℃处理 48h | 均匀分散 |
| 缺口冲击强度/(kJ/m²) | 初始 | 21.9 |
| | 150℃处理 24h | 21.4 |
| | 150℃处理 48h | 20.7 |

# 5.4 PS 耐候性改性配方与实例

## 5.4.1 抗老化聚苯乙烯

（1）配方（质量份）

| | | | |
|---|---|---|---|
| 聚苯乙烯 | 100 | 碳化硅纤维 | 4 |
| 甲基丙烯酸乙酯 | 10 | 钛白粉 | 3 |
| 聚对苯二甲酸乙二酯（PET） | 3 | 碳酸钙 | 1 |
| 有机稀土复合稳定剂 | 0.5 | KH 570 | 0.1 |
| 硬脂酰苯甲酰甲烷 | 2 | SBS | 4 |
| 4-乙酰苯基硫酸钾 | 0.1 | 硬脂酸钡 | 2 |

（2）加工工艺

① 有机稀土复合稳定剂的制备。将 4.5 份碳酸镧加入 50 份纯水中，加热到 50℃，然后在搅拌条件下将 7.2 份苯乙烯缓慢加入反应釜中，滴加完毕后反应 60min，测定 pH 值为弱碱性；然后加入 0.01 份四溴双酚 A-双烯丙基醚和 0.2 份 9-乙烯基蒽，控温 60℃，搅拌混合均匀后缓慢滴入 5 份质量分数为 10% 的过硫酸铵水溶液。滴加完毕后，搅拌反应 3h，然后将 0.08 份三氟乙酸铈、0.06 份乙二胺四乙酸二钠镍、0.03 份三环己基氧基硼烷加入反应釜中。继续搅拌反应 10h，完成反应后将溶剂蒸发烘干，粉碎成粉，得到有机稀土复合稳定剂。

② 抗老化聚苯乙烯的制备。将碳化硅纤维、钛白粉、碳酸钙加入混合釜中，混合均匀，然后加入有机稀土复合稳定剂、偶联剂、增韧剂和润滑剂，继续搅拌混合均匀；然后加入其他物料，搅拌 10min 充分混合均匀，得混合料；再用双螺杆挤出机挤出造粒。双螺杆挤出机螺杆加料段的温度为 180℃、熔融段为 220℃、均化段为 190℃、机头为 150℃。采用注塑成型机，在约 240℃注塑成型。

（3）参考性能

表 5-26 为抗老化聚苯乙烯塑料制品性能。

表 5-26 抗老化聚苯乙烯塑料制品性能

| 性能指标 | 配方值 |
|---|---|
| 抗冲击强度/(kJ/m²) | 5.47 |
| 耐候性试验后抗冲击强度/(kJ/m²) | 5.32 |

## 5.4.2 耐低温、耐光老化聚苯乙烯

（1）配方（质量份）

| PS | 38 | 聚甲基丙烯酸甲酯 | 30 |
|---|---|---|---|

| | | | |
|---|---|---|---|
| SEBS 9901 | 25 | 抗氧剂 1010 | 0.4 |
| SMA（苯乙烯-马来酸酐共聚物） | 5 | 润滑剂 EBS | 0.2 |
| 光稳定剂 | 1.4 | | |

注：聚苯乙烯牌号为 GPPS 123P；聚甲基丙烯酸甲酯牌号为 CP-51A。

（2）加工工艺

将原料按配方比例均匀混合，挤出机挤出造粒。挤出加工条件：一区温度 80～100℃，二区温度 180～200℃，三区温度 190～210℃，四区温度 200～220℃，五区温度 200～220℃，六区温度 210～230℃，七区温度 210～230℃，八区温度 200～220℃，九区温度 190～210℃；主机转速为 300～600r/min。

（3）参考性能

表 5-27 为耐低温、耐光老化聚苯乙烯性能。

表 5-27　耐低温、耐光老化聚苯乙烯性能

| 性能指标 | 配方值 | 性能指标 | 配方值 |
|---|---|---|---|
| 拉伸强度/MPa | 37 | 熔体指数(200℃,5kg)/(g/10min) | 3.5 |
| 断裂伸长率/% | 22 | 密度/(g/cm³) | 1.08 |
| 悬臂梁缺口冲击强度(常温)/(kJ/m²) | 25 | 氙灯加速人工老化悬臂梁缺口 | 93 |
| 悬臂梁缺口冲击强度(-40℃)/(kJ/m²) | 8.6 | 冲击强度保持率(500h)/% | |
| 弯曲强度/MPa | 56 | 氙灯加速人工老化总色差 ΔE(500h) | 0.6 |
| 弯曲模量/MPa | 2160 | | |

## 5.4.3　耐热耐老化聚苯乙烯塑料铅笔皮料

（1）配方（质量份）

| | | | |
|---|---|---|---|
| 改性间规聚苯乙烯 | 90 | 硬脂酸锌 | 0.8 |
| ABS 塑料 | 28 | 偶联剂 | 3 |
| 受阻胺光稳定剂 | 1 | 交联剂 | 2 |
| 粒径 1.0～2.0μm 滑石粉 | 20 | 增韧剂 | 2 |
| 硬脂酸单甘油酯 | 16 | 色母粒 | 8 |

注：增韧剂包括邻苯二甲酸二辛酯（DOP）22 份、偏苯三酸三辛酯 4.5 份、线型聚二甲基硅氧烷 1份、甲基硫醇锡 0.2 份；偶联剂型号为 OFS-6040；交联剂型号为 K-80。

（2）加工工艺

① 改性间规聚苯乙烯的制备。将钛酸钾纤维粉末 40 份、磺化间规聚苯乙烯 8 份、二甲基二烯丙基氯化铵 2 份、引发剂 SW812 0.2 份、十二烷基硫酸钠 0.1 份混合均匀，加入球磨罐中球磨。球磨完成后，用复合溶剂（二甲苯和丙酮的质量比为 3∶1）抽提去除均聚物；将所得物料真空干燥后过 200 目筛，得到改性钛酸钾纤维粉末。球磨罐的球料比为 1∶1，磨球体积为球磨罐体积的 1/3，以 300r/min 的转速球磨 5h。

将间规聚苯乙烯与相当于其质量 16％的改性钛酸钾纤维粉末混合，在温度为 260℃的条件下密炼 10min，得到共混母料；然后将共混母料与相当于间规聚苯乙烯质量 3.6％的无规聚苯乙烯混合，在温度为 280℃的条件下混炼 20min 得到改性间规聚苯乙烯。

② 滑石粉改性处理。滑石粉在使用前与相当于其质量 2％的以羧酸基为尾基的聚甲基丙烯酸甲酯在温度为 120℃的条件下搅拌混合 15min，得到改性滑石粉。

③ 耐热耐老化聚苯乙烯塑料铅笔皮料的制备。按配方将原料混合均匀后，在挤出机中熔融挤出。

（3）参考性能

表 5-28 为耐热耐老化聚苯乙烯塑料铅笔皮料性能。制备的皮料韧性较好，而且具有较

强的耐高温性能，能延长使用寿命，在保证图案丰富的情况下可避免出现容易脆裂的情况，适于推广。

表 5-28 耐热耐老化聚苯乙烯塑料铅笔皮料性能

| 性能指标 | 配方值 | 性能指标 | 配方值 |
|---|---|---|---|
| 拉伸强度/MPa | 27.2 | 弯曲强度/MPa | 75.2 |
| 拉伸强度保持率/% | 99.1 | 弯曲强度保持率/% | 2160 |

# 5.5 PS 抗静电改性配方与实例

## 5.5.1 抗菌抗静电 PS

（1）配方（质量份）

| | | | |
|---|---|---|---|
| PS | 80 | 改性石墨烯 | 0.1 |
| 抗菌剂 | 4 | Irganox168 | 0.1 |

（2）加工工艺

① 抗菌剂的制备。抗菌剂为镨离子抗菌剂。

称取一定量的十一氧化六镨、去离子水、硝酸、双氧水（过氧化氢，$H_2O_2$），将它们加入反应器皿中，30～50℃下反应 6～8h，形成 $Pr(NO_3)_3 \cdot 6H_2O$。十一氧化六镨、去离子水、硝酸、双氧水的质量比为（30～40）:（200～240）:（60～80）:（50～70）。称取一定量的邻羟基苯乙酸钠、乙醇、去离子水、5-氯-8-羟基喹啉、$Pr(NO_3)_3 \cdot 6H_2O$，于 60～80℃下反应 8～12h，得到溶液 A；邻羟基苯乙酸钠、乙醇、去离子水、5-氯-8-羟基喹啉、$Pr(NO_3)_3 \cdot 6H_2O$ 的质量比为（20～30）:（120～160）:（180～220）:（30～40）:（60～80）。用硝酸或者氢氧化钠调整溶液 A 的 pH 值至中性，洗涤、抽滤、干燥、研磨，过 500 目筛得抗菌剂。

② 改性石墨烯的制备。称取一定量的石墨烯、乙醇溶液、钛酸酯偶联剂 AC-201，石墨烯、乙醇溶液、AC-201 的质量比为（20～30）:（180～240）:（0.2～0.4）。将石墨烯、乙醇溶液、AC-201 置于反应器皿中，放于超声波池中，超声分散 2～4h，取出后在 50～70℃烘箱内干燥 4～6h，得到改性石墨烯。

③ 抗菌抗静电 PS 的制备。称取配方物料混合并搅拌均匀，挤出造粒。其中，双螺杆挤出机各区温度及螺杆转速分别为：一区温度 160℃，二区温度 210℃，三区温度 210℃，四区温度 210℃，五区温度 210℃，六区温度 210℃；机头温度为 210℃，螺杆转速为 200r/min。

（3）参考性能

抗菌抗静电 PS 性能见表 5-29，广泛应用于汽车、家电、机械等领域。

表 5-29 抗菌抗静电 PS 性能

| 性能项目 | | 配方值 |
|---|---|---|
| 表面电阻率/Ω | | $6.1 \times 10^8$ |
| 抗菌率/% | 大肠杆菌 | 99.1 |
| | 金黄色葡萄球菌 | 98.3 |

## 5.5.2 环保聚苯乙烯复合板材

（1）配方（质量份）

| | | | |
|---|---|---|---|
| PS | 65 | PS-g-MAH | 5 |

| 轻质碳酸钙 | 5 | 白油 | 0.1 |
| 碳化硅晶须 | 15 | 石蜡 | 0.1 |
| 改性秸秆粉 | 10 | 抗氧剂 | 0.5 |
| 分散剂 | 0.2 | | |

注：PS 的熔体指数在 190℃、2.16kg 条件下为 5～10g/10min。分散剂为十二烷基硫酸钠、十六烷基磷酸钾、古尔胶中的两种或三种的混合。润滑剂由白油和石蜡按照质量比为 1∶1 的比例混合而成。

（2）加工工艺

① 秸秆粉改性处理。将 1 份秸秆粉在 100℃下干燥 4h 后与 0.1 份苯乙烯混合于甲苯中，加入引发剂偶氮二异丁腈 0.02 份，50℃下氮气保护，搅拌反应 12h 后过滤并以甲苯为溶剂索式提取 24h，收集剩余的产物并以无水乙醇反复清洗并烘干。其中，秸秆粉是质量比为 1∶1 的玉米秸秆粉和小麦秸秆粉的混合物。

② 环保聚苯乙烯复合板材的制备。按配方称量物料，加入高速混合机混合 10min，然后将混合均匀的物料加入双螺杆挤出机中混炼并挤出。其中，双螺杆挤出机三段的挤出温度分别是 160℃、165℃、170℃。

（3）参考性能

表 5-30 为环保聚苯乙烯复合板材性能。

表 5-30 环保聚苯乙烯复合板材性能

| 性能指标 | 配方值 | 性能指标 | 配方值 |
| --- | --- | --- | --- |
| 拉伸强度/MPa | 36 | 尺寸收缩率/% | 0.131 |
| 断裂伸长率/% | 35 | 熔体指数/(g/10min) | 6 |
| 简支梁冲击强度/(kJ/m²) | 10.26 | 表面电阻率/Ω | $10^3$ |

# 5.5.3 永久抗静电、耐低温聚苯乙烯

（1）配方（质量份）

| HIPS | 64.4 | St-g-MAH | 3 |
| 永久型抗静电剂 | 12 | 抗氧剂 1010 | 0.4 |
| 增韧剂 SBS | 20 | EBS | 0.2 |

注：永久型抗静电剂为日本三洋化成的 PELESTAT 6500。

（2）加工工艺

将原料按配方均匀混合，在挤出机中熔融、挤出、造粒。加工条件：一区温度 80～100℃，二区温度 170～190℃，三区温度 190～210℃，四区温度 200～220℃，五区温度 200～220℃，六区温度 200～220℃，七区温度 190～210℃，八区温度 190～210℃，九区温度 200～210℃；主机转速为 300～500r/min。

（3）参考性能

表 5-31 为永久抗静电、耐低温聚苯乙烯性能测试结果。

表 5-31 永久抗静电、耐低温聚苯乙烯性能

| 性能指标 | 配方值 | 性能指标 | 配方值 |
| --- | --- | --- | --- |
| 拉伸强度/MPa | 17 | 弯曲模量/MPa | 1320 |
| 断裂伸长率/% | 78 | 密度/(g/cm³) | 1.12 |
| 悬臂梁冲击强度（常温）/(kJ/m²) | 47 | 熔体指数/(g/10min) | 4.7 |
| 悬臂梁冲击强度（-40℃）/(kJ/m²) | 14 | 表面电阻率/Ω | $10^8$ |
| 弯曲强度/MPa | 26 | 24 个月后表面电阻率/Ω | $10^8$ |

# 5.6 PS 其他性能改性配方与实例

## 5.6.1 高韧性、耐热、耐磨的 PS

（1）配方（质量份）

| | | | |
|---|---|---|---|
| 聚苯乙烯 | 80.2 | 抗氧剂 1010 | 0.4 |
| 钛酸钾晶须 | 10 | EBS | 0.2 |
| 苯乙烯-马来酸酐共聚物（SMA） | 1 | 耐磨剂（二硫化钼） | 0.2 |
| 苯乙烯类弹性体 | 8 | | |

（2）加工工艺

将除钛酸钾晶须外的原料均匀混合，然后从挤出机的主喂料口喂入，钛酸钾晶须通过侧喂料口喂入挤出机螺筒内，原料在挤出机中熔融、挤出、造粒。挤出机熔融挤出的加工条件如下：一区温度 180～210℃，二区温度 215～235℃，三区温度 215～235℃，四区温度 215～235℃，五区温度 225～245℃，六区温度 225～245℃，七区温度 225～245℃，八区温度 225～245℃，九区温度 215～235℃；主机转速为 250～360r/min。

（3）参考性能

表 5-32 为高韧性、耐热、耐磨的 PS 性能。

**表 5-32　高韧性、耐热、耐磨的 PS 性能**

| 性能指标 | 配方值 | 性能指标 | 配方值 |
|---|---|---|---|
| 拉伸强度/MPa | 47 | 热变形温度/℃ | 85 |
| 悬臂梁冲击强度/(kJ/m²) | 7.7 | 熔体指数/(g/10min) | 16 |
| 弯曲强度/MPa | 68 | 磨耗量/(mg/1000r) | 27 |
| 弯曲模量/MPa | 3020 | 表面电阻率/Ω | $10^{11}$ |

## 5.6.2 低收缩、阻燃高抗冲聚苯乙烯

（1）配方（质量份）

| | | | |
|---|---|---|---|
| HIPS | 62 | 抗氧剂 1076 | 0.1 |
| 增韧剂 SBS | 6 | 抗氧剂 168 | 0.2 |
| 聚苯醚 | 10 | 润滑剂 PETS | 1 |
| 十溴二苯乙烷 | 12 | 短切玻璃纤维 | 6 |
| 三氧化二锑 | 4 | | |

（2）加工工艺

将配方中除短切玻璃纤维以外的原料加入高速混合机中搅拌 5min，得到混合均匀的混合料。将混合料加入双螺杆挤出机，从侧喂料口加入短切玻璃纤维，经熔融、挤出、水冷、风干、切粒得到低收缩率阻燃 HIPS 复合材料。其中，双螺杆挤出机的温度区设定为 180℃、210℃、220℃、230℃、230℃、220℃、230℃、230℃、230℃、220℃，螺杆转速为 300r/min。

（3）参考性能

表 5-33 为低收缩、阻燃高抗冲聚苯乙烯性能。

表 5-33　低收缩、阻燃高抗冲聚苯乙烯性能

| 性能指标 | | 配方值 |
|---|---|---|
| | 拉伸强度/MPa | 24.9 |
| | 断裂伸长率/% | 22 |
| | 悬臂梁缺口冲击强度/(kJ/m²) | 8.7 |
| | 弯曲强度/MPa | 41.1 |
| | 弯曲模量/MPa | 2111 |
| | 熔体指数(200℃,5kg)/(g/10min) | 7.9 |
| | 热变形温度/℃ | 85.8 |
| 产品评价 | 长度变化/mm | −1.1 |
| | 宽度变化/mm | −1.0 |

### 5.6.3　超低热导率可发泡聚苯乙烯

（1）配方（质量份）

| | | | |
|---|---|---|---|
| 通用级聚苯乙烯 | 75 | $N,N$-二甲基-1,3-丙二胺 | 1 |
| 发泡剂聚苯乙烯 | 25 | (2S)-2-氨基-4-甲硫基丁酸甲酯 | 2 |
| 可膨胀石墨 | 3 | 轻质碳酸钙 | 2 |
| 十溴二苯乙烷 | 4 | 正戊烷 | 1.2 |
| 三氧化二锑 | 1.5 | 异戊烷 | 0.8 |
| 邻苯二甲酸二丁酯 | 1 | 涂层剂（单甘酯） | 1 |

（2）加工工艺

通过失重秤计量将主料通过双螺杆挤出机的主喂料口进料，辅料以侧喂料的形式加入；主料和辅料在双螺杆挤出机中熔融并混合，再将熔体注入混合换热器，液体物料以计量泵的形式同样注入混合换热器并在此与主料、辅料混合均匀。熔体泵的设定温度为175℃，设定转速为70r/min；将过滤后的物料通过转向阀送至造粒机进行造粒，造粒刀盘转速设定为800r/min。将制成的微颗粒通过循环水送至离心干燥机干燥，循环水水温设定为70℃。将干燥后物料输送至筛机，筛分后物料进行涂层；涂层后的材料通过输送管道发送至成品罐内，进行包装。

（3）参考性能

表 5-34 为超低热导率可发泡聚苯乙烯性能。

表 5-34　超低热导率可发泡聚苯乙烯性能

| 性能指标 | 配方值 | 性能指标 | 配方值 |
|---|---|---|---|
| 弯曲强度/MPa | 2.51 | 燃烧性能 | $B_1$ (GB 8624—2012) |
| 热导率/[W/(m·K)] | 0.029 | 防霉等级 | 1 |

注：根据 GB/T 24128—2018 测试其防霉性能。

### 5.6.4　聚苯乙烯/石墨烯 3D 打印线材

（1）配方（质量份）

| | | | |
|---|---|---|---|
| 聚苯醚 | 100 | 硅烷偶联剂 | 1.5 |
| HIPS | 250 | 石墨烯 | 30 |
| SEBS | 30 | | |

注：聚苯醚的运动黏度为46cSt（1cSt＝$10^{-6}$ m²/s），熔体指数（280℃，5kg）为4g/10min。HIPS的重均分子量为220000～250000，分子量分布2.2，熔体指数（200℃，5kg）为5g/10min。

（2）加工工艺

按配方称量物料，混合均匀后通过双螺杆挤出机挤出，切粒。将制得的石墨烯改性粒料

通过 3D 打印挤出机挤出，挤出温度为 260℃，经 70℃高温恒温冷却、60℃中温恒温冷却、常温冷却、风干、拉条、绕卷，制成聚苯乙烯/石墨烯 3D 打印线材。

（3）参考性能

聚苯乙烯/石墨烯 3D 打印线材性能见表 5-35。

表 5-35　聚苯乙烯/石墨烯 3D 打印线材性能

| 性能项目 | | 配方值 |
|---|---|---|
| 拉伸强度/MPa | X 方向 | 20.7 |
| | Y 方向 | 24.5 |
| 断裂伸长率/% | X 方向 | 5.95 |
| | Y 方向 | 7.48 |
| 弯曲强度/MPa | X 方向 | 36 |
| | Y 方向 | 42 |
| 表面电阻率/Ω | | $9.8 \times 10^8$ |
| 玻璃化转变温度/℃ | | 128.6 |
| 打印性能 | | 打印性能稳定，外观佳 |

### 5.6.5　高流动性石墨烯改性聚苯乙烯

（1）配方（质量份）

| | | | |
|---|---|---|---|
| HIPS | 71.8 | 石墨烯 | 2 |
| SEBS | 7 | 碳纳米管 | 1 |
| 抗氧剂 1010 | 0.1 | 氧化聚乙烯蜡粉 | 2 |
| 抗氧剂 168 | 0.1 | 马来酸酐 | 2 |
| 石蜡油 | 3 | 过氧化二异丙苯（DCP） | 1 |

（2）加工工艺

将 HIPS 与氢化苯乙烯-丁二烯嵌段共聚物（SEBS）、抗氧剂以及石蜡油放入高速混合机中，高速混合 3min，使其混合均匀。将石墨烯和碳纳米管依次加入高速混合机中再次共混，高速混合 3min 后留在高速混合机中进行下一步；将氧化聚乙烯蜡粉与马来酸酐以及过氧化二异丙苯（DCP）高速混合 3min，温度控制在 70～90℃，即可得到混合均匀的原料。将混合均匀的原料加入双螺杆挤出机中，在温度为 230℃、主机转速为 350r/min 的条件下，进行挤出造粒。

（3）参考性能

表 5-36 为高流动性石墨烯改性聚苯乙烯性能。

表 5-36　高流动性石墨烯改性聚苯乙烯性能

| 性能指标 | 配方值 | 性能指标 | 配方值 |
|---|---|---|---|
| 拉伸强度/MPa | 36 | 尺寸收缩率/% | 0.131 |
| 断裂伸长率/% | 35 | 熔体指数/(g/10min) | 6 |
| 简支梁冲击强度/(kJ/m²) | 10.26 | 表面电阻率/Ω | $10^3$ |

# 第 6 章

# ABS 改性配方与实例

## 6.1 ABS 增强与增韧改性配方与实例

### 6.1.1 增强增韧 ABS

**(1) 配方 (质量份)**

| | | | |
|---|---|---|---|
| ABS 树脂 | 80 | 增强增韧润滑剂 | 3 |
| HBS 高胶粉 | 20 | 抗氧剂 | 0.2 |

**(2) 加工工艺**

① ABS 专用的增强增韧润滑剂的制备。按质量比 1∶10 称取纳米碳酸钙加入乙醇中。使用高速乳化机，在 2000r/min 转速下分散 30min 得到纳米碳酸钙分散液，向纳米碳酸钙分散液中加入纳米碳酸钙分散液质量 1.5% 的 KH570，加热至 70℃ 后保温搅拌反应 80min。反应后冷却至室温，过滤，收集滤渣，放入烘箱中，在 80℃ 下干燥 10h，得到处理后的纳米碳酸钙。将处理后的纳米碳酸钙加入乙二胺中，使处理后的纳米碳酸钙在乙二胺溶液中的质量分数为 10%，并使用高速乳化机，在 2500r/min 转速下分散 30min，分散后得到纳米碳酸钙乙二胺溶液。向反应釜中加入硬脂酸，并向反应釜中通入氮气，通入量为 30mL/min；通气的同时以 5℃/min 的升温速率升温至 70℃，保温搅拌至硬脂酸熔化。

随后加入纳米碳酸钙乙二胺溶液，继续升温至 180℃，反应的同时检测反应产物的酸值，直至反应釜中产物的酸值<10mgKOH/g 时，停止反应；冷却至室温后出料，得乳白色、脆而硬的蜡状物。硬脂酸和纳米碳酸钙乙二胺溶液的摩尔比为 1∶0.55 (按乙二胺含量计算)。将上述蜡状物加入预热至 180℃ 的无螺杆压力挤出造粒机中挤出造粒，挤出机各部分参数为：一区温度 140℃，二区温度 150℃，三区温度 160℃，四区温度 180℃，五区温度 180℃，六区温度 180℃，七区温度 180℃，挤出压力为 2MPa。挤出完成后，对其切割并收集颗粒，即可制备得一种 ABS 专用的增强增韧润滑剂。还可以向无螺杆压力挤出造粒机中加入改性玻璃纤维素，改性玻璃纤维素加入量为蜡状物质量的 5%。

② 改性玻璃纤维素的制备。称取玻璃纤维，加入质量分数为 5% 的硼酸溶液中，二者质量比为 1∶10，加热至 70℃ 后搅拌混合 70min。搅拌后，过滤，得玻璃纤维滤渣，用水洗涤后干燥得到处理后的玻璃纤维。按质量份计，分别选取 20 份处理后的玻璃纤维、10 份甘油、10 份丙酮、150 份二氯甲烷和 0.3 份对甲苯磺酸，加入反应釜中，升温至 90℃，保温

搅拌反应 5h，得到反应物 1；反应结束后将反应釜升温至 130℃，并向反应釜中加入反应物 1 质量 70％的硬脂酸和 0.3g 对甲苯磺酸，保温反应 5h 后冷却至室温，出料得到反应物 2，过滤，得到滤渣。用质量分数为 5％的盐酸洗涤 4 次后放入烘箱中干燥，即可得到改性玻璃纤维素。

③ 增强增韧 ABS 的制备。按配方称量物料，混合均匀，用双螺杆挤出机挤出造粒。

（3）参考性能

增强增韧 ABS 性能如表 6-1 所示。

表 6-1 增强增韧 ABS 性能

| 性能指标 | 配方值 | 性能指标 | 配方值 |
| --- | --- | --- | --- |
| 拉伸强度/MPa | 53.21 | 弯曲强度/MPa | 76.20 |
| 缺口冲击强度/(kJ/m²) | 18.87 | 熔体指数/(g/10min) | 23.03 |

## 6.1.2 ABS 增强色母粒

（1）配方（质量份）

| | | | |
| --- | --- | --- | --- |
| 载体树脂 | 57 | 抗氧剂 168 | 2.5 |
| 辅助增强料 | 7 | 阻燃剂(卤代烷基磷酸酯) | 4 |
| 无机颜料 | 38 | KH560 | 5 |

（2）加工工艺

① 载体树脂的制备。将 ABS 树脂、聚碳酸酯对应按照质量比 5：2.6 进行混合，共同投入球磨机内球磨处理 18min 后取出载体树脂备用。

② 辅助增强料的制备。先将高岭土放入酸液中浸泡处理 4min，取出后再放入碱液中浸泡处理 5min，最后取出，用去离子水冲洗一遍备用。其中，酸液是质量分数为 7％的磷酸溶液，碱液是质量分数为 8％的氢氧化钠溶液。将上述处理后的高岭土放入煅烧炉内，加热保持煅烧炉内的温度为 920℃，煅烧处理 1.3h 后取出。将取出的高岭土浸入混合液 A 中，不断搅拌处理 22min 后滤出备用。混合液 A 中各成分及其对应质量份为：1.3 份硝酸镧、0.6 份硝酸铈、92 份去离子水。将聚苯乙烯和混合液 A 处理后的高岭土对应按照质量比 1：1.8 进行混合，投入球磨机内球磨处理 10min 后取出得到混合物 B 备用。混合物 B 投入焚烧炉内进行加热燃烧，控制焚烧的温度为 990℃，2.6h 后取出得混合物 C 备用。将硫化钠、去离子水、氯化锂、N-甲基吡咯烷酮对应按照摩尔比 1：15：0.4：6 进行混合投入反应釜内，保持反应釜内为氮气环境，加热保持反应釜内的温度为 203℃，1.1h 后进行脱水，除去原总质量 42％的去离子水后得到混合物 D 备用。

向反应釜中加入混合物 D 总质量 23％的对二氯苯、58％的混合物 C，然后加热保持反应釜内的温度为 210℃，并将反应釜内的压力增至 0.45MPa，然后保温、保压；同时，对反应釜内施加磁场处理，1.8h 后取出，然后用丙酮、去离子水交替清洗一次后，最后放入烘箱内烘干、处理。烘箱内的温度为 83℃，7h 后取出即得辅助增强料。

③ ABS 增强色母粒的制备。称取所有原材料共同投入混合机内进行高速混合处理，22min 后取出。投入密炼机内进行熔融共混处理，38min 后取出得到共混料；将所得到的共混料投入双螺杆挤出机内进行熔融挤出，再经过冷却切粒后即得成品。

（3）参考性能

制得的 ABS 色母粒添加于 ABS 塑料中进行生产，ABS 色母粒制备的 ABS 性能如表 6-2 所示。

表 6-2 ABS 色母粒制备的 ABS 性能

| 性能指标 | 配方值 | 性能指标 | 配方值 |
|---|---|---|---|
| 拉伸强度/MPa | 42.4 | 弯曲强度/MPa | 43.3 |
| 悬臂梁缺口冲击强度/(kJ/m$^2$) | 31.8 | 色差 | ≤0.2 |

### 6.1.3 适于电镀的增强 ABS

（1）配方（质量份）

| | | | |
|---|---|---|---|
| ABS 树脂 | 96 | 润滑剂 $N,N'$-亚乙基双硬脂酰胺 | 0.1 |
| 短切碳纤维 | 3 | 抗氧剂 1010 | 0.3 |
| 分散剂白矿油 | 0.1 | 抗氧剂 168 | 0.5 |

（2）加工工艺

称取好 ABS 树脂、分散剂、润滑剂、抗氧剂，在高速搅拌混料机中混合均匀或单独通过计量喂料器进入双螺杆挤出机中。其中，短切碳纤维通过双螺杆挤出机的侧喂系统在螺杆第六区加入。将上述混合物料送入双螺杆挤出机中，双螺杆挤出机的各段螺杆温度从加料口到机头的温度分别为一区温度 80℃、二区温度 140℃、三区温度 200℃、四区温度 210℃、五区温度 220℃、六区温度 230℃、七区温度为 220℃、八区温度 230℃、九区温度 230℃、机头温度为 230℃，螺杆转速为 350r/min，双螺杆挤出机的长径比为 40。在双螺杆挤出机的输送和剪切作用下，充分熔融塑化，捏合混炼，经机头挤出，再经过拉条、冷却、切粒、干燥得到产品。

（3）参考性能

适于电镀的增强 ABS 性能如表 6-3 所示。

表 6-3 适于电镀的增强 ABS 性能

| 性能指标 | 配方值 | 性能指标 | 配方值 |
|---|---|---|---|
| 拉伸强度/MPa | 51 | Izod(悬臂梁)缺口冲击强度/(kJ/m$^2$) | 16 |
| 弯曲强度/MPa | 69 | 线性热膨胀系数/[μm/(m·℃)] | 49 |
| 弯曲模量/MPa | 3620 | 百格测试结果 | 2 |

注：按 GB/T 9286—2021 标准进行百格测试实验。

### 6.1.4 微孔发泡矿物增强 ABS

（1）配方（质量份）

| | | | |
|---|---|---|---|
| ABS | 93.3 | 抗氧剂 168 | 0.1 |
| 超细滑石粉 | 5 | EBS(乙烯基双硬脂酰胺) | 0.5 |
| 相容剂 | 1 | 发泡剂 | 0.2 |
| 抗氧剂 1076 | 0.1 | | |

注：ABS 树脂牌号 1730；超细滑石粉牌号 AG-609，粒径 12000 目；相容剂选用苯乙烯-马来酸酐共聚物（牌号 SZ26080）；发泡剂牌号 TSSC。

（2）加工工艺

将配方物料放入高速混合机内，室温下混合 6min 取出。将上述均匀混合的共混料通过双螺杆挤出机熔融挤出，经过冷却、造粒，得到矿物增强 ABS 材料。该材料在温度为 90℃的干燥箱中干燥 3h，然后取 99.8 份干燥好的矿物增强 ABS 材料与 0.2 份发泡剂混合均匀，加入注塑机进行微孔注塑发泡，得到微孔发泡矿物增强 ABS 材料。

（3）参考性能

微孔发泡矿物增强 ABS 性能如表 6-4 所示。

**表 6-4　微孔发泡矿物增强 ABS 性能**

| 性能指标 | 配方值 | 性能指标 | 配方值 |
|---|---|---|---|
| 拉伸强度/MPa | 50.5 | 弯曲模量/MPa | 2605.2 |
| 缺口冲击强度/(kJ/m$^2$) | 10.5 | 密度/(g/cm$^3$) | 0.95 |
| 弯曲强度/MPa | 74.8 | | |

## 6.1.5　SAG 改性玻璃纤维增强 ABS

（1）配方（质量份）

| | | | |
|---|---|---|---|
| ABS(8391) | 67 | 抗氧剂 1010 | 适量 |
| 玻璃纤维 | 30 | 抗氧剂 168 | 适量 |
| SAG | 3 | 润滑剂 | 适量 |

注：ABS（8391）购自中石化上海高桥石化公司；玻璃纤维牌号为 ER-13-2000-988A；SAG 为苯乙烯-丙烯腈-甲基丙烯酸缩水甘油酯三元共聚物，牌号为 SAG-008。

（2）加工工艺

使用前需将 ABS 原料、SAG 放在 80℃的鼓风烘箱中干燥 24h，然后按配方比例称取基料后外加抗氧剂、润滑剂，通过高速混合机均匀混合。控制双螺杆挤出机的温度为 170～220℃，转速为 200～400r/min。其中，玻璃纤维通过侧喂料的玻璃纤维口加入，共混挤出，牵引造粒。

（3）参考性能

添加 SAM（苯乙烯-丙烯腈-马来酸酐共聚物）和 SAG 的 ABS/GF 复合材料力学性能如表 6-5 所示。与未添加相容剂的 ABS/GF 复合材料相比，SAM 和 SAG 对 ABS/GF 复合材料都具有优异的相容化效果，都可用作 ABS/GF 复合材料的相容型偶联剂使用。同等添加量时，添加 SAG 的 ABS/GF 复合材料具有更优异的力学性能，并且随着 SAG 添加量的增加，性能提高更加明显。这是由于含有 GMA 官能团的 SAG 与玻璃纤维表面基团的反应活性高于含有 MAH（马来酸酐）基团的 SAM，因此添加 SAG 复合材料的玻璃纤维表面偶联效率更高，这一现象可以从图 6-1 的 SEM 照片得到验证。添加 SAG 的 ABS/GF 复合材料颜色更浅，并具有更优异的长期高温色变性。

**表 6-5　ABS/GF 复合材料力学性能**

| ABS/GF/SAM/SAG | 拉伸强度/MPa | 弯曲强度/MPa | 弯曲模量/MPa | 缺口冲击强度/(kJ/m$^2$) |
|---|---|---|---|---|
| 70/30/0/0 | 85 | 1085 | 810 | 8.4 |
| 67/30/3/0 | 112 | 1226 | 240 | 12.1 |
| 67/30/0/3 | 121 | 1276 | 360 | 13.2 |

未添加相容剂和添加不同类型相容剂的 ABS/GF 复合材料冲击断面 SEM 微观形貌如图 6-1 所示。未添加任何相容剂的 ABS/GF 复合材料中的玻璃纤维表面非常光滑，基体树脂呈现脆性断裂趋势[图 6-1(a)]，表明玻璃纤维和基体树脂之间的界面黏结效果较差。而添加 SAM[图 6-1(b)]和 SAG[图 6-1(c)]的 ABS/GF 复合材料玻璃纤维表面明显被基体树脂包覆，说明相容剂的加入能够明显改善基体树脂与玻璃纤维之间的界面结合。还可以看出，添加 SAG 复合材料的玻璃纤维的包覆效果优于添加 SAM 的复合材料。

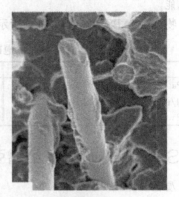

(a) 未添加相容剂

(b) 添加3% SAM

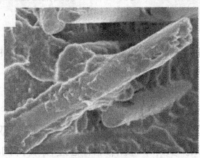

(c) 添加3% SAG

图 6-1　ABS/GF 复合材料冲击断面 SEM 微观形貌

## 6.1.6　高断裂伸长率阻燃 ABS

（1）配方（质量份）

| | | | |
|---|---|---|---|
| ABS MG29 | 38 | 抗氧剂 1010 | 0.1 |
| ABS 275 | 36 | 抗氧剂 168 | 0.2 |
| SBS | 4 | 抗滴落剂 | 0.2 |
| 溴代三嗪 | 17 | 硬脂酸锌 | 0.3 |
| 三氧化二锑 | 5 | | |

注：ABS 275 购自中国石化上海高桥石化公司；ABS MG29 购自天津大沽化工股份有限公司；苯乙烯-丁二烯-苯乙烯嵌段共聚物（SBS），牌号为 LG501S；溴代三嗪，牌号为 FR-245；三氧化二锑，牌号为 S-05N；抗滴落剂，牌号为 SN80-SA7。

（2）加工工艺

将 ABS 树脂、阻燃剂等按配方比例加入高速混合机中先进行预混，然后将预混物投入双螺杆挤出机挤出造粒。双螺杆挤出机的料筒温度分 9 段控制，温度控制在 160～190℃，主机转速 800r/min，喂料转速 320r/min；挤出造粒制备出 ABS 阻燃粒料。将该粒料在 80℃条件下干燥 3h，由精密注塑机（注塑温度为 180～200℃）注塑。

（3）参考性能

高断裂伸长率阻燃 ABS 材料使用仪器化冲击和多轴冲击进行表征。表 6-6 为仪器化冲击实验结果。由表 6-6 可知，冲击过程中受到的最大力（$F_m$）、样条断裂所产生的位移（$S_m$）、最大能量（$W_b$）和总能量（$W$）4 项指标均增加，说明粒径大小不同的 ABS 进行复配及具有较大橡胶粒径且为线型结构的苯乙烯-丁二烯-苯乙烯嵌段共聚物（SBS）对阻燃 ABS 的断裂伸长率具有明显的提高作用。

**表 6-6　仪器化冲击实验结果**

| 性能指标 | 对比样值 | 配方值 |
|---|---|---|
| $F_m/N$ | 175.371 | 203.487 |
| $S_m/N$ | 1.090 | 2.108 |
| $W_b/J$ | 0.190 | 0.382 |
| $W/J$ | 0.247 | 0.479 |

注：对比样配方添加 ABSMG29 50 份、ABS 275 28 份，未添加 SBS，其他配比相同。

　　仪器化多轴冲击是通过安装在冲击刀刃上的力传感器来测量试样板在冲击过程中受到的载荷和能量随时间的变化。每个试验板测试 8 次，然后对测试结果进行统计，结果如表 6-7 所示。由表 6-7 可知，从对比样到配方样品中，样品的试验板冲击过程中受到的平均峰值能量和平均总能量依次增加，说明阻燃 ABS 材料的韧性逐步提高，高断裂伸长率阻燃 ABS 具有更好的多轴冲击性能。

**表 6-7　多轴测试结果**

| 性能指标 | 对比样值 | 配方值 |
|---|---|---|
| 平均峰值能量/J | 19.4694 | 19.8663 |
| 平均总能量/J | 27.0534 | 32.6263 |

　　图 6-2 为样品多轴测试后照片。由图 6-2 试验板多轴冲击后的照片可知，对比样品发生脆裂，破裂产生较大的洞，配方样品产生一圈应力发白，破裂产生的洞较小，说明韧性较好。

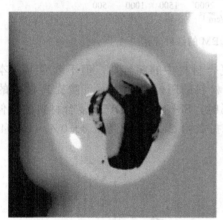

(a) 对比样　　　　　　　　　　　　　　　　(b) 配方样

图 6-2　样品多轴测试后照片

## 6.1.7　疏水性勃姆石/IFR/ABS 复合材料

（1）配方（质量份）

| | | | |
|---|---|---|---|
| ABS | 70 | Si-BM | 29 |
| IFR | 1 | | |

注：ABS 牌号为 HI121；BM（勃姆石），粒径为 10～15nm；IFR 为膨胀阻燃剂。

（2）加工工艺

① Si-BM 的制备。称取 5g BM 粉末放入 200mL 无水乙醇中，超声分散 10min；称取 0.25g 偶联剂 KH550 加入 10mL 无水乙醇中水解 30min，将水解的 KH550 缓慢加入 BM-乙

醇分散液中。通过 80℃ 油浴加热回流 12h，然后用高速离心机离心，用无水乙醇洗涤 3～4 次，除去表面未接枝上的偶联剂，于鼓风干燥箱内 80℃ 干燥 48h，得到 Si-BM。

② Si-BM/IFR/ABS 复合材料的制备。将 Si-BM、IFR、ABS 于干燥箱内 80℃ 干燥 4h，按一定质量比经高速混合机混合后挤出造粒。挤出机的各段温度为 160～195℃，机头温度 195℃，非对称同向双螺杆的转速为 10050r/min。

**（3）参考性能**

改性前后 BM 的红外光谱如图 6-3 所示，在 Si-BM 上出现了 3 组新的吸收峰。其中，$1523cm^{-1}$ 处的峰属于 N—H 变形振动；$2925cm^{-1}$ 处的峰属于甲基不对称收缩振动吸收峰，$2850cm^{-1}$ 处的峰则属于亚甲基对称伸缩振动峰。由此可知，KH550 已成功接枝在 BM 上。

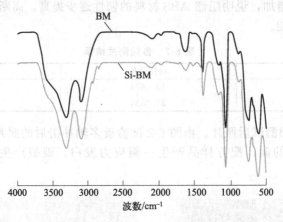

图 6-3　改性前后 BM 的红外光谱

KH550 与 BM 通过接枝反应改善了其在复合材料中的相容性，但不改变 BM 本身的晶体结构。Si-BM 作为协效阻燃剂，不仅能提高材料的阻燃性能，而且能提高材料的力学性能，见图 6-4。当添加 Si-BM 质量分数为 1.0% 时，Si-BM/IFR/ABS 复合材料的拉伸强度为 34.409MPa，冲击强度为 $3.95kJ/m^2$，极限氧指数由 27.0% 升高至 30.0%，UL94 垂直燃烧达到 V-0 级。

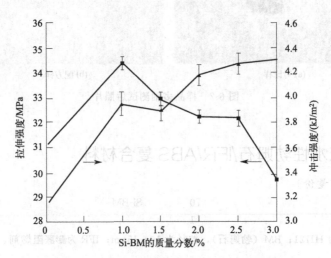

图 6-4　Si-BM/IFR/ABS 复合材料的力学性能

## 6.1.8　阻燃 ABS/PC/PBT 合金

(1) 配方 (质量份)

| | | | |
|---|---|---|---|
| ABS | 19.8 | SBG | 6 |
| PC | 39.5 | 阻燃剂 TBM | 10.5 |
| PBT | 19.8 | 其他添加剂 | 4.4 |

注：TBM 为溴代三嗪，SBG 为甲基丙烯酸缩水甘油酯接枝苯乙烯-丁二烯聚合物。

(2) 加工工艺

将 PC 和 PBT 分别在热风烘箱中于 120℃干燥 4h，ABS 于 85℃干燥 6h，按一定配比称取物料在高速混合机中混合均匀，然后在同向双螺杆挤出机上挤出造粒。挤出加工条件见表 6-8。

表 6-8　挤出加工条件

| 一区温度 | 二区温度 | 三区温度 | 四区温度 | 五区温度 | 六区温度 | 机头温度 | 主机螺杆转速/(r/min) |
|---|---|---|---|---|---|---|---|
| 210℃ | 230℃ | 240℃ | 240℃ | 240℃ | 240℃ | 250℃ | 180 |

(3) 参考性能

阻燃 ABS/PC/PBT 合金性能见表 6-9。

表 6-9　阻燃 ABS/PC/PBT 合金性能

| 性能指标 | 数值 | 性能指标 | 数值 |
|---|---|---|---|
| 拉伸强度/MPa | 50.5 | 阻燃性能 UL94 | V-0 |
| 悬臂梁缺口冲击强度/(kJ/m$^2$) | 41.2 | 熔体指数/(g/10min) | 13.9 |

## 6.1.9　单晶氧化铝晶须纤维强化 ABS/PC 合金

(1) 配方 (质量份)

| | | | |
|---|---|---|---|
| ABS | 27.5 | α-Al$_2$O$_3$ | 5 |
| PC | 67.5 | 加工助剂 | 适量 |
| ABS-g-MAH | 5 | | |

(2) 加工工艺

① 单晶氧化铝晶须纤维改性处理。由于晶须材料的比表面积大，因此本节在对其表面进行官能化修饰过程中，直接将晶须用 1%的硅烷偶联剂活化 1h 后将晶须浸渍在浓度为 4%的 E-51 双酚 A 型环氧树脂/丙酮溶液中 2h，将表面黏附有环氧树脂的氧化铝晶须在真空烘箱中烘干备用。图 6-5 为单晶氧化铝晶须纤维 SEM 图。图 6-6 为其经官能化处理后的晶须纤维 SEM 图。

② 单晶氧化铝晶须纤维强化 ABS/PC 合金的制备。将 ABS 树脂颗粒和 PC 树脂颗粒置于 100℃下烘干 24h。将预先混合好的树脂颗粒通过喂料漏斗加入双螺杆挤出机内进行高温熔融共混，待充分相容后挤出、拉丝，经冷却后造粒。在此过程中螺杆转速为 70～200r/min，当各区温度达到稳定值时，确定螺杆转速。树脂合金化过程各区加工温度如表 6-10 所示。将得到的 ABS/PC 树脂合金颗粒置于 100℃下 24h 充分烘干以去除拉丝冷却过程的水分，对充分干燥后的不同配比的树脂合金颗粒进行注塑成型。注塑过程各区温度如表 6-11 所示。

表 6-10　树脂合金化过程各区加工温度

| 一区温度 | 二区温度 | 三区温度 | 四区温度 | 五区温度 | 六区温度 | 七区温度 | 机头温度 |
|---|---|---|---|---|---|---|---|
| 230℃ | 235℃ | 240℃ | 245℃ | 255℃ | 250℃ | 250℃ | 245℃ |

表 6-11　注塑过程各区温度

| 一区温度 | 二区温度 | 三区温度 | 四区温度 | 机头温度 |
|---|---|---|---|---|
| 250℃ | 255℃ | 260℃ | 250℃ | 245℃ |

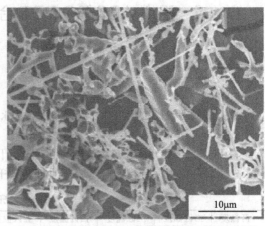

图 6-5 单晶氧化铝晶须纤维 SEM 图　　　　图 6-6 经官能化处理后的晶须纤维 SEM 图

（3）参考性能

在现今实际生产需求中往往采用纤维毡、纤维布等网状纤维材料作为复合材料的增强骨架。然而生产成本过高和网状纤维材料受形状影响的因素比较明显，因此在应用上还有很多局限性。研究者们提出通过剪短不连续纤维弥散分布的方式来作为复合材料的增强骨架，在基体中模拟网状纤维的效果。但是，由于剪短不连续纤维在宏观尺度上较大，实际应用中多用大线束纤维，工艺适应性差；而小线束纤维制备难度和成本都很高，难以大规模使用。

本例采用高性能单晶氧化铝晶须纤维作为树脂基体的增强相。选用的单晶氧化铝晶须纤维主要成分为 $\alpha\text{-Al}_2\text{O}_3$（$\geqslant 99.7\%$）。$\alpha\text{-Al}_2\text{O}_3$ 属于三方晶系，在多种氧化铝相中最为稳定，具有熔点高、硬度大、耐磨性好和综合力学性能优良等特性。单晶氧化铝晶须纤维长径比较大而且较小线束纤维尺度上更小，因此可作为基体树脂强化的理想材料。

单晶氧化铝晶须纤维和碳纤维含量对力学性能的影响分别如图 6-7～图 6-10 所示，选用添加碳纤维（CF）作为对照组。不同单晶氧化铝晶须纤维含量时 PC/ABS 合金热失重如图 6-11 所示。单晶氧化铝晶须纤维作为强化相时对材料的拉伸性能、弯曲性能和冲击性能均有很明显的改善；单晶氧化铝晶须纤维的加入有助于改善材料的热稳定性，满足复合材料在较高温度下的服役需求。

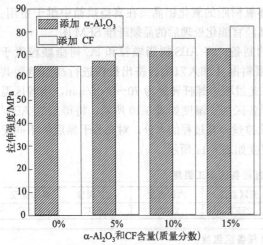

图 6-7 单晶氧化铝晶须纤维和碳纤维含量对拉伸性能的影响

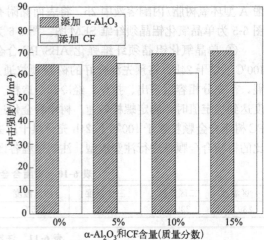

图 6-8 单晶氧化铝晶须纤维和碳纤维含量对冲击强度的影响

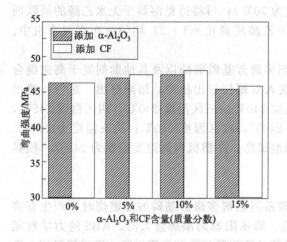

图 6-9  单晶氧化铝晶须纤维和碳纤维含
量对弯曲性能的影响

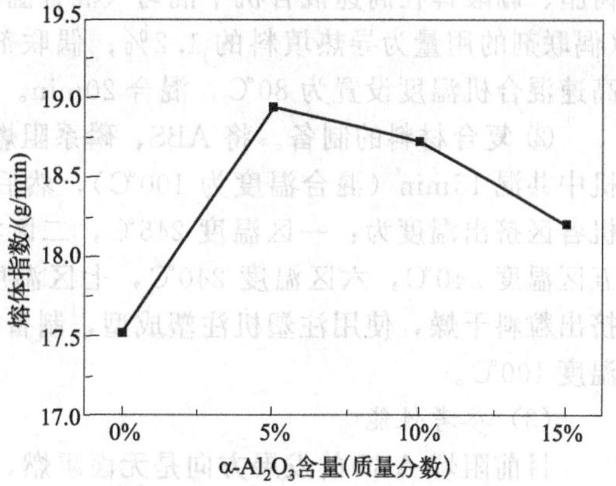

图 6-10  单晶氧化铝晶须纤维含量
对熔体指数的影响

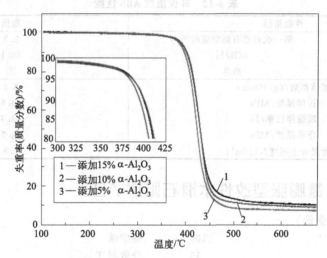

图 6-11  不同单晶氧化铝晶须纤维含量时 PC/ABS 合金热失重

# 6.2  ABS 阻燃改性配方与实例

## 6.2.1  环保阻燃 ABS

**(1) 配方（质量份）**

| | | | |
|---|---|---|---|
| ABS | 75 | 抗氧剂 1010 | 0.2 |
| PX-220 | 18 | 抗氧剂 168 | 0.2 |
| 线型酚醛树脂 | 4 | EBS | 0.6 |
| 硼酸锌 | 3 | | |

注：ABS 牌号为 121H；多聚芳基磷酸酯牌号为 PX-220；乙烯基双硬脂酰胺（EBS）为工业级；线型酚醛树脂牌号为 2123；硼酸锌牌号为 ZB-2335。

**(2) 加工工艺**

① 阻燃剂的表面处理。将 PX-220 置于 70℃ 的恒温干燥箱中干燥 2h，然后与线型酚醛

树脂、硼酸锌在高速混合机中混匀（混合温度为 70℃）；再将适量溶解于无水乙醇的偶联剂（偶联剂的用量为导热填料的 1.2%；偶联剂：乙醇质量比＝1：2）均匀分布在混合机中。高速混合机温度设置为 80℃，混合 20min。

② 复合材料的制备。将 ABS、磷系阻燃剂多聚芳基磷酸酯以及其他助剂置于高速混合机中共混 15min（混合温度为 100℃），然后放入双螺杆挤出机中，熔融挤出，造粒。挤出机各区挤出温度为：一区温度 245℃，二区温度 240℃，三区温度 240℃，四区温度 245℃，五区温度 240℃，六区温度 240℃，七区温度 240℃，八区温度 240℃；机头温度为 240℃。挤出粒料干燥，使用注塑机注塑成型，制备标准试样。注塑机料筒温度设置为 245℃，模具温度 100℃。

（3）参考性能

目前阻燃 ABS 的发展方向是无卤阻燃，磷系阻燃剂多聚芳基磷酸酯燃烧时不产生有害物质，低毒环保，是一种新型的阻燃剂。但是，磷系阻燃剂添加量大时，ABS 的力学性能下降非常大。因此，本例选用磷系阻燃剂多聚芳基磷酸酯与线型酚醛树脂、硼酸锌复配，来制备高性能的阻燃 ABS。环保阻燃 ABS 性能见表 6-12。

表 6-12　环保阻燃 ABS 性能

| | 性能指标 | 数值 |
|---|---|---|
| 阻燃性能 | 第一次点燃有焰燃烧时间/s | 2.3 |
| | LOI/% | 26.1 |
| | 滴落 | 无 |
| | 熔体指数/(g/10min) | 8.4 |
| | 拉伸强度/MPa | 34.6 |
| | 断裂伸长率/% | 13.9 |
| | 弯曲强度/MPa | 64.2 |
| | 悬臂梁冲击强度/(kJ/m²) | 4.9 |

## 6.2.2　磷氮膨胀型改性水滑石阻燃 ABS

（1）配方（质量份）

| | | | |
|---|---|---|---|
| ABS | 100 | 硬脂酸 | 1 |
| IFR-LDHs | 15 | 分散剂 T | 1 |

（2）加工工艺

① IFR-LDHs 的制备。将 12.0g LDHs（水滑石）、0.6g 硅烷偶联剂 KH560、2.2g PEI（聚乙烯亚胺）和 1.5g 氯磷酸二苯酯加入伴有磁力搅拌的密闭容器中，注入 100mL 超临界二氧化碳，在 11.0MPa 加压条件下超声搅拌 12h，反应结束后减压移去二氧化碳，得到反应产物。用甲醇反复洗涤，并在 60℃ 的烘箱中干燥 12h，即得到 IFR-LDHs。

② 阻燃 ABS 复合材料的制备。按配方称量原材料，加入高速分散机中搅拌 15min，经双螺杆挤出机熔融共混、挤出、造粒，螺杆温度为 180～200℃，口模温度为 200℃，所得粒料在 100℃ 下鼓风干燥 8h 后，用注塑机注塑成标准试样。注塑温度为 190～210℃，注塑压力为 100～120MPa，模具温度为 60～70℃，主螺旋杆转速为 230～280r/min。

（3）参考性能

采用固相接枝反应的方法，以水滑石（LDHs）及 KH560、氯磷酸二苯酯和聚乙烯亚胺等为原料，合成了磷氮膨胀型水滑石阻燃剂（IFR-LDHs）。

IFR-LDHs 和 LDHs 的 FTIR 图谱如图 6-12 所示，含有基团的振动吸收峰数据和 EDX 分析数据分别列于表 6-13、表 6-14。通过图 6-12 和表 6-13 的数据对比可以看出，LDHs 的 FTIR 图谱中仅有—OH 键的伸缩振动吸收峰和弯曲振动吸收峰，这与 LDHs 表面具有较多的—OH 结构相吻合。IFR-LDHs 的 FTIR 图谱中不仅有—OH 键的伸缩振动吸收峰和弯曲振动吸收峰，还有 C—H 键振动吸收峰，表明 KH560 和 PEI 通过反应接枝在 LDHs 表面。表 6-14 中 IFR-LDHs 含有 Si 和 N 元素等也佐证 KH560 和 PEI 已接枝在 LDHs 上。图 6-12 中 IFR-LDHs 的 FTIR 图谱和表 6-13 中振动吸收峰数据显示，IFR-LDHs 含有 Ar—O、P$=$O 及 P—O 键的伸缩振动吸收峰，同时表 6-14 的 EDX 数据显示 IFR-LDHs 含有 P 元素。图 6-12、表 6-13 及表 6-14 同时表明，提供 Si 元素的 KH560、提供 N 元素的聚乙烯亚胺（PEI）及提供 P 元素的氯磷酸二苯酯，均已通过非均相固相接枝反应，实现了对 LDHs 集成炭、脱水、发泡功能"三位一体"的功能化改性。

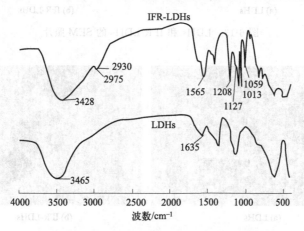

图 6-12　IFR-LDHs 和 LDHs 的 FTIR 图谱

**表 6-13　IFR-LDHs 和 LDHs 含有基团的 FTIR 振动吸收峰数据**　　　单位：cm$^{-1}$

| 样品 | 振动峰 | | | | | | |
|---|---|---|---|---|---|---|---|
| | —OH 伸缩 | —OH 弯曲 | C—H 伸缩 | C—H 弯曲 | P$=$O 伸缩 | Ar—O 伸缩 | P—O 伸缩 |
| LDHs | 3465 | 1635 | | | | | |
| IFR-LDHs | 3428 | 1627 | 2975,2930 | 1565 | 1208 | 1127 | 1059,1013 |

**表 6-14　IFR-LDHs 和 LDHs 的 EDX 分析数据**

| 样品 | 元素含量/% | | | | | | |
|---|---|---|---|---|---|---|---|
| | Mg | Al | O | C | N | Si | P |
| LDHs | 24.07±0.23 | 8.97±0.17 | 66.97±0.35 | — | | | |
| IFR-LDHs | 18.82±0.18 | 6.74±0.10 | 51.02±0.28 | 9.91±0.17 | 7.46±0.05 | 1.41±0.07 | 4.68±0.09 |

　　LDHs 和 IFR-LDHs 的 SEM 照片和 TEM 照片分别如图 6-13、图 6-14 所示。由图 6-13(a) 可以看出，LDHs 为圆形或类圆形"饼干"状层层堆叠无固定形态，其多层结构表面含有较多的羟基，使其呈现对水极大的亲和性，致使在聚合物基体中添加 LDHs 很难分散。相比而言，从图 6-13(b) 可以看出，IFR-LDHs 的形貌已经由 LDHs 的层层堆叠形态变为有较多空隙的小颗粒状，这是因为 LDHs 经过接枝反应后生成的 IFR-LDHs 表面有磷、氮、硅等元素的化合物。LDHs 表面的羟基已被反应，使得水的亲和性大大降低，其由"饼干"团聚状分散成小颗粒状。对比图 6-14 的 TEM 照片可以看出，LDHs 的内部结构呈现"幔纱"连绵状，而 IFR-LDHs 呈现块状，并且块状表面呈现明显的致密空隙。因此，与 LDHs 相比，IFR-LDHs 的比表面积增大，提高了聚合物基体的分散性能。

　　将 IFR-LDHs 添加到丙烯腈-丁二烯-苯乙烯（ABS）塑料中，提高了阻燃 ABS 复合材料的阻燃性能。添加 15 份 IFR-LDHs 的阻燃 ABS 复合材料的垂直燃烧等级达到 V-0 级，

(a) LDHs            (b) IFR-LDHs

图 6-13　LDHs 和 IFR-LDHs 的 SEM 照片

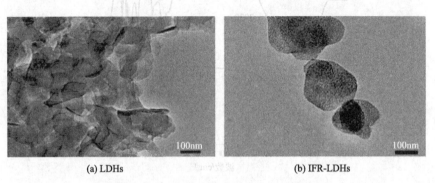

(a) LDHs            (b) IFR-LDHs

图 6-14　LDHs 和 IFR-LDHs 的 TEM 照片

LOI 达到 29.4%，拉伸强度提高了 12.5%，断裂伸长率提高了 120.0%，缺口冲击强度提高了 57.9%。磷氮膨胀型改性水滑石阻燃 ABS 性能见表 6-15。

表 6-15　磷氮膨胀型改性水滑石阻燃 ABS 性能

| 性能指标 | 配方值 | 对比样值 |
|---|---|---|
| 拉伸强度/MPa | 65.8 | 58.5 |
| 断裂伸长率/% | 25.3 | 11.5 |
| 缺口冲击强度/(J/m) | 180.9 | 114.6 |
| 垂直燃烧等级 | V-0 | V-2 |
| LOI/% | 29.4 | 26.2 |

## 6.2.3　膨胀阻燃剂/纳米黏土复配阻燃 ABS

（1）配方（质量份）

| | | | |
|---|---|---|---|
| ABS | 75 | 有机蒙脱土（OMMT） | 2 |
| IFR | 25 | 其他助剂 | 适量 |
| SEBS-$g$-MAH | 5 | | |

注：ABS 牌号为 HI-121H，熔体指数（220℃，10kg）为 20g/10min；膨胀型阻燃剂（IFR）牌号为 508B；纳米黏土：钠基有机蒙脱土，DK3，阴离子交换容量（CEC）为 100mmol/100g；SEBS-$g$-MAH：丁二烯含量为 28%，马来酸酐接枝率为 1.3%。

（2）加工工艺

将 ABS、IFR 和纳米黏土在 80℃的干燥箱中干燥 24h，然后按照配方配比将物料加入哈克转矩流变仪中，熔融共混（190℃，转矩 60r/min，时间 8min）。共混后的样品在 190℃的平板硫化机上恒温 10min，加压到 20MPa，热压，冷却至室温。

（3）参考性能

膨胀阻燃剂/纳米黏土复配阻燃ABS性能见表6-16。

**表6-16 膨胀阻燃剂/纳米黏土复配阻燃ABS性能**

| 性能指标 | 配方值 | 性能指标 | 配方值 |
|---|---|---|---|
| 拉伸强度/MPa | 31.5 | 垂直燃烧等级 | V-0 |
| 缺口冲击强度/(J/m) | 7.0 | LOI/% | 22.9 |

## 6.2.4 改性木质素膨胀型阻燃剂/ABS复合材料

（1）配方（质量份）

| | | | |
|---|---|---|---|
| ABS | 280 | 改性阻燃剂 | 100 |
| 高胶粉 | 120 | 抗氧剂1010 | 0.4 |

注：碱性木质素牌号为AR；ABS为工业级；高胶粉为工业级。

（2）加工工艺

① 改性木质素膨胀型阻燃剂的制备。将适量碱性木质素溶于水中，分批次倒入带有搅拌和冷凝装置的烧瓶中，加入三聚氰胺，升温至70℃，反应10min，其中碱性木质素与三聚氰胺的质量比为1∶1.6。升温至90℃，加入适量甲醛溶液，反应5h。加入阻燃剂XDP，继续反应3h。将上一步产物过滤，再放入鼓风干燥箱中干燥，直至产物质量不再变化为止。将干燥后的产物研磨粉碎，得到阻燃剂。改性木质素和接枝阻燃原理见图6-15。

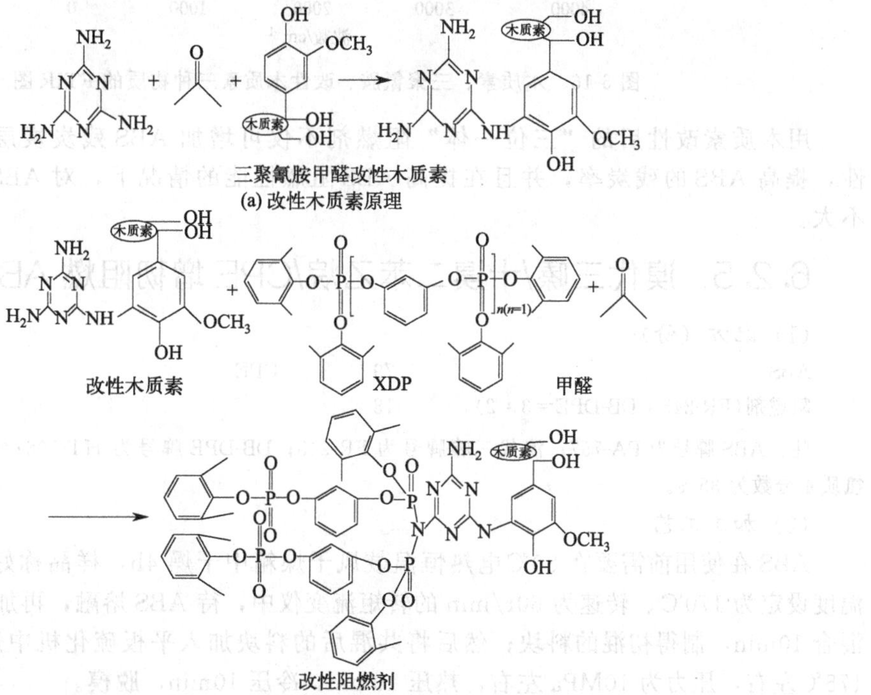

(a) 改性木质素原理

(b) 接枝阻燃原理

图6-15 改性木质素和接枝阻燃原理

② 改性木质素膨胀型阻燃剂/ABS复合材料的制备。按配方称量物料，混合均匀，然后进行熔融共混挤出造粒，在220℃注塑成型。

（3）参考性能

木质素作为产量仅次于纤维素的天然高分子材料，分子内部不仅有苯环，并且其结构单元上有醇羟基，所以一般可以用来替代聚醚多元醇来制备膨胀阻燃剂。木质素不仅价格低廉，而且与树脂相容性较好。此外，木质素还能提高树脂的成炭能力并降低树脂的热降解速度，增加树脂的耐热耐燃性。木质素与三聚氰胺反应制得改性木质素，再用改性木质素与市售阻燃剂 XDP 反应，制备出"三位一体"阻燃剂，以改善 XDP 阻燃剂在丙烯腈-丁二烯-苯乙烯共聚物（ABS）中的耐热耐燃性。纯 ABS 的极限氧指数只有 18.5%，改性木质素膨胀型阻燃剂/ABS 复合材料的极限氧指数可以达到 24% 以上。木质素、三聚氰胺、改性木质素三种物质的 FTIR 图见图 6-16。

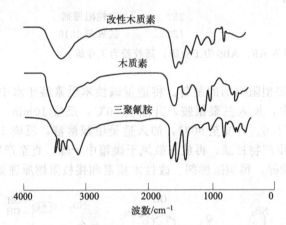

图 6-16　木质素、三聚氰胺、改性木质素三种物质的 FTIR 图

用木质素改性后的"三位一体"阻燃剂不仅可增加 ABS 残炭炭层的致密性和连续性，提高 ABS 的残炭率，并且在提高 ABS 阻燃性能的情况下，对 ABS 的力学性能影响不大。

## 6.2.5　溴代三嗪/十溴二苯乙烷/CPE 增韧阻燃 ABS

（1）配方（份）

| | | | |
|---|---|---|---|
| ABS | 79 | CPE | 8 |
| 阻燃剂（FR-245：DB-DPE=3：2） | 13 | | |

注：ABS 牌号为 PA-757；溴代三嗪牌号为 FR-245；DB-DPE 牌号为 HT-106；CPE 牌号为 CPE135，氯质量分数为 35%。

（2）加工工艺

ABS 在使用前需要在 80℃电热恒温鼓风干燥箱中干燥 4h，样品称好后先将 ABS 加入温度设定为 170℃、转速为 60r/min 的转矩流变仪中，待 ABS 熔融，再加入阻燃剂和 CPE，混合 10min，制得初混的料块；然后将共混后的料块加入平板硫化机中进行压板，模温为 175℃左右，压力为 10MPa 左右，热压 10min，冷压 10min，脱模。

（3）参考性能

十溴二苯乙烷（DBDPE）是十溴二苯醚的升级替代环保型产品，其溴的质量分数为 82%，具有与十溴二苯醚相近的溴含量和分子量，阻燃性能极其优异。FR-245 是一种溴/氮协同环保阻燃剂，其溴的质量分数为 67%，对阻燃 ABS 复合材料的缺口冲击强度影响小。氯化聚乙烯（CPE）作为一种弹性体，与 ABS 相容性好，具有增韧作用，且有一定的阻燃作用。溴代三嗪/十溴二苯乙烷/CPE 增韧阻燃 ABS 性能见表 6-17。

表 6-17　溴代三嗪/十溴二苯乙烷/CPE 增韧阻燃 ABS 性能

| 性能指标 | 数值 | 性能指标 | 数值 |
| --- | --- | --- | --- |
| 拉伸强度/MPa | 30.8 | 阻燃性能 UL94 | V-0 |
| 缺口冲击强度/(kJ/m²) | 12.1 | LOI/% | 28 |

## 6.2.6　直接注塑成型用高效阻燃抗菌 ABS 功能母粒

（1）配方（质量份）

① A 母粒配方

| | | | |
| --- | --- | --- | --- |
| 载银锌沸石抗菌剂 | 10.0 | SEBS | 38.0 |
| 硫酸钡 | 30.0 | 硬脂酸 | 1.0 |
| 玻璃纤维粉 | 20.0 | 乙烯基双硬脂酰胺 | 1.0 |

② B 母粒配方

| | | | |
| --- | --- | --- | --- |
| 十溴二苯乙烷 | 35.0 | 聚四氟乙烯粉末 | 2.0 |
| 溴代三嗪 | 30.0 | 硬脂酸 | 0.55 |
| 三氧化二锑 | 24.0 | 季戊四醇硬脂酸酯 | 0.5 |
| EBA-GMA | 18.0 | | |

③ ABS 配方

| | | | |
| --- | --- | --- | --- |
| ABS | 50 | B 母粒 | 35 |
| A 母粒 | 15 | | |

（2）加工工艺

① A 母粒的制备。按配方①称取原料，投入高速混合器内混合均匀后转移至密炼机内进行热混炼，得到团状共混物。密炼机的混炼温度为 120℃，混炼时间为 18min。然后将团状共混物通过锥形喂料机喂入单螺杆挤出机，经熔融挤出并造粒。单螺杆挤出机的螺杆转速为 175r/min，机筒温度分段控制在 150～160℃。

② B 母粒的制备。按配方②称取原料，投入高速混合器内混合均匀后转移至密炼机内进行热混炼，密炼机的混炼温度为 125℃，混炼时间为 15min。然后将团状共混物通过锥形喂料机喂入单螺杆挤出机，经熔融挤出并造粒。单螺杆挤出机的螺杆转速为 170r/min，机筒温度分段控制在 150～160℃。

③ 添加母粒 ABS 的制备。将制备的 A 母粒和 B 母粒分别按 15% 和 35% 的质量分数与 ABS 树脂同时混合，直接注塑成型测试样条，然后进行各项性能检测，结果见表 6-18。

（3）参考性能

表 6-18 为添加直接注塑成型用高效阻燃抗菌 ABS 功能母粒的材料性能测试结果。

表 6-18　添加直接注塑成型用高效阻燃抗菌 ABS 功能母粒的材料性能测试结果

| 性能指标 | 配方值 | 性能指标 | 配方值 |
| --- | --- | --- | --- |
| 大肠杆菌存活率/% | 10.6 | UL94 | V-0 |
| 金黄色葡萄球菌存活率/% | 13.5 | 极限氧指数/% | 30.9 |

# 6.3　ABS 抗菌改性配方与实例

## 6.3.1　抗菌增强 ABS

（1）配方（质量份）

| | | | |
| --- | --- | --- | --- |
| ABS | 100 | 聚六亚甲基胍丙酸盐/聚硅酸锌复合抗菌剂 | 0.3 |

| | | | |
|---|---|---|---|
| 硅灰石 | 5 | EBS | 0.5 |

注：ABS牌号为SH-3504。

（2）加工工艺

① 聚六亚甲基胍丙酸盐/聚硅酸锌复合抗菌剂的制备。称取聚六亚甲基胍丙酸盐100.0g（0.465mol），加入300mL去离子水溶液中，搅拌使其溶解，得溶液A；另称取硅酸钠（化学纯）70.0g（0.246mol），加入300mL去离子水中，搅拌使其溶解，得溶液B。在室温下（约25℃）将溶液A和溶液B混合，并充分搅拌30min，形成溶液C。称取$ZnSO_4$（化学纯）180.0g（1.847mol），缓慢倒入溶液C中，并剧烈搅拌5min，将沉淀物抽滤，干燥，粉碎，得到聚六亚甲基胍丙酸盐/聚硅酸锌复合抗菌剂。其中，聚六亚甲基胍丙酸盐与硅酸钠的摩尔比为1.9∶1；硅酸钠与硫酸锌的摩尔比为1∶2.5。

② 抗菌增强ABS的制备。用钛酸酯偶联剂对硅灰石进行表面处理，将硅灰石和钛酸酯偶联剂（用量为硅灰石质量的1%）在低速搅拌机中低速搅拌混合2min。

将配方中各个组分在低速混合机充分搅拌均匀，然后将混合物料通过双螺杆挤出机熔融共混，挤出机温度为210～230℃，转速为350r/min。挤出、造粒，将挤出的粒料在90℃恒温烘箱中烘干5h，注塑成型制备测试样条。

③ 抗菌测试。在进行抗菌测试前，先将一部分ABS样片在50℃水中煮16h，备用。采用抗菌塑料检测标准进行测试，将待测样品用75%乙醇消毒处理并晾干，将菌种用无菌水稀释成适当浓度的菌悬液备用。取0.2mL菌悬液滴在样品表面，用0.1mm厚的聚乙烯薄膜（4.0cm×4.0cm）覆于其上，使菌悬液在样品和薄膜间形成均匀的液膜。在37℃保持相对湿度90%培养18～24h。用无菌水将菌液洗下，稀释成适当的浓度梯度，取0.1mL均匀涂布在已制备好的无菌琼脂培养基上；于37℃培养18～24h，观察结果。阴性对照用无菌平皿代替，其他操作相同。

（3）参考性能

许多利用ABS树脂加工而成的塑料制品，都被提出了抗菌方面的要求，例如电话、鼠标、键盘、电饭煲外壳、汽车空调出风口等。ABS在实际应用中仍然存在强度不够大、热变形温度不够高的缺点。例如，汽车空调出风口、电饭煲外壳等有受热机会的部件，在要求抗菌的同时，也对强度提出了要求。由于ABS的加工温度相对较高，通常可以达到230℃以上，许多有机抗菌剂会发生分解；同时，大部分有机抗菌剂的分子量较小，在树脂中容易析出，安全性不高，还有一些有机抗菌剂虽然加工温度较高，但是随着国际新标准的出台，其应用范围受到了限制，如有机砷抗菌剂OBPA。

表6-19为抗菌增强ABS的性能测试结果。

表6-19 抗菌增强ABS的性能测试结果

| 性能指标 | | 配方值 |
|---|---|---|
| 拉伸强度/MPa | | 49.6 |
| 断裂伸长率/% | | 8 |
| 热变形温度(1.8MPa)/℃ | | 87 |
| 冲击强度/(J/m) | | 230.8 |
| 弯曲强度/MPa | | 73.4 |
| 弯曲模量/GPa | | 2.43 |
| 抗菌率/% | 大肠杆菌 | 99.9 |
| | 金黄色葡萄球菌 | 99.9 |
| 水煮16h后抗菌率/% | 大肠杆菌 | 99.9 |
| | 金黄色葡萄球菌 | 99.9 |

## 6.3.2　复合抗菌 ABS

**(1) 配方 (质量份)**

| | | | |
|---|---|---|---|
| ABS | 100 | 抗氧剂 1076 | 1 |
| 复合抗菌剂 | 1 | 抗氧剂 1010 | 1 |
| 硅烷偶联剂 KH550 | 1.5 | 羟基碳酸铝镁变色抑制剂 | 1 |
| 聚乙烯蜡 | 0.5 | | |

注：复合抗菌剂组分组成为载银抗菌剂 50 份、壳聚糖 6 份、纳米氧化锌 40 份、光敏剂 CCA (叶绿素铜酸) 10 份。

**(2) 加工工艺**

① 叶绿素铜酸的制备。称取一定质量的叶绿素铜钠盐 SCC 置于烧瓶中，加入适量去离子水，搅拌至 SCC 充分溶解；然后滴加浓度为 38% 的盐酸使 SCC 溶液呈现酸性，并置于搅拌器上搅拌反应 2h，可观察到有沉淀析出。将上述溶液进行抽滤、洗涤、烘干、研磨处理，得到产物 CCA (叶绿素铜酸)。

② 复合抗菌 ABS 的制备。按配方称量各组分，加入热风干燥箱中于 80℃下干燥 3h，然后加入搅拌机中，加热搅拌，制得混合原料；将干混料加入双螺杆挤出机中熔融挤出得到挤出料，将挤出料冷却后造粒得到共混粒料。主机螺杆转速为 120r/min，各加热段温度分别为 190℃、200℃、210℃、220℃、230℃ 和 220℃。将共混粒料经干燥后，采用平板硫化机压制成厚度为 2mm 的薄片，然后裁成尺寸为 40mm×40mm 的样片。

**(3) 参考性能**

表 6-20 为复合抗菌 ABS 性能测试结果。

**表 6-20　复合抗菌 ABS 材料性能**

| 性能指标 | 杀菌率 |
|---|---|
| 大肠杆菌杀菌率/% | 99.7 |
| 金黄色葡萄球菌杀菌率/% | 99.8 |

## 6.3.3　抗菌低 VOC 的 ABS

**(1) 配方 (质量份)**

① VOC 吸附母粒

| | | | |
|---|---|---|---|
| ABS | 40~60 | 钛酸酯偶联剂 | 0.1~0.5 |
| 天然黏土 | 30~50 | 芥酸酰胺 | 0.1~0.3 |
| 硅酸钠 | 10~16 | 抗氧剂 1010 | 0.1~0.5 |

② 抗菌低 VOC 的 ABS

| | | | |
|---|---|---|---|
| ABS | 80 | VOC 吸附母粒 | 6 |
| 抗菌剂 | 4 | 抗氧剂 168 | 0.1 |

注：ABS 牌号为 AG15AB；钛酸酯偶联剂牌号为 AC-201。

**(2) 加工工艺**

① VOC 吸附母粒的制备。称取 40~60 份 ABS、30~50 份天然黏土、10~16 份硅酸钠、0.1~0.5 份钛酸酯偶联剂、0.1~0.3 份芥酸酰胺及 0.1~0.5 份抗氧剂混合并搅拌均匀，得到混合料。

② 抗菌剂的制备。称取一定量的 La(NO$_3$)$_3$·6H$_2$O、Cu(NO$_3$)$_2$·6H$_2$O 及 KOH，将它们加入反应器皿中，搅拌反应 1~3h，得溶液 A；La(NO$_3$)$_3$·6H$_2$O、Cu(NO$_3$)$_2$·6H$_2$O 及 KOH 的质量比是 (10~20):(60~80):(2~6)。称取一定量的溶液 A 和聚乙二

醇,将它们加入反应器皿中,60～80℃搅拌反应 2～4h,降至常温下超声 20～40min,得溶液 B;溶液 A 和聚乙二醇的质量比是(50～70):(1～3)。称取一定量的溶液 B、氨水溶液及无水乙醇,将它们加入反应器皿中,50～70℃搅拌反应 1～3h,得溶液 C;溶液 B、氨水溶液及无水乙醇的质量比是(60～80):(50～70):(100～160)。将溶液 C 进行过滤、洗涤、干燥,得到负载 $La^{3+}$ 的 CuO 抗菌剂。

③ 抗菌低 VOC ABS 的制备。按配方称取物料混合并搅拌均匀,得到混合料;在挤出机中挤出造粒,即得到 ABS 复合材料。其中,双螺杆挤出机各区温度及螺杆转速分别为:一区温度 180℃,二区温度 240℃,三区温度 240℃,四区温度 240℃,五区温度 240℃,六区温度 240℃;机头温度为 240℃,螺杆转速为 200r/min。

(3) 参考性能

抗菌低 VOC ABS 性能如表 6-21 所示。

表 6-21　抗菌低 VOC ABS 性能

| 测试项目 | 测试标准 | 配方值 |
| --- | --- | --- |
| 抗菌率/% | 金黄色葡萄球菌 | 99.1 |
| | 大肠埃希氏菌 | 98.6 |
| 苯/$(\mu g/m^3)$ | GB/T 27630 | 34 |
| 甲苯/$(\mu g/m^3)$ | GB/T 27630 | 85 |
| 乙苯/$(\mu g/m^3)$ | GB/T 27630 | 110 |
| 二甲苯/$(\mu g/m^3)$ | GB/T 27630 | 172 |
| 苯乙烯/$(\mu g/m^3)$ | GB/T 27630 | 76 |
| 甲醛/$(\mu g/m^3)$ | GB/T 27630 | 66 |
| 乙醛/$(\mu g/m^3)$ | GB/T 27630 | 12 |
| 丙烯醛/$(\mu g/m^3)$ | GB/T 27630 | 6 |

## 6.3.4　植物提取物抗菌 ABS

(1) 配方 (质量份)

| | | | |
| --- | --- | --- | --- |
| ABS | 85 | SBS 接枝马来酸酐 | 2 |
| 功能母粒 | 17 | 抗氧剂 1076 | 5 |

注:ABS 树脂型号为 GP-22。

(2) 加工工艺

① $SiO_2$ 气凝胶微球吸附植物提取物。将植物提取物(槲皮黄素)粉碎至 5nm,加入 10 倍质量的去离子水中。加入分散剂,进行超声分散,超声频率为 50～60kHz,处理时间为 8～12min,得到植物提取物的分散液;分散剂与去离子水的质量比为 6:100。然后,将 $SiO_2$ 气凝胶微球(表面密度为 0.4g/$cm^3$,比表面积为 500$m^2$/g,平均孔径大小为 18nm,孔隙率为 88%,表面粒径为 30$\mu m$)加入植物提取物的分散液中;再次进行超声处理,超声频率为 80kHz,处理时间为 7min。停止超声处理后,将混合液体放入不锈钢真空罐中,搅拌转速为 1000r/min,然后用真空泵抽真空,达到 -0.035MPa 压力后保持 30s,再恢复至常压;再于常压下浸泡 5min,然后取出过滤;再置于 75℃下进行常压干燥,制备得到吸附植物提取物的 $SiO_2$ 气凝胶微球。$SiO_2$ 气凝胶微球中植物提取物的质量分数为 40%。

② 制备功能母粒。将吸附植物提取物的 $SiO_2$ 气凝胶微球、EVA 混合均匀后,加热至 80℃,EVA 熔化,然后进行搅拌,搅拌转速为 500r/min,使得吸附植物提取物的 $SiO_2$ 气凝胶微球的表面包覆上 EVA;开始以 5℃/min 的速率降温至室温,降温的同时进行快速搅拌,搅拌转速为 3000r/min,EVA 重新固化在微球表面。吸附植物提取物的 $SiO_2$ 气凝胶微球与 EVA 的加料质量比为 1:0.3。

③ 制备 ABS 复合塑料。将配方物料进行混合后投入单螺杆挤出机中挤出，挤出的板材经三辊冷却定型。冷却定型的工艺参数：三辊及牵引辊线速度为 2.5m/min，三辊中的上辊温度为 125℃，中辊温度为 105℃，下辊温度为 85℃。三辊恒温系统的冷却水温度不高于 35℃。

（3）参考性能

植物提取物具有抗菌作用，并且天然环保，目前多用于纤维、纺织领域，制备成功能纤维或者功能织物。但是，植物提取物存在不耐高温的缺陷，制备塑料制品时，植物提取物容易高温炭化，导致流失、损失严重，在制备的成品中含量较少，抑菌性能受到影响，并且由于炭化会导致产品外观受到影响。同时，植物提取物的加入也会降低塑料产品的力学性能。本例配方可以减少植物提取物流失、损失，提高天然抑菌效果，降低植物提取物的加入对 ABS 制品力学性能的影响。

表 6-22 为植物提取物抗菌 ABS 材料性能。

**表 6-22 植物提取物抗菌 ABS 材料性能**

| 性能指标 | 配方值 | 性能指标 | 配方值 |
|---|---|---|---|
| 拉伸强度/MPa | 43.4 | 密度/(g/cm$^3$) | 0.93 |
| 断裂伸长率/% | 10.1 | 大肠杆菌杀菌率/% | 96.4 |
| 冲击强度/(kJ/m$^2$) | 97.5 | 金黄色葡萄球菌杀菌率/% | 97.2 |
| 弯曲强度/MPa | 66.6 | 白色念珠菌杀菌率/% | 95 |

## 6.3.5 纳米抗菌门柜 ABS 板材

（1）配方（质量份）

| | | | |
|---|---|---|---|
| ABS | 30 | PP-$g$-MAH | 5 |
| HIPS | 60 | PE 蜡 | 2 |
| 纳米银抗菌剂 | 1 | 保温剂 SiO$_2$ | 3 |

（2）加工工艺

将 ABS、HIPS、纳米银抗菌剂、相容剂（PP-$g$-MAH）、PE 蜡和保温剂混合，在 65～85℃、2000～2500r/min 高速搅拌下充分混合；然后升温至（200±2）℃，恒温下通过注塑机注入模具，在模具内冷却至 65～85℃恒温成型。

（3）参考性能

表 6-23 为纳米抗菌门柜 ABS 板材性能测试结果。

**表 6-23 纳米抗菌门柜 ABS 板材性能**

| 性能指标 | | 配方值 |
|---|---|---|
| 拉伸强度/MPa | | 100.2 |
| 断裂伸长率/% | | 21.5 |
| 冲击强度/(kJ/m$^2$) | | 50.6 |
| 弯曲强度/MPa | | 121.7 |
| 抗菌性能 | 菌数 | $3.2 \times 10^5$ |
| | 存活菌数 | $4.5 \times 10^3$ |
| | 抗菌率/% | 98.6 |

## 6.3.6 冰箱隔板用 ABS 抗菌母粒

（1）配方（质量份）

| | | | |
|---|---|---|---|
| ABS | 100 | 硅藻土抗菌剂 | 30 |

| | | | |
|---|---|---|---|
| 芳香剂(香豆素苷) | 5 | 固化剂(木质纤维素) | 1.5 |
| 除油剂 | 5 | 分散剂(氧化聚乙烯蜡) | 1.0 |

注:除油剂的组分为十二烷基二甲基甜菜碱、硅烷偶联剂,其质量比为:十二烷基二甲基甜菜碱:硅烷偶联剂=1:(0.4~0.6)。

(2) 加工工艺

① 硅藻土抗菌剂的制备方法。藻土抗菌剂的有效成分为天然植物抗菌提取物,从紫苏叶、芥菜籽、小茴香、丁香、黄芩中提取;质量比为:紫苏叶:芥菜籽:小茴香:丁香:黄芩=1:(1.1~1.2):(0.8~1.0):(1.3~1.5):(1.2~1.4)。

硅藻土抗菌剂的制备方法如下:将按一定质量比称取的紫苏叶、芥菜籽、小茴香、丁香、黄芩洗净后一起捣烂,将体积为 10mL 的捣烂后的液体及固体残渣移入质量分数为 70%~75%且体积为 100mL 的乙醇中;在 55℃下萃取并得到天然植物抗菌提取物的萃取液,将质量为 20g 的纳米级硅藻土置于质量为 40~60g 的所得萃取液中室温浸渍 24h 而成。

② 冰箱隔板用 ABS 抗菌母粒的制备。将配方各原料组分放入混合搅拌机中在 40℃搅拌混合 30min,搅拌速度 250r/min。将混合物料投入双螺杆挤出机中,保持双螺杆挤出机的搅拌速度为 200r/min,各段的温度范围为:一段 165~180℃、二段 180~190℃、三段 190~200℃、四段 200~205℃、五段 205~210℃、六段 200~205℃;模头温度为 200~205℃。经充分熔融复合后,挤出成粒。颗粒首先在 160℃下通风干燥 2h,再经过筛网过筛。

(3) 参考性能

与一般市售的 ABS 树脂隔板相比,本配方例 ABS 抗菌母粒的抗菌性能测试结果如表 6-24 所示。

表 6-24　冰箱隔板用 ABS 抗菌母粒性能测试结果

| 性能指标 | ABS 树脂隔板(市售) | 配方值 |
|---|---|---|
| 抗菌率/% | 49.3 | 98.5 |
| 气味性 | 8 | 7 |

注:抗菌测试采用标准 GB 21551.2—2010,气味测试采用标准 GME 60276。

## 6.3.7　阻燃抗菌 ABS 汽车内饰材料

(1) 配方 (质量份)

① 阻燃抗菌改性 ABS 树脂

| | | | |
|---|---|---|---|
| ABS | 100 | 四氢化松香酸 | 1 |
| 三甲基硅烷基笼形聚倍半硅氧烷 | 1.5 | 二甲基硅油 | 3 |
| 季戊四醇双磷酸酯二磷酰氯缩三聚氰胺 | 1.2 | 3-辛酰基硫代-1-丙基三乙氧基硅烷 | 0.5 |
| 壳聚糖 | 3 | 二硫-2,2'-双(N-甲基苯甲酰胺) | 0.5 |
| 植酸 | 1.2 | 二(γ-三甲氧基甲硅烷基丙基)胺改性 | 1 |
| 双甲基丙烯酸酯基季铵盐 | 1.5 | | |

② 阻燃抗菌 ABS 汽车内饰材料

| | | | |
|---|---|---|---|
| 改性 ABS 树脂 | 100 | 二氧化钛 | 1.5 |
| 聚氯乙烯 | 40 | 偶联剂 | 1.5 |
| 丁腈橡胶 | 12 | 抗老剂 | 1.5 |
| 纳米碳酸钙 | 25 | 增塑剂 | 1.5 |
| 滑石粉 | 4 | 加工助剂 | 2 |

注:偶联剂由质量比为 2:1 的甲基丙烯酸铝锆偶联剂和琥珀酸酯磺酸化氢化蓖麻油组成。增塑剂由质量比为 1:1 的苯乙烯-马来酰亚胺共聚物和菜油脂肪酸烷醇酰胺硫酸酯组成。加工助剂由质量比为 1:3 的蓖麻油聚氧乙烯醚和马来酸酐接枝 PE 蜡组成。

（2）加工工艺

将改性 ABS 树脂、聚氯乙烯、丁腈橡胶混合搅拌均匀，得混合塑料；在混合塑料中加入纳米碳酸钙、滑石粉、二氧化钛搅拌均匀后，再加入偶联剂、抗老剂、增塑剂和加工助剂，搅拌 25min 后，得混合料；将混合料加热至 200℃，在挤出机上熔融挤出造粒，冷却，即得汽车内饰材料。

（3）参考性能

表 6-25 为阻燃抗菌 ABS 汽车内饰材料性能。

表 6-25　阻燃抗菌 ABS 汽车内饰材料性能

| 性能指标 | 配方值 | 性能指标 | 配方值 |
|---|---|---|---|
| 拉伸强度/MPa | 38.4 | 金黄色葡萄球菌杀菌率/% | 99 |
| 断裂伸长率/% | 2 | 大肠杆菌杀菌率（老化后）/% | 99.2 |
| 简支梁冲击强度/(kJ/m²) | 29.7 | 金黄色葡萄球菌杀菌率（老化后）/% | 98.7 |
| 弯曲强度/MPa | 45.9 | 大肠杆菌杀菌保留率/% | 99.89 |
| 大肠杆菌杀菌率/% | 98.9 | 金黄色葡萄球菌杀菌保留率/% | 99.69 |

## 6.3.8　蓄电池等胶封领域抗菌 ABS

（1）配方（质量份）

| | | | |
|---|---|---|---|
| ABS(AG15A1) | 98.4 | 粘接改性协效剂（环氧大豆油） | 0.1 |
| 粘接改性剂(AX-8900) | 1 | 抗菌剂 | 0.5 |

注：抗菌剂为光催化抗菌剂与银系无机抗菌剂按 1∶1 复配而成的抗菌剂。其中，光催化抗菌剂为锐钛型 $TiO_2$；银系无机抗菌剂具体型号为 IPS3。

（2）加工工艺

将配方物料在高速混合机充分混合 10～60min。将上述混合物经过精密计量的送料装置输送到双螺杆挤出机中，熔融挤出的加工条件如下：一区温度 190℃，二区温度 210℃，三区温度 230℃，四区温度 240℃，五区温度 240℃，六区温度 240℃，七区温度 240℃，八区温度 240℃，九区温度 240℃，十区温度 250℃；机头温度为 260℃；螺杆转速为 200～800r/min，长径比为 40∶1，挤出造粒、干燥得到抗菌 ABS 复合物。将抗菌 ABS 复合物加入注塑机中加工成所需样条。注塑条件为：料筒温度 190～260℃，模具温度 60～70℃，注塑压力 6～10MPa。

（3）参考性能

表 6-26 为蓄电池等胶封领域抗菌 ABS 性能测试结果，其可以作为抗菌材料用于汽车、冰箱、电视机行业。

表 6-26　蓄电池等胶封领域抗菌 ABS 性能测试结果

| 性能指标 | 配方值 | 性能指标 | 配方值 |
|---|---|---|---|
| 拉伸强度/MPa | 48 | 密度/(g/cm³) | 1.04 |
| 断裂伸长率/% | 23 | 粘接强度/(kgf/1.27cm²) | 85.3 |
| 悬臂梁缺口冲击强度/(kJ/m²) | 19.5 | LOI/% | 28 |
| 弯曲强度/MPa | 74.7 | 大肠杆菌抗菌率/% | 90.6 |
| 弯曲模量/MPa | 2500 | 金黄色葡萄球菌抗菌率/% | 92.1 |
| 熔体指数/(g/10min) | 25 | | |

注：1. 抗菌率测定采用 GB/T 31402—2015 标准。

2. 1kgf=9.80665N。

### 6.3.9　ABS硬塑玩具用云纹抗菌色母粒

（1）配方（质量份）

① 抗菌底色母粒

| | | | |
|---|---|---|---|
| 载体AS树脂 | 80 | 抗氧剂1010 | 1 |
| 底色色粉（钛白粉） | 4 | 纳米粉体载银抗菌剂 | 15 |

② 云纹色母粒

| | | | |
|---|---|---|---|
| 载体PBT树脂 | 80 | EBS | 10 |
| 环保扩散油 | 8 | 酞菁蓝 | 2 |

（2）加工工艺

① 抗菌底色母粒的制备。将色粉、抗氧剂、纳米粉体载银抗菌剂和AS树脂加入高速混合器混合20~30min，然后将混合料加入双螺杆挤出机混炼挤出，经冷却、烘干、切粒制成所需抗菌底色母粒。

② 云纹色母粒的制备。将PBT树脂在110℃干燥4h后，将酞菁蓝、分散润滑剂（EBS）、环保扩散油加入高速混合器混合10min，然后将混合料加入双螺杆挤出机混炼挤出，经冷却、烘干、切粒制成所需云纹色母粒。

（3）参考性能

云纹抗菌色母粒是既有云纹色彩，又有抗菌功能的一种多功能色母粒，这种母粒一般由抗菌底色母粒和云纹母粒组成。抗菌底色母粒要求同时具有着色和抗菌性能，基础配方为：载体树脂、色粉、抗氧剂和抗菌剂。抗菌底色母粒的载体树脂选用AS树脂，因其与ABS基体树脂有极好的相容性。云纹色母粒载体树脂选用PBT，这是因为PBT的熔体流动速率较ABS高，从而在注塑流动时产生云纹状效果。扩散助剂为环保扩散油，可帮助不相容体系扩散。分散润滑剂为EBS，起分散作用，具备内外润滑和脱膜作用。酞菁蓝在ABS白色基底上可产生"蓝天白云"效果。该功能母粒制备的ABS硬塑玩具板材的抗菌率为99.1%。

### 6.3.10　可见光条件下冰箱杀菌ABS材料

（1）配方（质量份）

| | | | |
|---|---|---|---|
| ABS | 500 | 叶绿素铜酸 | 1.78 |
| 纳米氧化锌 | 4 | | |

（2）加工工艺

① 光敏剂处理。称取定量的叶绿素铜酸加入蒸馏水中，搅拌，加入适量盐酸，继续搅拌，使溶液沉淀；然后真空抽滤得到沉淀物，并用蒸馏水反复洗涤至中性，烘干，称重，保存，处理足量叶绿素铜酸备用。

② 纳米复合抗菌薄膜的制备。将纳米氧化锌和叶绿素铜酸按照质量比2.25∶1加入ABS基体中。物理混合摇匀加入双螺杆挤出机中熔融共混，从加料段到机头的温度依次为185℃、190℃、195℃、195℃、200℃、200℃，螺杆转速为80r/min，将挤出的混合材料造粒。将造粒后的纳米复合粒子烘干处理，在平板硫化机下膜压成纳米复合抗菌膜。

（3）参考性能

将模压成型的纳米复合抗菌膜用于接触性抗菌实验，其抗菌性能见表6-27。

表6-27　纳米复合抗菌膜抗菌性能

| 性能指标 | ABS树脂隔板（市售） |
|---|---|
| 抗菌率/% | 100 |
| 平均落菌数/（CFU/片） | 0 |

### 6.3.11　低气味杀菌增强 ABS 汽车后视镜架材料

(1) 配方 (质量份)

| | | | |
|---|---|---|---|
| ABS(PA757) | 46.2 | 抗氧剂 | 0.4 |
| 短切玻璃纤维(ECS13-4.5-534A 型) | 25 | 抗紫外线助剂 | 0.3 |
| 增韧剂 EXL 2602 | 7 | 抗"浮纤"剂 Hyper C100 | 0.8 |
| 相容剂 SMA800 | 5 | 润滑剂(季戊四醇硬脂酸酯) | 0.7 |
| 热稳定剂 SAG-005 | 0.2 | 包覆处理分解酶 | 1.2 |
| 接枝包覆硫酸钙晶须 | 10 | 纳米光催化剂 | 0.8 |
| 低挥发物质吸附剂 | 2.4 | | |

注：接枝包覆硫酸钙晶须中，AS 接枝包覆硫酸钙晶须 5 份，AS-co-SBR 接枝包覆的硫酸钙晶须 5 份；抗紫外线助剂中，UV770 0.15 份，UV5411 0.15 份。低挥发物质吸附剂纳米二氧化硅、沸石分子筛、煅烧硅藻土 (平均粒径为 5~10μm) 按质量比为 0.7：2.2：1.3 组成。包覆处理分解酶型号为 ECO-E；纳米光催化剂型号为 KV-1N。抗氧剂由汽巴精化的 Irganox1076 和 Irganox168 及东莞沐南化工新材料有限公司的 Winox GS 抗氧剂按质量比 2：1：1 混合制得。

(2) 加工工艺

① 接枝包覆填充剂的制作方法。将硫酸钙晶须加入高速混合机，高速搅拌，温度达到 110℃，将晶须中的水分去掉；然后将丙烯腈、苯乙烯与马来酸酐共聚物加入高速混合机中，维持温度不低于 100℃。共混 20min，再冷却至 40℃，即可取出备用，称为 AS 接枝包覆的硫酸钙晶须。

将硫酸钙晶须加入高速混合机，高速搅拌，温度达到 110℃，将晶须中的水分去掉；然后将丙烯腈、苯乙烯和丁苯橡胶-马来酸酐共聚物加入高速混合机中，维持温度不低于 100℃。共混 30min，再冷却至 40℃，即可取出备用，称为 AS-co-SBR 接枝包覆的硫酸钙晶须。

② 低气味杀菌增强 ABS 汽车后视镜架材料的制备。先将 ABS、短切玻璃纤维、相容剂、低挥发物质吸附剂、包覆处理分解酶、纳米光催化剂分别烘干备用；将 ABS、增韧剂 EXL 2602、相容剂 SMA800、热稳定剂、接枝包覆硫酸钙晶须、低挥发物质吸附剂、抗氧剂、抗紫外线助剂、抗"浮纤"剂 Hyper C100、润滑剂依次加入高速混合机中，混合 5min，得混合料 A 组分。已烘干的短切玻璃纤维为 B 组分。将已烘干的包覆处理分解酶、纳米光催化剂一起混合均匀，得混合料 C，简称 C 组分。将 A 组分从双螺杆挤出机的主喂料口加入，B 组分从双螺杆挤出机的第一侧喂料口加入，C 组分在双螺杆挤出机的第二侧喂料口加入，在双螺杆挤出机内经过 210~240℃熔融混炼，经水冷拉条风干切粒制得。粒子经干燥后在注塑机上注塑成型制样。

(3) 参考性能

表 6-28 为低气味杀菌增强 ABS 汽车后视镜架材料性能。

**表 6-28　低气味杀菌增强 ABS 汽车后视镜架材料性能**

| 性能指标 | 配方值 | 性能指标 | 配方值 |
|---|---|---|---|
| 拉伸强度/MPa | 95 | 粘接强度/(kgf/1.27cm²) | 85.3 |
| 断裂伸长率/% | 2 | 热变形温度/℃ | 103.2 |
| 缺口冲击强度/(kJ/m²) | 7.6 | 气味等级/级 | 1 |
| 弯曲模量/MPa | 7120 | TVOC/(μg/g) | 6 |
| 熔体指数/(g/10min) | 9.6 | 抗菌性能/% | 99.9 |
| 密度/(g/cm³) | 1.32 | | |

注：1. 气味等级(级)的检测标准为 PV3900，TVOC(μg/g)的检测标准为 PV3341。

2. 1kgf=9.80665N。

# 6.4 ABS 耐候性改性配方与实例

## 6.4.1 耐热亚光 ABS

（1）配方（质量份）

| | | | |
|---|---|---|---|
| 耐热 ABS | 60 | 抗氧剂 1076 | 0.1 |
| 消光剂 BMAT | 40 | | |

注：耐热 ABS 为本体法耐热 ABS 树脂；消光剂 BMAT 为 SAN（苯乙烯-丙烯腈共聚物）交联聚合物，过 10 目滤网。

（2）加工工艺

将称取好的耐热 ABS 树脂、消光剂、抗氧剂在高速混合机中进行充分搅拌预混，再将预混料通过双螺杆挤出机。进料段温度为 170～190℃，压缩段温度为 200～220℃，塑化段温度为 210～220℃，均化段温度为 220～240℃，模口温度为 200～210℃，在螺杆转速为 200～600r/min 条件下进行熔融挤出，冷却造粒。

（3）参考性能

在汽车内饰领域，为避免阳光照射反射对驾驶员产生视觉干扰以及减轻驾驶员的视觉疲劳，一般都应进行消光或亚光处理，尽可能降低内饰件的表面光泽。此外，由于通用 ABS 树脂的耐热温度较低，0.45MPa 的热变形温度一般只有 90℃左右，用于小轿车中央面板、空调出风口、方向盘上下盖以及遮阳板等有耐热要求的汽车内饰部件时不能满足使用要求。

降低 ABS 制件表面光泽度的方法主要有以下几种。①模具表面皮纹化处理。即通过模具的表面处理，使注塑制件的表面具有凹凸不平的纹理结构，从而有效降低光泽。②提高 ABS 树脂的橡胶粒径。ABS 树脂的光泽度主要由丁二烯橡胶的粒径决定，橡胶粒径越大，光泽度越低。③添加不相容的聚合物或填料。在 ABS 体系中添加 SEBS、丁腈橡胶、凝胶化的 SAN、三维网格结构的甲基丙烯酸烷基酯等不相容的聚合物均会降低 ABS 的光泽。添加硅酸盐、铝酸盐、二氧化硅等无机填料也会降低树脂表面光泽。④添加反应性树脂，如添加 PS-*g*-GMA、SAN-*g*-GMA 等具有反应活性的树脂。

目前汽车内饰材料的亚光效果主要通过在制件表面喷涂亚光漆或是在原材料中添加消光剂改性来实现。但是，喷涂亚光漆会大幅度提高内饰件加工成本并造成环境污染；在材料中添加大粒径的无机填料虽然可以显著降低材料的光泽度，但会导致材料冲击强度与流动性大幅下降；而在材料中添加预交联的橡胶粒子虽然可以在制件表面取得良好的亚光效果，却严重影响了材料的流动性和耐热性。表 6-29 为耐热亚光 ABS 性能测试结果。通过控制消光剂的添加量和粒径范围，可以调节材料的亚光效果，使之细腻。

表 6-29 耐热亚光 ABS 性能测试结果

| 性能指标 | 配方值 | 性能指标 | 配方值 |
|---|---|---|---|
| 拉伸强度/MPa | 48 | 弯曲模量/MPa | 2300 |
| 断裂伸长率/% | 63 | 维卡软化温度/℃ | 104 |
| 冲击强度/(J/m) | 180 | 亚光均匀度 | 均匀 |
| 弯曲强度/MPa | 55 | | |

## 6.4.2 耐候 ABS 复合材料

（1）配方（质量份）

| | | | |
|---|---|---|---|
| ABS 8391 | 100 | 抗氧剂 1010 | 0.2 |
| 光稳定剂 770 | 0.7 | 抗氧剂 168 | 0.3 |
| 紫外线吸收剂 UV-P | 0.3 | 其他助剂 | 1 |

注：ABS 树脂为中石化上海高桥 ABS 8391。

（2）加工工艺

按配方将物料高速混合后，双螺杆挤出造粒。

（3）参考性能

耐候体系的老化试验结果如表 6-30 所示，在光稳定剂 770 和紫外线吸收剂 UV-P 复配比例为 7 : 3 时，$\Delta b$ 和 $\Delta E$ 变化最小，材料的耐候性能最佳。这是由于 UV-P 作为苯并三唑类紫外线吸收剂，可以吸收 $300 \sim 460\text{nm}$ 的紫外线，并以能量转换的形式将吸收的能量以热能或无害的低能辐射释放出来或消耗掉，阻止高能量的紫外线引起高聚物的光氧化降解，具有短期抗老化效果。而 770 作为受阻胺类光稳定剂，可以在 ABS 材料受热或紫外线辐照下产生氮氧自由基。该自由基可捕获 ABS 氧化产生的自由基，终止材料的光氧化降解反应，具有长期抗老化效果。UV-P 能够吸收 ABS 中的紫外线，防止 ABS 的双键裂化；而 770 能够抑制自由基的扩散，两者结合具有较好的协同作用。

**表 6-30　耐候体系的老化试验结果（紫外老化 168h）**

| 性能指标 | 数值 | 性能指标 | 数值 |
|---|---|---|---|
| $\Delta L$ | $-1.24$ | $\Delta b$ | 5.86 |
| $\Delta a$ | $-1.12$ | $\Delta E$ | 6.09 |

注：人工加速老化试验按照 GB/T 16422.3—2022《塑料　实验室光源暴露试验方法　第 3 部分：荧光紫外灯》进行。

## 6.4.3　防尘耐热汽车内饰 ABS

（1）配方（质量份）

① 防尘耐热母粒

| | | | |
|---|---|---|---|
| 氟化石墨烯 | 10 | ABS | 86 |
| 全氟烷基的丙烯酸系添加剂 | 2 | 抗氧剂 | 0.3 |
| SMA | 2 | | |

注：全氟烷基的丙烯酸系添加剂型号为 TG-001；SMA 型号为 SMA700；ABS 树脂型号为 ABS750SW。

② 防尘耐热汽车内饰 ABS

| | | | |
|---|---|---|---|
| ABS 胶粉 | 30 | 润滑剂 EBS | 0.5 |
| SAN 树脂 | 70 | 抗氧剂 1076 | 0.5 |
| 防尘耐热母粒 | 15 | | |

注：ABS 胶粉型号为 P/D81；SAN 树脂型号为 PN128。

（2）加工工艺

① 防尘耐热母粒的制备。按配方称取氟化石墨烯、全氟烷基的丙烯酸系添加剂、SMA、ABS 树脂和抗氧剂放入高速搅拌机中搅拌 $5 \sim 30\text{min}$ 后出料。将混合物经过双螺杆挤出机挤出造粒，双螺杆挤出机的温度为 $200 \sim 230\text{℃}$，螺杆转速为 $180 \sim 600\text{r/min}$，真空度大于 $0.09\text{MPa}$。

② 防尘耐热汽车内饰 ABS 的制备。将 ABS 胶粉、SAN 树脂、防尘耐热母粒、润滑剂和抗氧剂放入高速搅拌机中搅拌 $5 \sim 30\text{min}$ 后出料得到混合物。将混合物经过双螺杆挤出机挤出造粒，双螺杆挤出机的温度为 $200 \sim 230\text{℃}$，螺杆转速为 $180 \sim 600\text{r/min}$，真空度大于 $0.09\text{MPa}$。

（3）参考性能

表 6-31 为防尘耐热汽车内饰 ABS 性能测试结果。

**表 6-31　防尘耐热汽车内饰 ABS 性能测试结果**

| 性能指标 | 配方值 | 性能指标 | 配方值 |
|---|---|---|---|
| Izod 缺口冲击强度/(kJ/m²) | 30 | 目测灰尘 | ★ |
| 维卡软化点/℃ | 106 | 100℃烘烤 16h | 不变形 |
| 表面电阻率/Ω | 10¹⁰ | | |

注：将高光板的光面用手持表面电阻率仪测试表面电阻率；将高光板悬挂在灰尘较多的房间内放置 7d 后观察高光面表面的灰尘数量；★越多，表示灰尘越严重。

## 6.4.4　家电用高韧性长效耐热 ABS

（1）配方（质量份）

| | | | |
|---|---|---|---|
| ABS 树脂（DG417） | 60 | 抗氧剂 168 | 0.5 |
| 耐热剂 MS-NB | 30 | 抗氧剂 DSTDP | 0.25 |
| 增韧剂 A600N | 10 | 加工助剂 EBS | 0.3 |
| 抗氧剂 245 | 0.25 | 加工助剂 GM-100 | 0.2 |

（2）加工工艺

将 ABS 树脂和耐热剂放入鼓风式烘箱，设定 80℃烘 4h；根据配方比例称取 ABS 树脂、耐热剂、增韧剂、抗氧剂、加工助剂放入高速混合机中充分混合，转速为 150r/min，混合时间为 10min。在双螺杆挤出机中挤出切粒。其中，喂料转速为 25r/min，螺杆转速为 400r/min。双螺杆挤出工作温度区间为：一区 180℃，二区 210℃，三区 220℃，四区 230℃，五区 235℃，六区 240℃，七区 240℃，八区 240℃，九区 240℃；机头温度为 240℃。停留时间为 1～2min。

（3）参考性能

表 6-32 为家电用高韧性长效耐热 ABS 性能测试结果。经过 90℃热空气加速老化 1000h 后，材料的热变形温度超过 103℃，完全满足微波炉、电饭锅、电吹风、咖啡壶和豆浆机等家用电器高耐热零部件的使用要求。

**表 6-32　家电用高韧性长效耐热 ABS 性能测试结果**

| 性能指标 | 配方值 | 性能指标 | 配方值 |
|---|---|---|---|
| 拉伸强度/MPa | 47.2 | 密度/(g/cm³) | 1.06 |
| Izod 缺口冲击强度/(J/m²) | 187 | 未加速热老化/℃ | 118 |
| 弯曲强度/MPa | 73.4 | 90℃、1000h 加速热老化后/℃ | 112 |

## 6.4.5　耐油耐候性能良好的 ABS

（1）配方（质量份）

① 耐候母粒

| | | | |
|---|---|---|---|
| ABS | 50～70 | 光稳定剂 UV662 | 5～7 |
| 抗氧剂 2246 | 6～10 | 纳米二氧化钛 | 1～3 |
| 抗氧剂 TNP | 3～5 | PE 蜡 | 0.4～0.6 |

② 耐油耐候性能良好的 ABS

| | | | |
|---|---|---|---|
| ABS | 100 | ABS-*g*-MAH | 0.1 |
| SEBS | 10 | 耐候母粒 | 4 |
| 滑石粉 | 10 | | |

（2）加工工艺

按配方称取物料，混合均匀，挤出造粒。双螺杆挤出机各区温度及螺杆转速分别为：一区温度 180℃，二区温度 240℃，三区温度 240℃，四区温度 240℃，五区温度 240℃，六区温度 240℃；机头温度为 240℃；螺杆转速为 200r/min。

（3）参考性能

表 6-33 为耐油耐候性能良好的 ABS 性能。

**表 6-33　耐油耐候性能良好的 ABS 性能**

| 性能指标 | 配方值 |
|---|---|
| 拉伸强度/MPa | 41 |
| 1000h 耐候试验后的拉伸强度/MPa | 40.2 |
| 拉伸强度保持率/% | 98 |
| 1000h 耐油试验后的拉伸强度/MPa | 40.6 |
| 拉伸强度保持率/% | 99 |

注：1000h 老化试验参照的标准为 GB/T 1843—2008，耐油试验是在常温下放在 97# 汽油 1000h 浸泡后测试性能。

## 6.4.6　高耐候高耐温 ABS 缓燃级色母粒

（1）配方（质量份）

| | | | |
|---|---|---|---|
| ABS 粉 | 20 | 多聚磷酸铵 | 15 |
| PA6 | 15 | 热稳定剂 BRUGGOLEN H10 | 1 |
| 钛白粉 | 35 | 支化润滑剂 CYD-C600 | 5 |
| UV770 | 9 | | |

（2）加工工艺

将配方物料在高速混合机中高速混合 10min，采用双螺杆挤出机挤出造粒。

（3）参考性能

表 6-34 为高耐候高耐温 ABS 缓燃级色母粒性能测试结果。其耐候性能满足 313nm 波长、0.55mW/cm$^2$ 的紫外能量下辐照 96h，色差变化 $\Delta E \leqslant 8$，制品的阻燃性能满足 UL94HB，颜色均一；而且，该款色母在 250℃ 左右下注塑所得制品不出现黄变、黄纹等问题，对制品力学性能基本无影响。ABS 缓燃级色母粒与 ABS 相容性好，颜色分散优良，对制品的冲击强度影响小。

**表 6-34　高耐候高耐温 ABS 缓燃级色母粒性能测试结果**

| 性能指标 | 配方值 | 性能指标 | 配方值 |
|---|---|---|---|
| 颜色均一性 | 均一 | 燃烧速率/(mm/min) | 26 |
| 分散性 | 无色点 | 耐候性(313nm，96h，色差变化值) | 4.2 |
| 冲击强度保留率/% | 98 | 250℃ 注塑是否存在黄纹 | 无黄纹 |

## 6.4.7　耐溶剂耐候阻燃 ABS/POK 合金

（1）配方（质量份）

| | | | |
|---|---|---|---|
| ABS 树脂 | 70 | UV3346 | 0.1 |
| 聚酮树脂(POK) | 10 | 相容剂 SAG-002 | 1 |
| 三(三溴苯氧基)三嗪 | 8 | ABS 高胶粉 | 3 |
| 三氧化二锑 | 2 | 抗氧剂 B215 | 0.2 |
| UV531 | 0.2 | EBS | 0.3 |
| UV326 | 0.2 | 钛白粉 | 5 |

注：ABS 树脂牌号为 8391，购自中石化上海高桥；聚酮树脂牌号为 M330A；三（三溴苯氧基）三嗪牌号为 RDT-8；ABS 高胶粉牌号为 HR181；相容剂牌号为 SAG-002，环氧当量 400～850g/mol。

（2）加工工艺

将各原料在 85℃下干燥 2h 后加入高速搅拌机，调整高速搅拌机转速至 600r/min，搅拌 10min；再将物料转入双螺杆挤出机，设定双螺杆挤出机 11 个温区的温度为 150℃、230℃、230℃、230℃、225℃、225℃、225℃、225℃、225℃、230℃、230℃，喂料转速为 15r/min，主机转速为 350r/min，挤出、冷却、造粒、干燥，得到 ABS/POK 合金。

（3）参考性能

表 6-35 为耐溶剂耐候阻燃 ABS/POK 合金性能测试结果。

**表 6-35　耐溶剂耐候阻燃 ABS/POK 合金性能**

| 性能指标 | 配方值 | 性能指标 | 配方值 |
|---|---|---|---|
| 拉伸强度/MPa | 46 | UL94-V0/3mm | 通过 |
| 密度/(g/cm$^3$) | 1.22 | 色差 $\Delta E$（氙灯老化 500h） | 7.0 |
| 熔体指数/(g/10min) | 60.8 | 色差 $\Delta E$（紫外老化 96h） | 2.0 |
| 弯曲强度/MPa | 68 | 力学性能保留率（氙灯老化 500h）/% | 90 |
| 弯曲模量/MPa | 2447 | 92$^\#$汽油浸泡 24h | 轻微开裂 |
| UL94-V0/0.75mm | 未通过 | 1%NaCl 溶液浸泡 24h | 完好 |
| UL94-V0/1.5mm | 通过 | | |

## 6.4.8　动态交联型耐候 ABS 封边条材料

（1）配方（质量份）

| | | | |
|---|---|---|---|
| ABS | 100 | 紫外线吸收剂 | |
| 交联剂（二硫化四甲基秋兰姆） | 0.5 | 抗氧剂 | |
| 交联活性剂 | 15 | 润滑剂（高熔点石蜡） | |

注：ABS 树脂的熔体指数为 45g/min。交联活性剂由纳米氧化锌和硬脂酸按质量比 9∶1 比例复配而成。紫外线吸收剂是 2-（2′-羟基-3′，5′-二叔苯基）-5-氯化苯并三唑和三（1，2，2，6，6-五甲基哌啶基）亚磷酸酯按照质量比 2∶1 复配而成。抗氧剂由抗氧剂 1010 和抗氧剂 802 按照质量比 3∶2 复配而成。

（2）加工工艺

按配方称量物料后，混合均匀，混合搅拌温度为 40℃，搅拌速度为 500r/min，搅拌时间为 12min。然后在一定温度下挤出造粒，螺杆转速为 100r/min，双螺杆挤出机各区温度设定为：一区 190℃、二区 200℃、三区 210℃、四区 210℃、五区 210℃、六区 210℃、七区 205℃、八区 200℃。机头温度为 220℃。

（3）参考性能

表 6-36 为动态交联型耐候 ABS 封边条材料性能。

**表 6-36　动态交联型耐候 ABS 封边条材料性能**

| 项目性能 | 标准指标 | 配方值 |
|---|---|---|
| 熔体指数/(g/10min) | 5～35 | 18 |
| 拉伸强度/MPa | ≥40.0 | 43.6 |
| 冲击强度/(kJ/m$^2$) | ≥20 | 28 |
| 洛氏硬度 | ≥95 | 101 |
| 热变形温度/℃ | ≥85 | 92 |
| 耐收缩性能/% | ≤0.2 | ≤0.08 |

续表

| 项目性能 | 标准指标 | 配方值 |
|---|---|---|
| 开槽崩角测试 | 无崩角现象 | 无崩角现象 |
| 抗老化 | $\Delta E \leqslant 1$ | $\Delta E = 0.56$ |

注：1. 耐收缩性能。采用 1.0mm×22mm 的封边条。在室温（18±2）℃环境下，用封边机封边。封边后的中纤板（200mm×100mm×18mm）在推台锯上锯平两端，并测量样品封边条的长度 $a$，精确到 0.01mm。取样品平放在冷热冲击试验机测试仓中，高温（65℃）放置 2h，低温（−20℃）放置 2h，4h 一循环，循环 2 次。试验结束后，取出样品置于室温 1～1.5h。测量样品封边条的长度 $b$，精确到 0.01mm。收缩率 $W = (a-b)/a \times 100\%$，精确至 0.01%，要求小于 0.2%。

2. 开槽崩角测试：采用 1.0mm×22mm 的封边条。在室温（18±2）℃环境下，用封边机封边。封边后的刨花板（200mm×100mm×18mm）锯平两端，并恒温 4h 以上开槽。开槽深度（6±2）mm，开槽距离（40±20）mm，开槽起始位置距离封边端（40±20）mm。每个样品顺槽和逆槽各开两次，开槽处封边条不平整即为崩角。要求不能有崩角现象。

3. 抗老化：参考 ASTM G154 标准，灯管型号 UVA-340；样品用 3mm 透明玻璃遮盖，紫外光照强度 0.66W/（m²·nm），照射 8h，温度 60℃；然后冷凝 4h，温度 50℃。循环测试 1500h。要求 $\Delta E \leqslant 1$。

# 6.5　ABS 抗静电改性配方与实例

## 6.5.1　低填充抗静电 ABS

（1）配方（质量份）

① 交联 ABS/炭黑共混物

| | | | |
|---|---|---|---|
| ABS | 50 | 过氧化二异丙苯 | 0.1 |
| SMN | 10 | 炭黑 | 5 |

注：SMN 分子量为 $5 \times 10^4$，炭黑粒径在 20nm。

② 低填充抗静电 ABS

| | | | |
|---|---|---|---|
| ABS | 60 | KH570 | 0.3 |
| 乙烯-丙烯酸甲酯共聚物 | 20 | 抗氧剂 1076 | 0.15 |
| 交联 ABS/炭黑共混物 | 15 | | |

（2）加工工艺

① 交联 ABS/炭黑共混物的制备。混合配方①原料，用双螺杆挤出机在 200℃下挤出造粒，获得与苯乙烯-马来酸酐-N-苯基马来酰亚胺共聚物（SMN）进行过交联反应的 ABS 粒子，再与炭黑粒子进行混合。

② 低填充抗静电 ABS 的制备。将配方原料在混合机中进行共混，混合机转速 500r/min，共混时间 3min。用双螺杆挤出机造粒，螺杆长径比为 40:1，螺杆直径 65mm，双螺杆挤出机转速 300r/min。双螺杆挤出机从输送段到出料口的温度为 190～200℃，经挤出冷拉条切粒，得到颗粒粒径为 3mm×3mm 的 ABS 改性塑料粒子。

（3）参考性能

表 6-37 为低填充抗静电 ABS 性能测试结果。

表 6-37　低填充抗静电 ABS 性能测试结果

| 性能指标 | 配方值 | 性能指标 | 配方值 |
|---|---|---|---|
| 密度/（g/cm³） | 1.03 | 弯曲强度/MPa | 58 |
| 拉伸强度/MPa | 44 | 弯曲模量/MPa | 2000 |
| 断裂伸长率/% | 22 | 热变形温度/℃ | 88 |
| 熔体指数/（g/10min） | 16 | 体积电阻率/Ω·cm | $1.0 \times 10^{10}$ |
| 悬臂梁冲击强度/（kJ/m²） | 16.2 | | |

### 6.5.2 永久抗静电阻燃 ABS

（1）配方（质量份）

| | | | |
|---|---|---|---|
| ABS 8391 | 63.9 | ABS 60P | 7 |
| 润滑剂 EBS | 0.5 | 抗氧剂 1010 | 0.1 |
| MH 2030 | 10 | SAY-TEX4010 | 10 |
| CFP-220 | 2 | 抗氧剂 168 | 0.2 |
| 硬脂酸钙 BS-3818 | 0.2 | S-05N | 3 |
| SMA 700 | 3 | SN80-SA7 | 0.1 |

注：ABS 牌号为 8391；十溴二苯乙烷牌号为 SAY-TEX4010；高胶粉牌号为 ABS 60P；抗静电剂牌号为 MH 2030；苯乙烯接枝马来酸酐牌号为 SMA 700；三氧化二锑牌号为 S-05N；磷酸酯类阻燃剂牌号为 CFP-220；抗滴落剂牌号为 SN80-SA7；抗氧剂 1010、168，购自汽巴精化有限公司；硬脂酸钙牌号为 BS-3818。

（2）加工工艺

将 ABS 8391、SMA 700、抗静电剂、流动改性剂、十溴二苯乙烷、三氧化二锑和其他助剂按一定比例加入高速混合机中先进行预混。然后将预混物投入双螺杆挤出机挤出造粒，双螺杆挤出机的机筒温度分 10 段控制，温度控制在 160～210℃，主机转速 1000r/min，喂料转速 350r/min，挤出造粒制备出阻燃抗静电粒子。该粒子在 80℃ 条件下干燥 2～3h 后，由精密注塑机注塑成为标准测试样条，注塑温度 180～200℃。

（3）参考性能

为了制备高刚性高韧性的抗静电阻燃 ABS 材料，树脂选用刚性较好、采用本体法合成的 ABS 8391，通过添加具有较高橡胶含量的高胶粉来提高材料的韧性。但是，高胶粉的添加降低了材料的熔体流动性，通过添加磷酸酯类阻燃剂 CFP-220 来改善材料的流动性，提高加工性能。采用十溴二苯乙烷阻燃体系，以 MH 2030 作为永久抗静电剂，添加相容剂 SMA 700 提高了抗静电剂与树脂的相容性。表 6-38 为抗静电阻燃 ABS 复合材料的性能测试结果。

表 6-38 抗静电阻燃 ABS 复合材料的性能测试结果

| 性能指标 | 配方值 | 性能指标 | 配方值 |
|---|---|---|---|
| 拉伸强度/MPa | 34 | 弯曲模量/MPa | 1953 |
| 断裂伸长率/% | 14 | 熔体指数(200℃,5kg)/(g/10min) | 4.5 |
| 表面电阻率/$10^8\,\Omega$ | 3.2 | 密度/(g/cm³) | 1.189 |
| 悬臂梁缺口冲击强度/(J/m²) | 10 | 垂直燃烧等级 UL94(1.5mm) | V-0 |
| 弯曲强度/MPa | 52 | LOI/% | 28 |

将抗静电阻燃 ABS 试样置于不同空气湿度的环境中 24h 后，测试了材料的表面电阻率，结果见图 6-17。随着空气湿度的增大，材料的表面电阻率略微降低，但抗静电性能均处于同一数量级，说明该材料的抗静电性能受环境湿度的影响较小，具有稳定的抗静电性能。将材料在室温下放置 3 年以上，材料的表面电阻率略有增加，但仍然具有优异抗静电性能。

为了表征材料是否有抗静电剂析出，将抗静电阻燃 ABS 材料的样条先在沸水中煮泡不同时间，再置于 75℃ 烘箱干燥 2h，最后测试材料表面电阻率的变化情况，结果如图 6-18 所示。水煮一定时间后，材料的表面电阻率没有发生太大变化，均处于同一数量级，说明抗静电剂与 ABS 具有很好的相容性，不易从基体中迁移。

图 6-19 是抗静电阻燃 ABS 材料在不同温度下的 Izod 缺口冲击性能。从此结果可明显看出，该材料在常温下具有较好的冲击强度，但是随着温度的降低，冲击强度不断下降。

放电到了�大标放电率，静电几乎以从最到小到表面均匀迅速地被放出，说明 ABS 8391 的
绝缘性能较好，大部分静电荷为了处理。抗静电 ABS 8301 的静电荷衰减速率比 ABS
8391 慢了许多，这大约解释了率料因于 ABS 8301 和 8301 引起静电放出率慢率并很结果
较为平缓，原因在于较发炎的硬体，它与了了诸二率乙烯因体系列了 ABS 因体较低速率
低决于可有的效果相，同时再通动了了率料的和加对以其料的效能可由率来加温速内。

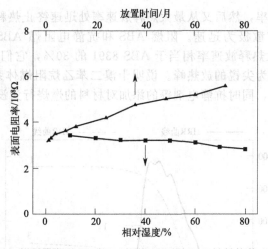

图 6-17　不同空气湿度与放置时间对抗静电阻燃 ABS 材料抗静电性能的影响

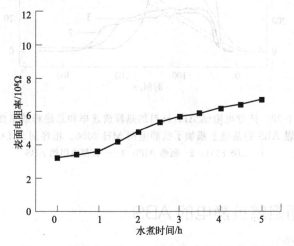

图 6-18　抗静电阻燃 ABS 材料的耐水洗性能曲线

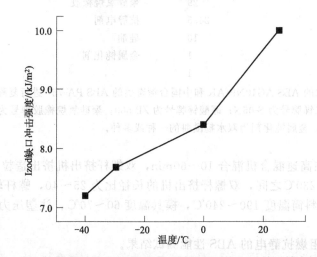

图 6-19　抗静电阻燃 ABS 材料在不同温度下的 Izod 缺口冲击性能

图 6-20 是 ABS 8391、阻燃 ABS 和抗静电阻燃 ABS 的热释放速率（HRR）和总热释放
量（THR）曲线。从 HRR 曲线可见，ABS 8391 的燃烧时间较短，点燃后经过较短的时间

就达到了最大热释放速率，然后又从最大热释放速率处迅速终止热释放，说明 ABS 8391 的燃烧过程剧烈，火焰扩散极为迅速。阻燃 ABS 和抗静电阻燃 ABS 的热释放速率比 ABS 8391 降低了很多，最大热释放速率相当于 ABS 8391 的 30％，它们的热释放速率发展过程较为平缓，没有出现较为尖锐的放热峰。说明十溴二苯乙烷阻燃体系对 ABS 的热释放速率起到了很好的抑制作用，同时抗静电剂等的添加对材料的燃烧行为没有带来负面影响。

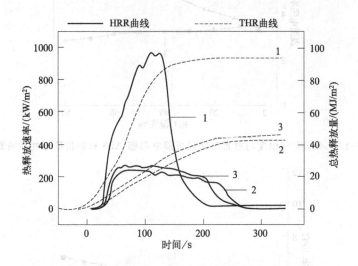

图 6-20 抗静电阻燃 ABS 材料的热释放速率和总热释放量曲线

抗静电阻燃 ABS 在阻燃 ABS 的基础上添加了抗静电剂 MH 2030、相容剂 SMA 700、阻燃剂 CFP-220

1—ABS 8391；2—阻燃 ABS；3——抗静电阻燃 ABS

## 6.5.3 低烟阻燃抗静电的 ABS

（1）配方（质量份）

| | | | |
|---|---|---|---|
| ABS AG10NP-AK | 29 | 聚硅氧烷橡胶 | 5 |
| ABS PA-757 | 24.5 | 抗静电剂 | 15 |
| 溴代三嗪 | 10 | 硅油 | 0.1 |
| 三氧化二锑 | 1 | 金属钝化剂 | 0.2 |
| 硼酸锌 | 1 | | |

注：中国台湾台化的 ABS AG10NP-AK 和中国台湾奇美的 ABS PA-757 进行复配；溴代三嗪阻燃剂牌号为 FR-245；三氧化二锑牌号为 S-05N；硼酸锌牌号为 ZB-500；聚硅氧烷橡胶牌号为 S-1720；抗静电剂牌号为 PELESTAT 6500；金属钝化剂为双水杨酰肼的一种或多种。

（2）加工工艺

将原料按配方在高速混合机混合 10～60min，双螺杆挤出机挤出造粒。挤出机的各段螺杆温度控制在 180～230℃之间，双螺杆挤出机的长径比为 25～40，螺杆转速为 200～800r/min。注塑条件为：料筒温度 190～240℃，模具温度 60～70℃，注塑压力 6～10MPa。

（3）参考性能

表 6-39 为低烟阻燃抗静电的 ABS 性能测试结果。

**表 6-39　低烟阻燃抗静电的 ABS 性能测试结果**

| 性能指标 | 配方值 | 性能指标 | 配方值 |
| --- | --- | --- | --- |
| 密度/(g/cm$^3$) | 1.175 | 弯曲模量/MPa | 2724 |
| 拉伸强度/MPa | 48.9 | UL94/1.6mm | V-0 |
| 断裂伸长率/% | 16 | 表面电阻率/Ω | $1.0\times10^8$ |
| 熔体指数/(g/10min) | 16 | 最大烟密度 | 188 |
| 悬臂梁缺口冲击强度/(kJ/m$^2$) | 23.6 | 氧指数/% | 30.4 |
| 弯曲强度/MPa | 73.3 | | |

## 6.5.4　耐化学性能的抗静电 ABS

（1）配方（质量份）

| | | | |
| --- | --- | --- | --- |
| 本体法 ABS | 82 | EBS | 0.1 |
| 耐热改性剂 | 6 | 耐候助剂 | 0.1 |
| 尼龙 56(PA56) | 12 | 配色颜料 | 适量 |

注：本体法 ABS 树脂的重均分子量为 15000g/mol；耐热改性剂马来酸酐的含量为 6%；尼龙 56 的相对黏度为 2.2，端氨基含量为 50%。

（2）加工工艺

按配方将原料在高速混合机中预混，通过双螺杆挤出机，在 220～250℃挤出温度和 200～500r/min 的螺杆转速条件下进行熔融挤出，冷却造粒。

（3）参考性能

表 6-40 为耐化学性能的抗静电 ABS 性能，其特别适用于门板拉伸、座椅扶手、电气保护外壳等内外饰件中。

**表 6-40　耐化学性能的抗静电 ABS 性能**

| 性能指标 | 配方值 | 性能指标 | 配方值 |
| --- | --- | --- | --- |
| 维卡软化点温度/℃ | 110 | 表面电阻率/Ω | $1.0\times10^8$ |
| 熔体指数/(g/10min) | 13.5 | 防晒霜实验 | 无明显变化 |
| 夏比缺口冲击强度/(kJ/m$^2$) | 20.4 | 汽油实验 | 无明显变化 |
| 弯曲模量/MPa | 2126 | | |

注：防晒霜、汽油实验：在 100mm 光板上涂覆护手霜和汽油，常温放置 24h，观察表面变化情况。

## 6.5.5　低发烟、抗静电、可激光标记 ABS

（1）配方（质量份）

| | | | |
| --- | --- | --- | --- |
| 本体法 ABS | 70.1 | 抗静电剂（甘油单硬脂酸酯） | 1 |
| 低烟密度材料 | 25 | 抗氧剂 1010 | 0.4 |
| 硫化锌 | 3 | EBS | 0.5 |

注：低烟密度材料为甲基丙烯酸甲酯-丙烯腈-丁二烯-苯乙烯共聚物。

（2）加工工艺

将原料均匀混合，在挤出机中挤出造粒。挤出条件如下：一区温度 170～190℃，二区温度 200～220℃，三区温度 200～220℃，四区温度 200～220℃，五区温度 210～230℃，六区温度 210～230℃，七区温度 210～230℃，八区温度 210～230℃，九区温度 200～220℃；主机转速为 250～450r/min。

（3）参考性能

激光标记 ABS 的机理是 ABS 吸收激光能量发生炭化，能够在浅色表面标记上黑色标识。然而，ABS 是一种高烟密度材料，在标记过程中会产生大量烟雾，使操作环境颗粒物浓度很高，危害操作员工身体健康。通过解决激光标记 ABS 发烟量大的问题可以改善激光标记车间的工作环境，减少操作员工吸入烟雾颗粒危害身体。表 6-41 为低发烟、抗静电、可激光标记 ABS 性能。

**表 6-41 低发烟、抗静电、可激光标记 ABS 性能**

| 性能指标 | 配方值 | 性能指标 | 配方值 |
|---|---|---|---|
| 拉伸强度/MPa | 55 | 弯曲强度/MPa | 78 |
| 密度/(g/cm³) | 1.12 | 弯曲模量/MPa | 2810 |
| 断裂伸长率/% | 11 | 烟密度测试 | 少量发烟 |
| 熔体指数/(g/10min) | 18 | 抗静电测试/Ω | $10^{10}$ |
| 悬臂梁冲击强度/(kJ/m²) | 16 | | |

### 6.5.6 导电抗老化 ABS

（1）配方（质量份）

| | | | |
|---|---|---|---|
| ABS 树脂 | 50 | 卡拉胶 | 6 |
| 氯化聚醚 | 16 | 乙酸丁酸纤维素 | 8 |
| 二元乙丙橡胶 | 18 | 琥珀酸二辛酯磺酸钠 | 9 |
| 纳米二氧化钛 | 8 | 相容剂 | 6 |
| 碳纤维 | 6 | 偶联剂 KH570 | 5 |
| 硫化锌粉 | 5 | 抗老剂 | 2 |
| 纳米铋粉 | 5 | | |

注：相容剂由 40%（质量分数）甲基丙烯酸甲酯-丁二烯-苯乙烯共聚物和 60%（质量分数）丙烯酸-马来酸酐共聚物组成。抗老剂由 35%（质量分数）硫代二丙酸双十二烷酯、50%（质量分数）3，3′-硫代二丙酸双十八酯和 15%（质量分数）2，2′-亚甲基双-（4-甲基-6-叔丁基苯酚）组成。

（2）加工工艺

将纳米二氧化钛、碳纤维、硫化锌粉和纳米铋粉置于含偶联剂的乙醇溶液中，在 75℃、200W 功率条件下超声处理 60min，干燥，得到预处理料。将 ABS 树脂、氯化聚醚置于搅拌罐中，于 75～90℃下，以 800r/min 的速度搅拌 50min；再加入余下原料，混合均匀，混炼塑化，在挤出温度为 210～280℃、转速为 200r/min 条件下挤出造粒，干燥即可。

（3）参考性能

ABS 复合塑料的体积电阻率为 $9.54 \times 10^2 \Omega \cdot m$，拉伸强度为 37.5MPa，在 120℃×70h 条件下进行热老化试验。其拉伸强度变化率为 2.95%，而且耐臭氧老化试验不产生龟裂现象，表现出良好的导电性和耐老化性。

## 6.6 ABS 3D 打印线材配方与实例

### 6.6.1 耐刮擦 3D 打印 ABS 材料

（1）配方（质量份）

| | | | |
|---|---|---|---|
| ABS | 700 | MBS | 20 |
| PMMA | 300 | | |

注：ABS 树脂牌号为 301；聚甲基丙烯酸甲酯（PMMA）牌号为 CM205；甲基丙烯酸甲酯-丁二烯-苯乙烯共聚物（MBS）牌号为 EM500A。

（2）加工工艺

将物料干燥后，按配方称取，利用双螺杆挤出机进行共混挤出并切粒，于 80℃烘箱中干燥 3h。制备的共混粒料再利用单螺杆挤出机挤出成直径为 1.75mm 左右的丝材。

（3）参考性能

市场上已经有了不少专门用于 FDM（熔融沉积）打印的 ABS 牌号。通过选择合适的生产工艺与不同的改性剂，可赋予 ABS 不同的功能与应用。Stratasys 公司开发出了高强度的 ABSM30、具备静电耗散能力的 ABS-ESD7、具有各种颜色的 ABS plus。3D Systems 公司推出了具有出色拉伸强度的 ABS-Armor、热稳定性良好的 ABS-M3X。Polymaker 公司研发出了打印过程中气味更小、翘曲程度更轻微的 ABS-Polylite。在汽车部件、建筑设计、玩具模型、夹具治具、日常消费品等领域，材料的耐刮擦性与综合力学性能是十分重要的。耐刮擦 3D 打印 ABS 材料的性能如表 6-42 所示。

**表 6-42　耐刮擦 3D 打印 ABS 材料的性能**

| 性能指标 | 配方值 | 性能指标 | 配方值 |
| --- | --- | --- | --- |
| 拉伸强度/MPa | 44 | 弯曲强度/MPa | 62 |
| 断裂伸长率/% | 14 | 弯曲模量/MPa | 2223 |
| 冲击强度/(kJ/m$^2$) | 17 | 刮痕宽度/μm | 145 |

注：耐刮擦测试采用的标准为大众公司 PV3952。

## 6.6.2　MWNTs/ABS 3D 打印耗材

（1）配方（质量份）

| | | | |
| --- | --- | --- | --- |
| ABS 高胶粉 | 33.75 | 内部润滑剂 528 | 6 |
| SAN 塑胶粉 | 101.25 | 抗氧剂 1010 | 6 |
| 预包覆 MWNTs | 15 | | |

注：ABS 高胶粉片牌号为 HR-181；苯乙烯-丙烯腈树脂（SAN）牌号为 80HF-ICE；MWNTs（多壁碳纳米管），直径 15～25nm。

（2）加工工艺

① MWNTs 的预包覆处理。称取 0.15g ABS 高胶粉加入 300mL 丙酮中，采用超声仪超声溶解，再加入 15g MWNTs，超声振荡 30min；再用磁力搅拌器搅拌 30min 后，采用高速离心机离心分离。沉积物采用恒温干燥箱于 80℃干燥至恒重，得到预包覆 MWNTs 样品。按照占总材料用量 1% 的比例，以 ABS 对 MWNTs 进行预包覆。

② MWNTs/ABS 3D 打印耗材的制备。采用电热恒温鼓风干燥箱于 80℃干燥 12h，采用同向双螺杆挤出机共混挤出造粒，得到复合材料颗粒。复合材料颗粒采用微型单螺杆挤丝机制备出 MWNTs/ABS 3D 打印耗材。

（3）参考性能

MWNTs/ABS 3D 打印耗材性能见表 6-43。ABS 预包覆前后 MWNTs 的 FESEM 图见图 6-21。从图 6-21（b）可以看出，由于 ABS 加入量太少，MWNTs/ABS-0.5% 样品中 MWNTs 没有被 ABS 充分包覆。从图 6-21（c）可以看出，在 ABS 加入量为 1% 条件下，MWNTs 之间的空隙被 ABS 膜覆盖。从图 6-21（f）可以看出，在 ABS 加入量为 6% 条件下，ABS 已经将 MWNTs 完全包覆。包覆量不同的 MWNTs/ABS 复合材料的力学性能曲线见图 6-22～图 6-25。该耗材不仅具有优良的力学性能和导电性，而且打印过程流畅，样品结构精细，有望发展成为桌面 FDM 打印的功能耗材。图 6-26 为打印耗材的形貌对比图。图 6-27 为不同打印耗材打印的产品对比图。

**表 6-43　MWNTs/ABS 3D 打印耗材性能**

| 性能指标 | 数值 | 性能指标 | 数值 |
| --- | --- | --- | --- |
| 拉伸强度/MPa | 55.73 | 屈服强度/MPa | 54.55 |
| 冲击强度/(J/m$^2$) | 1.52 | 阻燃性能 UL94 | V-0 |
| 弯曲强度/MPa | 86 | 体积电阻率/Ω·cm | 20.31 |

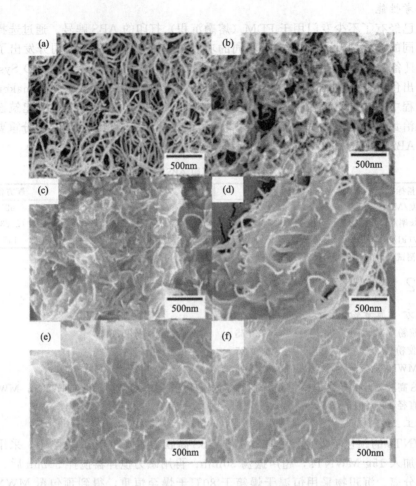

图 6-21　ABS 预包覆前后 MWNTs 的 FESEM 图

(a)ABS-0；(b)ABS-0.5％；(c)ABS-1％；(d)ABS-2％；(e)ABS-4％；(f)ABS-6％

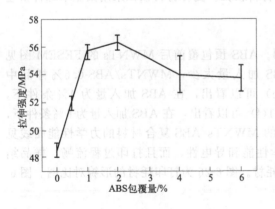

图 6-22　MWNTs/ABS 复合材料拉伸强度曲线

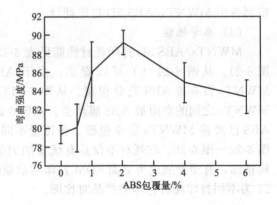

图 6-23　MWNTs/ABS 复合材料弯曲强度曲线

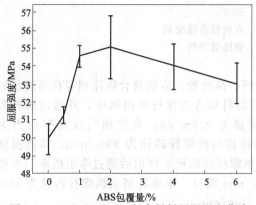

图 6-24　MWNTs/ABS 复合材料屈服强度曲线

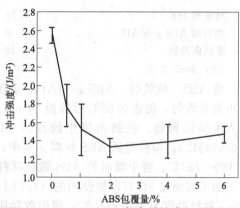

图 6-25　MWNTs/ABS 复合材料冲击强度曲线

(a) 纯ABS打印耗材

(b) MWNTs/ABS导电3D打印耗材

图 6-26　打印耗材的形貌对比图

(a) 纯ABS打印耗材　　　　　　　　(b) MWNTs/ABS导电3D打印耗材

图 6-27　不同打印耗材打印的产品对比图

## 6.6.3　低翘曲、低气味 3D 打印 ABS

（1）配方（质量份）

| | |
|---|---|
| ABS(本体法)　77.96 | 抗氧剂 1076　0.26 |

| 抗氧剂 168 | 0.78 | SEBS | 3 |
| 相容剂 ABS-$g$-MAH | 3 | 有机螯合除味剂 | 2 |
| 重质碳酸钙 | 10 | 聚酯低聚物 | 3 |

（2）加工工艺

将 ABS、抗氧剂、ABS-$g$-MAH、重质碳酸钙、高胶粉、有机螯合除味剂等在高速预混器中混合均匀，加热至 80℃后保温 30min。将预混料加入双螺杆挤出机中，并通过齿轮泵注入聚酯低聚物。在挤出机中段注入 $CO_2$，流量为 2.5m³/h；真空抽气段真空压力为 −0.098MPa，切粒得到 ABS 材料。其中，双螺杆挤出机螺杆转速为 300r/min，料筒温度为 190～260℃。将干燥后的 ABS 颗粒材料导入单螺杆挤出机，挤出后通过牵引机牵引水冷方式加工成满足 3D 打印机使用的（1.75±0.03）mm 线材。单螺杆挤出机螺杆转速为 50r/min，料筒温度为 190～240℃，牵引收卷速度为 70m/min。

（3）参考性能

低翘曲、低气味 3D 打印 ABS 性能如表 6-44 所示。萃取技术的使用能够有效降低 ABS 树脂残单（残留单体）总量，实现材料低 VOC 目标。萃取技术与除味剂结合使用能够有效降低气味等级。

**表 6-44　低翘曲、低气味 3D 打印 ABS 性能**

| 性能指标 | | 配方值 |
| --- | --- | --- |
| 拉伸强度/MPa | | 41.9 |
| 缺口冲击强度/(J/m²) | | 124 |
| 弯曲强度/MPa | | 62.7 |
| 弯曲模量/MPa | | 2204 |
| 熔体指数/(g/10min) | | 18 |
| 热变形温度/℃ | | 87.9 |
| 残单总量/×10⁻⁶ | | 44.8 |
| 翘曲测试 | 翘离平均值/mm | 0.9 |
| | 底板黏结 | 无脱离 |
| 气味等级/级 | 23℃ | 1 |
| | 40℃ | 1 |
| | 80℃ | 2 |

注：翘曲测试控制 3D 打印速度在 50mm/s，同时以打印温度 240℃、打印底板温度 110℃、打印层高 0.14mm、填充率 20%，制成 50mm×50mm×100mm、100mm×100mm×100mm、200mm×200mm×100mm 几何体。打印机的底板为平面，测量几何体底面的 4 个角翘离底板平面高度的平均值。

## 6.6.4　高韧耐老化的 3D 打印用 ABS

（1）配方（质量份）

| ABS 树脂 | 75 | 氯化石蜡 | 1.7 |
| 改性 SBS | 27 | 硅烷偶联剂 | 3.3 |
| 硅油 | 0.7 | 碳酸钙 | 6 |
| 硬脂酸 | 0.5 | 硫酸钡 | 4 |
| 抗氧剂 | 1.5 | | |

注：抗氧剂由 2,2′-硫代双[3-(3,5-二叔丁基-4-羟基苯基)丙酸乙酯]和双(2,4-二叔丁基苯基)季戊四醇二亚磷酸酯按照 5：3 复配组成。

（2）加工工艺

① 改性 SBS 弹性体的制备。将 8 份无水乙醇、2.8 份去离子水加入反应容器中。用浓氨水调节 pH 值至 9，加入 12 份乙醇和 10 份正硅酸乙酯的混合液。在 30℃下搅拌反应 12h，升温至 85℃，回流反应 4h，用浓氨水调节 pH 值至 9.5，加入 0.3 份硅烷偶联剂 KH560 和

0.6 份乙醇的混合液，升温至 50℃；搅拌反应 8h，离心分离，用乙醇洗涤 3 次，干燥，得第一预制料。将 20 份木质素加入 30 份去离子水中，超声分散 30min。采用 20%氢氧化钠溶液调节 pH 值至 11，加入 2 份双氧水，在 40℃下恒温反应 2h，向其中加入 8 份第一预制料，升温至 80℃，反应 2h，离心分离，洗涤，干燥，得第二预制料。将 50 份 SBS 加入已预热的转矩流变仪中。当 SBS 完全熔融后，加入 15 份第二预制料，混合搅拌 30min，出料，冷却，破碎，即得改性 SBS 弹性体。

② 高韧耐老化的 3D 打印用 ABS 的制备。将 ABS 树脂、改性 SBS 弹性体加入密炼机中，塑炼 10min，得塑炼料。将塑炼料加入高速混合机中，向其中加入碳酸钙、硫酸钡、硅烷偶联剂、硅油、硬脂酸、抗氧剂、氯化石蜡，混合 20min，得混合料。将混合料加入双螺杆挤出机中，在 180℃下熔融挤出，拉丝，冷却成型，收卷，即得高韧耐老化的 3D 打印用 ABS。

(3) 参考性能

本例以 ABS 树脂和改性 SBS 弹性体为主要成分，其相容性好，低分子量 SBS 的增塑作用减弱了 ABS 分子间的作用力，改善了共混物的流变性能，减少由于冷却收缩引起的翘曲现象。改性 SBS 弹性体的加入能够提高材料的断裂伸长率和缺口冲击强度，有明显的增韧效果，添加的碳酸钙能够改善材料收缩引起的翘曲现象，降低原料成本；添加的抗氧剂能够很好地提高材料对光、热的稳定性。该复合材料中各成分相互配合作用，制得的 ABS 复合材料具有良好的强度和韧性以及抗老化性能，打印的制件收缩率小，不易断丝、翘曲。

## 6.6.5 3D 打印用碳纤维/ABS 复合材料

(1) 配方（质量份）

① 碳纤维/ABS 复合材料

| | | | |
|---|---|---|---|
| 高抗冲 ABS | 21 | 二硬脂基季戊四醇二亚磷酸酯 | 0.1 |
| 高流动 AS | 77 | 硫代二丙酸双十八酯 | 0.05 |
| 硬脂酸镁 | 0.3 | T300 碳纤维丝 | 0.1 |
| 乙烯-丙烯酸丁酯共聚物 | 0.5 | | |

② 3D 打印用碳纤维/ABS

| | | | |
|---|---|---|---|
| 碳纤维/ABS | 95 | 30g 乙烯基双硬脂酰胺（EBS） | 3 |
| 表面光亮剂 RQT-G-1 | 0.5 | 通用色母 5093 | 1.5 |

(2) 加工工艺

① 碳纤维/ABS 复合材料的制备。将高抗冲 ABS、高流动 AS、硬脂酸镁、乙烯-丙烯酸丁酯共聚物、二硬脂基季戊四醇二亚磷酸酯、硫代二丙酸双十八酯在高速混合器中充分混合 5min 后，将共混料加入双螺杆挤出机中熔融共混，并在双螺杆挤出机中部喂料处将用上浆剂表面处理后的 T300 碳纤维丝加入，挤出造粒；水冷却后，切成 $\Phi 3mm \times \Phi 3mm$ 的圆柱状产品，得到碳纤维/ABS 复合材料。其中，同向双螺杆挤出机的机筒输送段、塑化段、计量段、模头温度分别设置为 210℃、225℃、230℃、245℃，同时对机筒进行抽真空处理，真空度为 0.05MPa。

② 3D 打印用碳纤维/ABS 的制备。将配方②物料在高速混合器中混合 3min，在单螺杆挤出机中熔融挤出，挤出温度设置为 235℃，螺杆转速为 18mm/min，制备直径为 1.75mm 的 3D 打印用碳纤维/ABS 复合材料。

(3) 参考性能

本产品可以有效降低 ABS 树脂在 3D 打印过程中产生的收缩不均匀，防止打印实物的弯曲。碳纤维/ABS 复合材料具有质轻、高强的性能。以 3D 打印制备的扳手为例，其质量为同等尺寸下普通铁制扳手的 1/6，更有利于在高空作业中使用，防止意外脱手伤人，如图 6-28 所示。

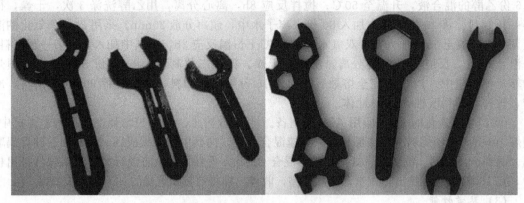

图 6-28　3D 打印不同尺寸的工具

## 6.6.6　松木粉/ABS 木塑复合材料线材

（1）配方（质量份）

| | | | |
|---|---|---|---|
| ABS | 74 | SEBS | 5 |
| PWF | 15 | 硬脂酸锌 | 1 |
| MWNTs | 5 | | |

注：松木粉（PWF），300 目；ABS，工业级；MWNTs，直径 20～30nm，长度 3～5μm；硅烷偶联剂（KH590），化学纯；氢化苯乙烯-丁二烯-苯乙烯嵌段共聚物（SEBS），工业级；润滑剂硬脂酸锌，分析纯。

（2）加工工艺

① 改性 PWF 的制备。将 300 目松木粉经 10％NaOH 溶液室温浸泡 24h 后，采用 KH590 的乙醇溶液进行改性（KH590 与 PWF 的质量比为 1：9），再将其置于 80℃鼓风干燥箱中干燥 8h，得到改性 PWF 备用。

② 松木粉/ABS 木塑复合材料线材的制备。将改性 PWF 与 MWNTs、ABS、硬脂酸锌、SEBS 按一定比例经高速混合机充分混合，双螺杆挤出机熔融共混制备 MWNTs 增强 PWF/ABS 木塑复合材料，挤出加工条件见表 6-45。将所制备的 PWF/ABS 木塑复合材料粒料经 3D 打印耗材挤出生产线挤出拉丝，制得 3D 打印线材，线材直径控制在（1.75±0.05）mm 内。

表 6-45　PWF/ABS 木塑复合材料挤出加工条件

| 一区温度 | 二区温度 | 三区温度 | 四区温度 | 五区温度 | 机头温度 | 主机频率/Hz | 牵引频率/Hz | 冷却水温/℃ |
|---|---|---|---|---|---|---|---|---|
| 180℃ | 185℃ | 190℃ | 195℃ | 200℃ | 200℃ | 44 | 25 | 45 |

（3）参考性能

图 6-29 为松木粉含量对木塑复合材料拉伸性能的影响。图 6-30 为添加 5％MWNTs 和不添加 MWNTs 时松木粉含量对木塑复合材料弯曲性能的影响。图 6-31 为松木粉含量对 PWF/ABS 木塑复合材料冲击强度的影响。结果显示，改性后减少了木粉表面的羟基数量，降低了木粉的表面能，有效地提高了木粉在 ABS 基体中的分散能力，并提高了其界面结合强度。但是，随着木粉含量进一步增加，当超过 15％后，木粉的各项性能又出现了下降趋势，尤其是冲击韧性比纯 ABS 低。这是因为尽管松木粉在复合材料中能够起到有效传递应力的作用，但随着木粉含量的进一步增加，由于 ABS 基体无法完全包裹木粉，使其在基体中不均匀分布，导致木塑复合材料对能量的吸收有所降低，力学性能下降。添加 5％ MWNTs 后，PWF/ABS 木塑复合材料的力学性能都有较大幅度提高。这是因为

碳纳米管是一种具有特殊结构的一维纳米材料，具有很好的力学性能。当木塑复合材料受到外力作用时，作用力通过界面传递到力学性能优良的碳纳米管，产生应力集中效应，吸收了部分变形功，延缓材料的破坏，从而提高其力学强度。图 6-32 为 PWF/ABS 木塑复合材料的热重分析曲线，在改性 PWF/ABS 木塑复合材料中加入碳纳米管后，其初始分解温度提高到 300℃左右，最大失重温度范围为 310～400℃，热稳定性进一步提高。这是因为碳纳米管本身就是一种热稳定性好的材料，在木塑复合材料中加入碳纳米管可以提高木塑复合材料的热稳定性。表 6-46 为不同成型方式的 PWF/ABS 木塑复合材料力学性能。

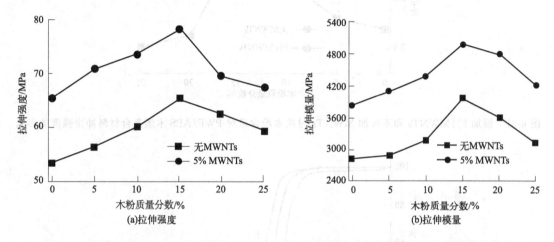

图 6-29　添加 5％MWNTs 和不添加 MWNTs 时松木粉含量对木塑复合材料拉伸性能的影响

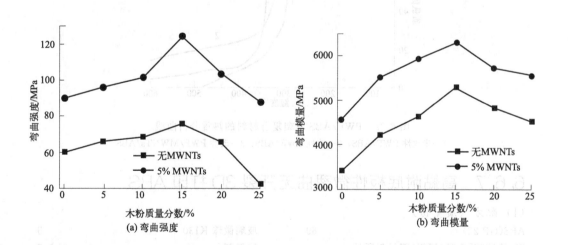

图 6-30　添加 5％MWNTs 和不添加 MWNTs 时松木粉含量对木塑复合材料弯曲性能的影响

表 6-46　不同成型方式的 PWF/ABS 木塑复合材料力学性能

| 成型方式 | 拉伸强度/MPa | 拉伸模量/MPa | 弯曲强度/MPa | 弯曲模量/MPa |
| --- | --- | --- | --- | --- |
| 注塑成型 | 123.8 | 6283 | 78.21 | 4957 |
| 3D 打印 | 110.2 | 6014 | 70.32 | 4021 |

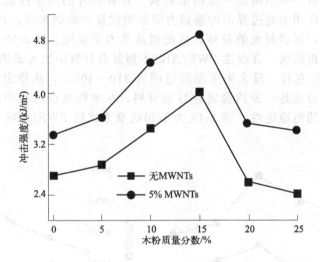

图 6-31　添加 5％MWNTs 和不添加 MWNTs 时松木粉含量对 PWF/ABS 木塑复合材料冲击强度的影响

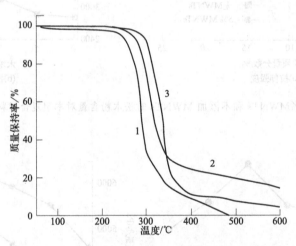

图 6-32　PWF/ABS 木塑复合材料的热重分析曲线
1—未改性 PWF/ABS；2—改性 PWF/ABS；3—改性 PWF/MWNTs/ABS

## 6.6.7　高黏附底板性微翘曲无开裂 3D 打印 ABS

（1）配方（质量份）

| | | | |
|---|---|---|---|
| ABS(GP-22) | 69 | 玻璃微珠 K130 | 5 |
| PE 热熔胶[金旸(厦门)新材料科技 | | 抗氧剂 | 0.5 |
| 　有限公司 E2000] | 16 | 聚乙烯蜡 | 0.4 |

注：抗氧剂由 1076 与 168 复配（2∶1）组成。

（2）加工工艺

ABS 材料在 80～100℃温度下干燥 4h。将热熔胶先与润滑剂放入高速混合机，在 10～30℃下搅拌 3～5min，然后再加入 ABS 材料、无机粉体和抗氧剂，在 10～30℃下再搅拌 5～10min。将混合物加入双螺杆挤出机的料筒中，经熔融共混挤出、水冷、风干，即得到 3D 打印高黏附底板性微翘曲无开裂 ABS 改性材料。双螺杆挤出机的温度设置为：一区 160～180℃；二区 180～190℃；三区 190～200℃；四区 200～210℃；五区 210～220℃；六区 215～220℃；七区 215～220℃；八区 210～215℃。机头温度为 190～200℃。螺杆转速为 250～400r/min。3D 打印温度为 230～250℃，底板温度为 90℃，喷嘴打印速度为 60mm/s，喷嘴空移速度为 150mm/s。

(3) 参考性能

高黏附底板性微翘曲无开裂 3D 打印 ABS 性能如表 6-47 所示。ABS 改性材料与金属材质的黏结强度可以用 180℃剥离强度值表征，参照 GB/T 2790—1995 检测。当该值在 18～35.8N/25mm 范围内时，模型容易取出；高于此范围值时意味着黏附性较高，会导致模型难取出；低于此范围值时意味着黏附性较弱，模型容易脱离底板。翘曲性用翘曲变形量来表示。测定方法为：以打印 10cm×10cm×10cm 的正方体模型为准，正方体接触底板面的 4 个角翘离底板平面的平均高度值为翘曲变形量。翘曲变形量用 $\Delta H$ 表征，$\Delta H$ 越小，说明翘曲性越小，材料在打印时模型与底板的黏附性越好，黏结强度越高。$0 < \Delta H \leqslant 1.0$mm 时，可认为模型与底板未脱离，表现为微翘曲，接近于无翘曲的程度；$1$mm$< \Delta H < 10$mm 时，认为模型与底板有部分脱离，表现为低翘曲；$\Delta H \geqslant 10.0$mm 时打印模型会完全脱离底板，使得打印无法进行。

表 6-47　高黏附底板性微翘曲无开裂 3D 打印 ABS 性能

| 性能指标 | 配方值 |
| --- | --- |
| 打印模型与底板黏附情况 | 未脱离，模型易取出 |
| 翘曲变形量/mm | 0.2 |
| 开裂性 | 无 |
| 180℃剥离强度值/(N/25mm) | 35.8 |

## 6.6.8　纳米 $SiO_2$ 增强的 ABS/TPU 3D 打印材料

(1) 配方 (质量份)

| | | | |
| --- | --- | --- | --- |
| ABS | 10 | PANI-MWCNTs | 0.1 |

注：ABS 牌号为 0215A；MWCNTs 牌号为 9000。

(2) 加工工艺

① 浓硝酸处理 MWCNTs。将 1.0g 原始 MWCNTs 和 20mL 浓硝酸加入单口烧瓶中，超声分散 30min 后，于 110℃回流 1h，抽滤干燥，得到羧基化 MWCNTs。

② 掺杂 PANI 修饰羧基化 MWCNTs。将 0.10g 羧基化 MWCNTs 分散在 20g 二甲苯中，然后再加入 60mL 去离子水和 2g 对甲苯磺酸，形成微乳液，在冰浴条件下加入 0.5g 苯胺单体。最后，再滴入 40mL 质量浓度为 0.03g/mL 的过硫酸铵溶液，反应 10h，洗涤、烘干得到掺杂 PANI（聚苯胺）接枝的 MWCNTs（PANI-MWCNTs）。

③ ABS 抗静电复合材料的制备。将填料、ABS 按照配比在高速混合机中高速混合 10min，再将混合物加入哈克密炼机中，于 190℃下以 60r/min 的速率混合 15min，取出后压片成型。

(3) 参考性能

通过微乳液聚合的方法将聚苯胺（PANI）接枝到酸化碳纳米管表面，再将原始碳纳米管、酸化碳纳米管、PANI 接枝碳纳米管及纯 PANI 分别添加到 ABS 树脂中，制得体积电阻率为 $10^6 \Omega \cdot$cm 的 ABS/MWCNTs 复合材料。PANI 在 MWCNTs 表面的包覆，在一定程度上缓解了 MWCNTs 在 ABS 基体中的团聚；同时，使得复合材料导电网络的形成方式增多，提高了 ABS 的抗静电性能。

### 6.6.9 3D打印羟基磷灰石/ABS复合材料种植牙

（1）配方（质量份）

| | | | |
|---|---|---|---|
| 医用级ABS | 100 | 羟基磷灰石（HA，纳米级） | 20 |

注：医用级ABS塑料为进口医药植入级材料。

（2）加工工艺

分别将185.4g氯化钙和380g十二水合磷酸钠溶于1L水中。在90℃水浴和搅拌条件下，将磷酸钠溶液加入氯化钙溶液，用氢氧化钠溶液和盐酸调节pH值至9~11，持续搅拌4h；静置，陈化12h。陈化后，洗涤除去副产物氯化钠，烘干，得到纳米级羟基磷灰石。将羟基磷灰石和ABS塑料粉碎成200目细粉状。将质量比1:5的羟基磷灰石细粉与ABS细粉，加入密炼机混合10min。将混合后的材料放入挤出机，进行拉丝，控制熔融温度为220~250℃，模具温度为115℃，形成可用于3D打印的耗材。将HA/ABS耗材装入FDM型3D打印机，调节参数：打印种植牙过程中的打印喷头温度应控制在220~250℃；打印底板温度应控制在50~70℃；打印速度应控制在15~20mm/s；冷却风扇转速应控制在2000r/min。导入种植牙三维模型后开始打印。打印结束后，使用打磨机进行适当人工打磨，清洁表面，达到具有光泽效果的目的。

（3）参考性能

图6-33是质量分数为20%的羟基磷灰石/ABS 3D打印线材。图6-34为HA/ABS复合材料种植牙样品图。图6-35~图6-38为不同质量比的HA/ABS复合材料的力学性能变化趋势。

图6-33 质量分数为20%的羟基磷灰石/ABS 3D打印线材

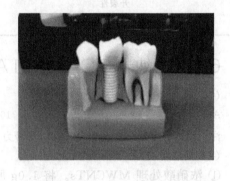

图6-34 HA/ABS复合材料种植牙样品图

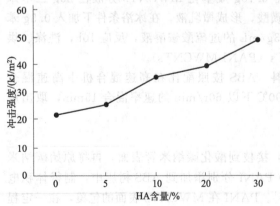

图6-35 HA/ABS复合材料的冲击强度

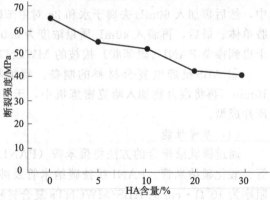

图6-36 HA/ABS复合材料的断裂强度

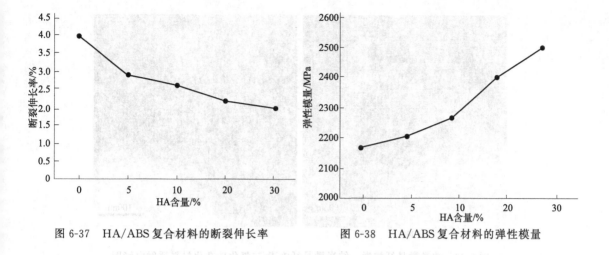

图 6-37　HA/ABS 复合材料的断裂伸长率　　　图 6-38　HA/ABS 复合材料的弹性模量

## 6.6.10　纳米微晶纤维素-SiO₂ 杂化材料改性 3D 打印 ABS

（1）配方（质量份）

ABS　　　　　　　　　　　　　　99　　　纳米微晶纤维素-SiO₂ 杂化材料　　　　1

（2）加工工艺

①纳米微晶纤维素的制备。将 10g 木粉分散在 200mL 浓度为 10％的 NaOH 碱溶液中，在 80℃下蒸煮 8h，用去离子水清洗并烘干后，再用浓度为 1％的亚氯酸钠溶液在 75℃下漂白 10h，在此期间加入冰醋酸将 pH 值调到 4 以下，得到提纯的纤维素。将 5g 纤维素加入 50mL 64％硫酸中，在 40℃下搅拌 100min 进行水解，然后加 500mL 去离子水进行稀释，再通过连续式离心机用去离子水洗涤所得的悬浮液 3 次，将悬浮液的 pH 值调节至 7，冷冻干燥得到纳米微晶纤维素。

②纳米微晶纤维素-SiO₂ 杂化材料的制备。将 1g 纳米微晶纤维素溶于 100mL 无水乙醇/水混合液中，超声处理 30min，其中无水乙醇和水的质量比为 20∶1，再向体系中滴加 0.2g 正硅酸乙酯后继续超声处理 15min。随后在 300r/min 的机械搅拌下逐滴滴加体积浓度为 25％的氨水，调节 pH 值为 10，室温持续搅拌 24h。反应结束后，将所得溶胶多次离心洗涤后置换在去离子水中，最终冷冻干燥制备出纳米微晶纤维素-SiO₂ 杂化材料粉末，杂化材料存于干燥器中保存待用。

③纳米微晶纤维素-SiO₂ 杂化材料改性 3D 打印 ABS 的制备。将 1g 纳米微晶纤维素-SiO₂ 杂化材料和 99g ABS 树脂在高速混合机里混合 20min，混合均匀；用双螺杆挤出机进行熔融挤出，挤出温度为 160～220℃，主机转速为 120r/min，冷却造粒；然后用挤出机进行线材成型加工，通过牵引机的速度快慢控制挤出线材直径为 1.75mm，直径误差在 ±5％以内。3D 工艺条件：打印温度 235℃，层厚 0.1mm，打印速度 40mm/min。

（3）参考性能

图 6-39 为纳米微晶纤维素（CNC）及纳米微晶纤维素-二氧化硅杂化材料（简称 Hybrid）的透射电镜图。从图 6-39 可以看出，CNC 表面比较规整；而经过溶胶-凝胶杂化改性后，CNC 尺寸基本无变化，但是表面却有大量粒径约为 20nm 的 SiO₂ 纳米球生成。

图 6-40 为 CNC 及 Hybrid 的热重分析曲线图，从图可以看出，相比于纳米微晶纤维素，经杂化改性后，纳米纤维素的耐热性能得到明显提升，起始分解温度（以失重 10％计）提升了 40℃。起始分解温度的大幅提升有利于后续 ABS 线材的挤出成型。

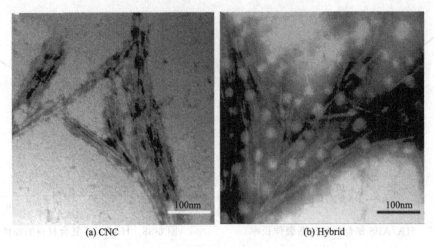

(a) CNC

(b) Hybrid

图 6-39　纳米微晶纤维素、纳米微晶纤维素-二氧化硅杂化材料透射电镜图

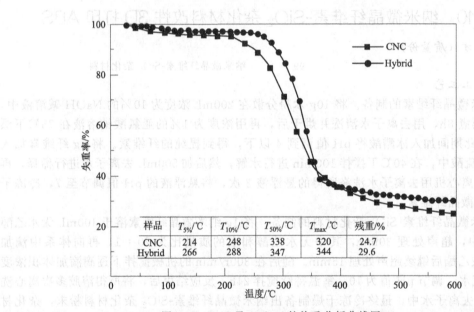

| 样品 | $T_{5\%}$/℃ | $T_{10\%}$/℃ | $T_{50\%}$/℃ | $T_{max}$/℃ | 残重/% |
| --- | --- | --- | --- | --- | --- |
| CNC | 214 | 248 | 338 | 320 | 24.7 |
| Hybrid | 266 | 288 | 347 | 344 | 29.6 |

图 6-40　CNC 及 Hybrid 的热重分析曲线图

　　表 6-48 为 ABS、ABS/Hybrid 纳米复合线材 3D 打印出的试样的力学性能测试结果。可以看出，与纯 ABS 相比，采用纳米微晶纤维素-二氧化硅杂化材料改性的新型 ABS 线材的力学性能明显优于 ABS 的力学性能。

表 6-48　试样的力学性能测试结果

| 性能指标 | 对比样值(ABS) | 配方值(ABS/Hybrid) |
| --- | --- | --- |
| 拉伸强度/MPa | 30.2 | 33.9 |
| 弯曲强度/MPa | 60.4 | 63.1 |
| 弯曲模量/MPa | 2010 | 2173 |

　　图 6-41 为 ABS、ABS/CNC、ABS/Hybrid 三种线材在喷嘴温度为 235℃ 的高温下打印出的小齿轮模型外观。由此图可知，纳米微晶纤维素-二氧化硅杂化材料改性的 ABS 线材具有更好的热稳定性，可以很好地满足材料挤出工艺要求。

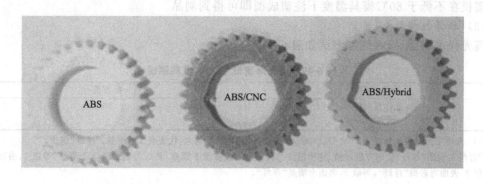

图 6-41　ABS、ABS/CNC、ABS/Hybrid 小齿轮模型外观

图 6-42 为 ABS 塑料经 Hybrid 改性前后 3D 打印的长薄片翘曲情况对比图。从图 6-42 可以看出，纯 ABS 塑料打印的薄片冷却后在加热平台上出现明显的翘曲变形；而经过杂化改性后，纳米复合材料成型制件平整堆积在加热平台上，无明显的翘曲现象出现。纳米微晶纤维素-二氧化硅杂化材料的加入，可有效降低 ABS 塑料的翘曲收缩性。

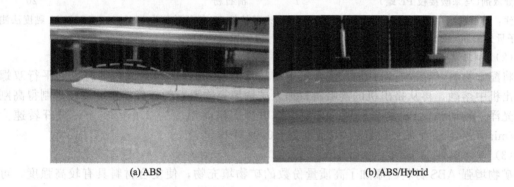

(a) ABS　　　　　　　　　　(b) ABS/Hybrid

图 6-42　3D 打印的长薄片翘曲情况对比图

# 6.7　ABS 光泽度改性配方与实例

## 6.7.1　高光泽度增强 ABS

（1）配方（质量份）

| ABS | 40 | PC | 5 |
|---|---|---|---|
| PET | 25 | 玻璃纤维 | 30 |

注：ABS 牌号为 ABS HI-121，熔体指数为 15g/10min；聚对苯二甲酸乙二酯（PET）特性黏数为 0.8dL/g；聚碳酸酯（PC）特性黏数为 1.2dL/g；玻璃纤维牌号为 ECS13-4.5-534A，直径为 13$\mu$m。

（2）加工工艺

除玻璃纤维外，按配方将各组分在高速搅拌混料机中混合均匀，将混合均匀的物料置于双螺杆挤出机中，玻璃纤维通过侧喂系统加入，经双螺杆机熔融、挤出、造粒。其中，双螺杆挤出机的喂料转速为 200～350r/min；双螺杆挤出机的各段螺杆温度从加料口到机头分别为一区 220～250℃、二区 220～270℃、三区 210～260℃、四区 210～260℃、五区 210～260℃；口模温度为 220～260℃，主机转速为 100～500r/min，真空度低于 0.1MPa。然后经注塑机在不低于80℃模具温度下注塑成型即可得到制品。

（3）参考性能

高光泽度增强ABS性能测试如表6-49所示。

表6-49　高光泽度增强ABS性能测试

| 性能指标 | 配方值 |
|---|---|
| 光泽度/% | 95 |
| "浮纤" | 1 |

注：1. 光泽度测试参考标准ASTM D523，取60°角测试值，光泽度越大，代表表面越平整，"浮纤"越少。

2. "浮纤"：表面"浮纤"使用平板评估，将样板在二次元光学显微镜下观察，将纤等级分为3个等级：等级1，表面无"浮纤"；等级2，表面有轻微"浮纤"；等级3，表面有明显"浮纤"。

## 6.7.2　高刚性高光泽矿物增强ABS

（1）配方（质量份）

| | | | |
|---|---|---|---|
| ABS | 65 | 润滑剂（乙烯基双硬脂酰胺） | 1 |
| 硫酸钡 | 5 | 抗氧剂1076 | 0.1 |
| 增韧剂（ABS高胶粉） | 7 | 抗氧剂168 | 0.2 |
| 分散剂（马来酸接枝PE蜡） | 1 | 滑石粉 | 20 |

注：滑石粉的中值粒径$D_{50}$为$1.6\sim2.6\mu m$；马来酸接枝PE蜡的酸值为$45\sim65mgKOH/g$，黏度法测试分子量为$1200\sim2200$，熔点为$90\sim120$℃。

（2）加工工艺

将配方物料（除滑石粉）加入混合机中高速混合2min，然后将混合物料投入平行双螺杆挤出机中熔融，再从挤出机的侧喂料口加入矿物填充物滑石粉，经挤出、造粒，制得高刚性高光泽矿物增强ABS复合材料。其中，挤出机的机筒温度为$210\sim230$℃，螺杆转速为400r/min，熔体压力为1.5MPa，真空度为$-0.06$MPa。

（3）参考性能

矿物增强ABS材料因添加了高质量份数的矿物填充物，使复合材料具有较高强度，可作为玻璃纤维材料的新一代替代产品应用于电视机前框中。矿物增强ABS在使用过程中可极大降低对模具的损伤，降低模具抛光次数，从而提高生产效率。矿物一般为实色物质，为匹配玻璃纤维增强材料的收缩率，需添加较高质量份数的矿物填充物。因此，与玻璃纤维增强材料相比，矿物增强材料一般不够黑亮，表面发雾；矿物成分复杂，而且偏碱性。注塑停留时间过长，会造成材料的分解，制件出现发黄发脆问题。此外，矿物的长径比较小，与树脂的黏结力比玻璃纤维材料低，会造成制件的熔接线强度低。本例制得的高流动、低收缩的高刚性高光泽矿物增强ABS复合材料性能如表6-50所示。

表6-50　高刚性高光泽矿物增强ABS复合材料性能

| 性能指标 | 配方值 | 性能指标 | 配方值 |
|---|---|---|---|
| 拉伸强度/MPa | 42 | 弯曲模量/MPa | 4200 |
| 断裂伸长率/% | 9 | 熔体指数/(g/10min) | 19 |
| 悬臂梁缺口冲击强度/(kJ/m²) | 10.5 | 密度/(g/cm³) | 1.171 |
| 弯曲强度/MPa | 68 | | |

## 6.7.3　低气味玻璃纤维增强ABS

（1）配方（质量份）

① 吸水母粒配方

| | | | |
|---|---|---|---|
| 高熔体强度聚丙烯 | 26 | 滑石粉 | 4 |
| 水 | 70 | | |

② 低气味玻璃纤维增强 ABS 配方

| | | | |
|---|---|---|---|
| ABS 树脂 | 54.4 | 吸水母粒 | 5 |
| 短切玻璃纤维 | 30 | 抗氧剂 1010 | 0.2 |
| 相容剂 1（ABS-*g*-MAH） | 5 | 光稳定剂 TINUV770 | 0.2 |
| 相容剂 2（PP-*g*-MAH） | 5 | 芥酸酰胺 | 0.2 |

注：ABS 树脂型号为 GP-22；短切玻璃纤维型号为 ECS13-4.5 系列，其玻璃纤维的长度为 4.5mm，直径为 13μm。相容剂 1 型号为 KT-2，接枝率为 1.3%，其熔体指数（200℃，5kg）为 3.5g/10min；相容剂 2 接枝率为 0.8%，其熔体指数（190℃，2.16kg）为 60g/10min。

（2）加工工艺

① 吸水母粒的制备。将高熔体强度聚丙烯与滑石粉按配方①配比进行充分混合，在挤出机中挤出条状聚丙烯，再将其切碎成聚丙烯预发泡颗粒。以水为发泡剂，将聚丙烯预发泡颗粒进行发泡，制备得到高熔体强度的发泡聚丙烯。将高熔体强度的发泡聚丙烯和水在高速混合器中混合 5～10min，通过控制混合时间，制备得到吸水母粒，放出待用。

② 低气味玻璃纤维增强 ABS。按配方②称取好 ABS、相容剂和助剂，在高速混合机里混合 1～3min；混合均匀，得到预混料；将预混料置于双螺杆挤出机的主喂料口中，从侧喂料口加入短切玻璃纤维和吸水母粒，熔融挤出，造粒干燥。挤出机熔融挤出的加工条件如下：一区温度 180～210℃，二区温度 210～240℃，三区温度 210～240℃，四区温度 220～260℃，五区温度 220～260℃，六区温度 220～260℃，七区温度 220～260℃，八区温度 220～260℃，九区温度 220～260℃；主机转速为 250～600r/min。双螺杆挤出机的长径比为40∶1。

（3）参考性能

ABS 树脂在制造过程中，存在较多的小分子杂质，气味较难闻，总碳挥发量也较高；而且，在玻璃纤维增强 ABS 复合材料的制备过程中，往往会添加各种相容剂，这些相容剂往往会不同程度地散发难闻的气味。降低气味的基本方法包括化学反应法和物理吸附法两种。化学反应法是指添加一些能与有气味小分子物质反应的添加剂。这些添加剂和小分子反应，产生分子链大、在一般环境中不能挥发出来的另一种化合物，从而消除气味。例如，蓖麻油酸锌是通过螯合醛酮分子来降低气味的。而对于物理吸附法来说，理论上讲，大量的空洞可以对任何产生气味或其他挥发性小分子进行吸附，因此可能对产生气味问题的各个方面都有效果。目前常用的物理吸附剂包括活性炭、硅胶、凹凸棒土、黏土矿物体系、分子筛、沸石、硅灰石、膨润土等。

低气味玻璃纤维增强 ABS 的性能测试结果如表 6-51 所示。气味测试按大众公司 PV3900 标准，采用 1～6 级评价，级别越高，气味越大。表 6-52 为控制汽车车内气味的标准 PV3900 的评价内容，评分分为 6 个级别。其方法是在一定实验条件下，将零件置于一个密封的器皿中，由专业人员凭嗅觉测试零件的气味。主观气味测试实验条件如下：a. 常温 23℃，模拟正常的驾驶条件；b. 高温 40℃，模拟夏天的驾驶条件；c. 在 2h 内，高温 80℃ 的条件下，模拟极端温度和夏天暴晒后驾驶舱内的条件。

表 6-51　低气味玻璃纤维增强 ABS 的性能测试结果

| 性能指标 | 配方值 | 性能指标 | 配方值 |
|---|---|---|---|
| 拉伸强度/MPa | 105 | 弯曲模量/MPa | 7800 |
| 断裂伸长率/% | 2 | 热变形温度/℃ | 102 |
| 悬臂梁缺口冲击强度/(J/m²) | 80 | 密度/(g/cm³) | 1.28 |
| 弯曲强度/MPa | 115 | 气味/级 | 2.5 |

表 6-52  内饰材料气味评价标准的评价内容

| 等级 | 评估 | 等级 | 评估 |
|---|---|---|---|
| 1 | 无气味 | 4 | 有干扰性气味 |
| 2 | 有气味,但无干扰性气味 | 5 | 有强烈干扰性气味 |
| 3 | 有明显气味,但无干扰性气味 | 6 | 有不能忍受的气味 |

## 6.7.4  低光泽、低气味、高耐候的汽车内饰 ABS

（1）配方（质量份）

| | | | |
|---|---|---|---|
| ABS-1 | 50 | 抗氧剂 1010 | 0.2 |
| ABS-2 | 32 | 抗氧剂 619F | 0.2 |
| 耐热剂 1 | 9 | 消光剂 | 3 |
| 耐热剂 2 | 5 | | |

注：ABS-1 牌号为 3513；ABS-2 牌号为 3504；耐热剂 1 牌号为 DENKA IP；耐热剂 2 牌号为 HR-15；消光剂牌号为 XGW04。

（2）加工工艺

将经过干燥的 ABS 树脂、耐热剂、抗氧剂和消光剂等按配方中组成比例混合后用双螺杆加料器连续均匀地加入双螺杆挤出机（螺杆直径 35mm，长径比 $L/D=40$）主机筒中，主机筒分段控制温度（从加料口至机头出口）为 100℃、230℃、230℃、225℃、225℃、220℃、220℃，双螺杆转速为 500r/min，挤出料条经过水槽冷却后切粒得到产品。将上述产品在鼓风烘箱中，于 85℃干燥 4h 后用塑料注塑成型机注塑成标准样条，注塑温度为 230℃。

（3）参考性能

表 6-53 为低光泽、低气味、高耐候的汽车内饰 ABS 性能测试结果。

表 6-53  低光泽、低气味、高耐候的汽车内饰 ABS 性能测试结果

| 性能指标 | 配方值 | 性能指标 | 配方值 |
|---|---|---|---|
| 维卡软化点温度/℃ | 108.2 | 气味/级 | 3.5+ |
| 缺口冲击强度/(kJ/m²) | 10.4 | 烟密度测试 | 少量发烟 |
| 耐候性值 ΔE | 3.5 | 抗静电测试/Ω | $10^{10}$ |
| 光泽度(60°)/% | 6.0 | | |

## 6.7.5  汽车内饰用超低光泽耐热 ABS

（1）配方（质量份）

| | | | |
|---|---|---|---|
| ABS 275 | 39.4 | 增韧剂 NG7002 | 10 |
| PA6 | 40 | 润滑 540A | 2 |
| 耐热剂 MS-NB | 5 | 抗氧剂 1010 | 1 |
| 相容剂 S601N | 5 | 抗氧剂 168 | 1 |

注：PA6 型号为 8202；耐热剂型号为 MS-NB；相容剂型号为 S601N；增韧剂型号为 NG7002；润滑剂型号为 540A。

（2）加工工艺

按配方将原料投入预混器中使原料混合均匀。将得到的预混料加入双螺杆挤出机中，挤出并切粒得到低光泽耐热 ABS 材料。其中，双螺杆挤出机的料筒转速为 200～600r/min，料筒温度为 220～250℃。

（3）参考性能

表 6-54 为汽车内饰用超低光泽耐热 ABS 性能测试结果。

**表 6-54　汽车内饰用超低光泽耐热 ABS 材料性能测试结果**

| 性能指标 | 配方值 | 性能指标 | 配方值 |
|---|---|---|---|
| 拉伸强度/MPa | 48 | 密度/(g/cm³) | 1.06 |
| 断裂伸长率/% | 17 | 熔体指数/(g/10min) | 26 |
| 夏比缺口冲击强度(23℃)/(kJ/m²) | 16 | 大肠杆菌杀菌率/% | 96.4 |
| Izod 缺口冲击强度(-30℃)/(J/m²) | 7 | 光泽度(60°)/% | 1.3 |
| 弯曲强度/MPa | 69 | 维卡软化温度/℃ | 105 |

## 6.7.6　耐刮擦高冲击亚光耐油和耐候 ABS-PA-PMMA 汽车内饰材料

（1）配方（质量份）

| | | | |
|---|---|---|---|
| ABS(757K) | 13.6 | 增韧剂(HR-181) | 5 |
| PA6(M2800) | 39.8 | 增韧剂(EXL-2678) | 3 |
| PMMA(CM-211) | 15 | 增韧剂(KT-915) | 10 |
| 相容剂(SMA-700) | 7 | 耐刮剂(GM100A) | 5 |
| 抗氧剂(1010/168=1:2) | 0.2 | 润滑剂 | 0.4 |

（2）加工工艺

按配方将称量的 PA6、ABS、PMMA、相容剂和润滑剂、耐刮剂加入高速混合机中，混合 1～2min，再将称好的增韧剂 HR-181、EXL-2678、KT-915 加入高速搅拌器中，混合 1～2min，最后将混合均匀的物料加到双螺杆挤出机的料斗中熔融挤出。双螺杆挤出机各段温度：一区温度为 100℃；二区温度为 230℃；三区温度为 225℃；四区温度为 210℃；五区温度为 220℃；模头温度为 230℃。双螺杆挤出机螺杆转速为 38r/min。

（3）参考性能

表 6-55 为耐刮擦高冲击亚光耐油和耐候 ABS-PA-PMMA 汽车内饰材料性能测试结果。

**表 6-55　耐刮擦高冲击亚光耐油和耐候 ABS-PA-PMMA 汽车内饰材料性能测试结果**

| 性能指标 | 配方值 | 性能指标 | 配方值 |
|---|---|---|---|
| 拉伸强度/MPa | 44 | 密度/(g/cm³) | 1.07 |
| 断裂伸长率/% | 63 | 熔体指数/(g/10min) | 25 |
| 缺口冲击强度/(kJ/m²) | 17 | 耐刮擦性能(23℃) | 刮痕可擦 |
| 弯曲强度/MPa | 51 | 热变形温度/℃ | 97 |
| 弯曲模量/MPa | 1219 | | |

# 第 **7** 章 ▶▶▶

# 聚氯乙烯改性配方与实例

## 7.1　聚氯乙烯增强与增韧改性配方与实例

### 7.1.1　聚酰胺酸共混改性 PVC 材料

**(1) 配方（质量份）**

| | | | |
|---|---|---|---|
| PVC | 100 | 硬脂酸钡 | 1.5 |
| DOP(邻苯二甲酸二辛酯) | 7 | 环氧大豆油 | 2 |
| 液体石蜡 | 7 | 二碱式亚磷酸铅 | 3 |
| 三碱式硫酸铅 | 3 | PAA(聚酰胺酸) | 3.5 |
| 硬脂酸锌 | 1 | | |

**(2) 加工工艺**

PAA 的合成步骤如下。合成方法为均苯四甲酸二酐（PMDA）和 4,4'-二氨基二苯醚（ODA）在 NMP 溶剂中反应生成 PAA，反应过程见图 7-1。先称量 ODA，再称量 PMDA，量取 NMP 溶剂至三口烧瓶中，将 ODA 加入三口烧瓶中；同时，用搅拌器搅拌 15min，使 ODA 快速溶于 NMP。稍微调快搅拌速度，加入 PMDA，控制反应温度，将三口烧瓶置入冰浴中，反应 20min 后打开搅拌器叶片，再搅拌 9～10h（保持在 0℃）。

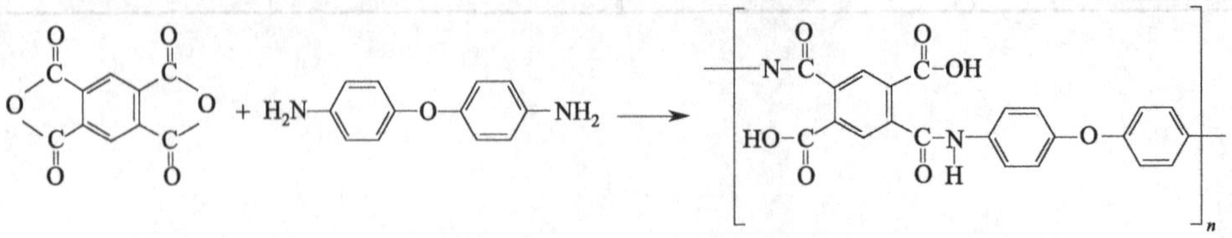

图 7-1　PAA 的合成反应过程

按配方称量各组分，依次加入配料盘中，混合均匀后倒入高速混合机，先低速混合后再高速混合，高速混合约 5min 后出料至混料盘待用。将双辊筒炼塑机的辊温设置为 160～170℃。前辊温度略高于后辊温度，两辊间距调零，达到温度后将辊距调至 2～3mm；开机，将混合好的粉料倒入辊间，回炼 2～3 次，调节辊距使粉料充分混炼，混炼约 20min 后观察物料，如果物料表面光滑且具有一定的强度则可出料。出料时，物料应尽量薄，利于压制成型。

将平板硫化机的温度设置为（180±5）℃，把混炼好的薄片交错放入模板中，闭模使上模板接触上模，预热大约 10min；再继续闭模，于 1.5～2.0MPa 恒温约 30min。开模冷却至 80℃以下，脱模取出 PAA/PVC 板材制品。

（3）参考性能

随着 PAA 用量的增加，PAA/PVC 复合材料的拉伸强度、冲击强度、断裂伸长率增加，弹性模量先增加后降低，如图 7-2～图 7-5 所示。

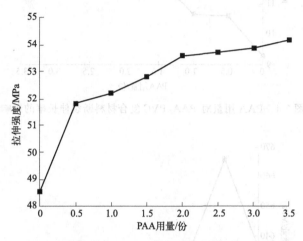

图 7-2　PAA 用量对 PAA/PVC 复合材料拉伸强度的影响

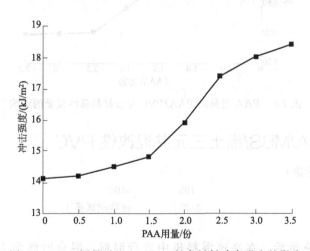

图 7-3　PAA 用量对 PAA/PVC 复合材料冲击强度的影响

PAA 用量对 PAA/PVC 复合材料阻燃性能的影响见表 7-1。随着 PAA 用量的增加，PAA/PVC 复合材料的有焰燃烧时间越来越短，表明其阻燃性能越来越好。

表 7-1　PAA 用量对 PAA/PVC 复合材料阻燃性能的影响

| PAA 用量/份 | 有焰燃烧时间/s | PAA 用量/份 | 有焰燃烧时间/s |
| --- | --- | --- | --- |
| 0 | 3.0 | 3 | 2.0 |
|  | 2.6 | 3.5 | 1.6 |
| 2 | 2.2 |  |  |

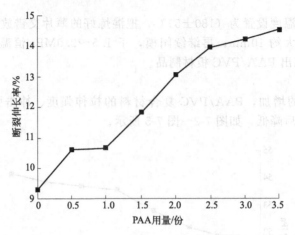

图 7-4  PAA 用量对 PAA/PVC 复合材料断裂伸长率的影响

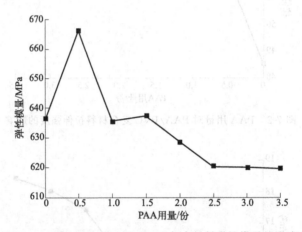

图 7-5  PAA 用量对 PAA/PVC 复合材料弹性模量的影响

## 7.1.2  EVA/MBS/稀土三元共混改性 PVC

**（1）配方（质量份）**

| | | | |
|---|---|---|---|
| PVC | 100 | MBS | 3.25 |
| EVA | 3.25 | 硬脂酸镧稀土 | 0.65 |

**（2）加工工艺**

将物料按配方称量后，在高速混料机中进行混料，混合时间为 30min，混料温度为 45℃，升温至 90℃后出料。将混合出料后的原材料置于双辊开炼机中进行塑化开炼，开炼时间为 5min，开炼温度为 160℃。开炼后的原材料置于平板硫化机中进行压片，压片厚度为 2mm，压片工艺为先将开炼后的材料置于压片机中预热 60s，压力为 2MPa；然后以 10MPa 的压力预压 150s。最后，以 15MPa 的压力最后压制 200s，最终得到 2mm 厚的压片板。

**（3）参考性能**

实验组材料成分配比见表 7-2。由图 7-6 中不同混合剂下 PVC 的冲击强度与抗拉强度的变化曲线可知，随着改性剂的加入，PVC 的抗拉强度及冲击强度增大；具体由 a、b、c 对照可知，随着增韧剂 EVA 及 MBS 的加入，抗拉强度由初始 PVC 的 30MPa 增加到添加

EVA 及 MBS 的 35MPa 及 38MPa，冲击强度由初始的 10kJ/m² 增加到添加 EVA 及 MBS 的 15kJ/m² 及 18kJ/m²。这主要是由于加入弹性增韧剂 EVA 及 MBS 后，EVA 对 PVC 基体产生"网格"增韧及 MBS 对 PVC 基体产生"海岛"增韧。由于"网格"及"海岛"在 PVC 基体中起到吸收、传递冲击能量的作用，减少了冲击作用对 PVC 基体的损伤，使得 PVC 基体抵抗外力破坏的能力增强，进而使得 PVC 基体在分别添加 EVA 及 MBS 后整体的抗拉强度及冲击强度增强。当 PVC 中混合添加 EVA 及 MBS 时，混合改性体的抗拉强度及冲击强度分别提升至 45MPa 及 25kJ/m²。PVC 的冲击强度及抗拉强度得到大幅度提升，这主要是由于"海岛"增韧与"网格"增韧的复合增韧所致。

该增韧效果既可以由"海岛"破碎产生大量的剪切带及银纹吸收冲击能量，又可由"网格"增韧传递、分散冲击能量减缓 PVC 基体内的应力集中，两种增韧机制共同作用下使得 PVC 的强韧性相对于单一增韧机制得到大大增强。如图 7-6 中 e 所示，在 EVA 及 MBS 增韧剂复合的基础上，添加硬脂酸镧稀土（以下简称稀土），得到三元复合改性后的 PVC 树脂。PVC 的强韧性得到了极大提升，这主要得益于稀土对 EVA-MBS-PVC 不同改性剂产生的多元界面进行连接与填充，使得 PVC 基体内多元增韧剂之间、增韧剂与基体之间形成稳定界面，强化 EVA 及 MBS 的协同增韧作用；同时，稀土中的镧离子还与 PVC 中的氯离子形成配位键，增加了混合分子链中的分子间作用力，提高了支链的稳定性，对基体的强韧性具有提升作用。

表 7-2　实验组材料成分配比

| 编号 | 成分 | 配比/份 | | | |
| --- | --- | --- | --- | --- | --- |
| | | EVA | MBS | 稀土 | PVC |
| a | 纯 PVC | 0 | 0 | 0 | 100 |
| b | EVA | 8 | 0 | 0 | 100 |
| c | MBS | 0 | 8 | 0 | 100 |
| d | EVA＋MBS | 4 | 4 | 0 | 100 |
| e | EVA＋MBS＋稀土 | 3.25 | 3.25 | 0.5 | 100 |

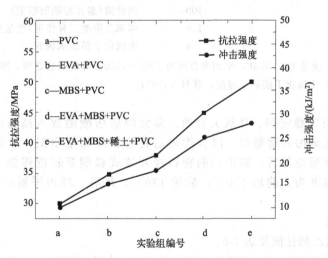

图 7-6　不同混合剂下 PVC 的冲击强度与抗拉强度的变化曲线

通过紫外光谱分析得到不同改性剂下，加热 20min 后的热降解产物吸收峰强度与对应的波长变化曲线，如图 7-7 所示。由图可知，在 300～400nm 的波长范围内，热降解产物都出现了对应的吸收峰，说明在此加热温度下 PVC 基体出现了不同程度的脱氯反应；

然而基体中添加 EVA 及 MBS 对热分解产物的吸收峰强度未产生影响，说明添加 EVA 及 MBS 增韧剂并不能对 PVC 的热稳定性产生影响。而 EVA＋MBS＋稀土＋PVC 的组合热降解产物的吸收峰强度却从未添加稀土的 0.8 降低至添加稀土后的 0.25，说明在 PVC 中添加硬脂酸镧稀土后，PVC 基体内的 HCl 析出得到抑制，PVC 基体分子链中的 Cl 原子被稳定固定在基体支链中，PVC 的热稳定性得到提升，最终使得 PVC 的耐候性及强度得到提升。

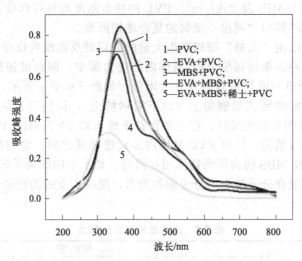

图 7-7　不同改性剂下 PVC 的热降解产物吸收峰强度与对应的波长变化曲线

## 7.1.3　增韧透明聚氯乙烯

### （1）配方（质量份）

| | | | |
|---|---|---|---|
| PVC | 100 | 润滑剂（多元醇脂肪酸酯） | 0.4 |
| 有机锡稳定剂 | 1.5 | 邻苯二甲酸二异癸酯（增塑剂） | 50 |
| 环氧大豆油 | 4 | 全硫化丁腈粉末橡胶 | 5 |

注：PVC 树脂，牌号 QS-1050P，平均聚合度为 1000～1100；有机锡稳定剂，牌号 TJ-881；多元醇脂肪酸酯，牌号 ZB-60；全硫化丁腈粉末橡胶，牌号 VP-401。

### （2）加工工艺

将 PVC、有机锡稳定剂、环氧大豆油、多元醇脂肪酸酯放入高速混合机搅拌，于高速搅拌的过程中逐渐加入增塑剂。混合均匀后将物料冷却至室温，然后加入全硫化丁腈粉末橡胶继续混合至均匀后，将得到的物料经开放式橡塑双辊混炼机（开炼机）混炼塑化和压片。混炼温度为：前辊 130℃，后辊 130℃。最后，经由平板硫化机在 180℃ 条件下模压成型。

### （3）参考性能

增韧透明聚氯乙烯性能见表 7-3。

表 7-3　增韧透明聚氯乙烯性能

| 性能指标 | 数值 | 性能指标 | 数值 |
|---|---|---|---|
| 弯曲强度/MPa | 0.534 | 简支梁缺口冲击强度（−10℃）/(kJ/m²) | 7.18 |
| 弯曲弹性模量/GPa | 19.1 | 雾度/% | 23.0 |
| 简支梁缺口冲击强度(23℃)/(kJ/m²) | 44.1 | 透光率/% | 81.3 |

## 7.1.4　PVC 酒瓶底座增韧材料

（1）配方（质量份）

| | | | |
|---|---|---|---|
| PVC | 100 | 硬脂酸 | 0.8 |
| 抗冲改性剂 ACR | 6 | 纳米碳酸钙 | 10 |
| MBS | 6 | PE 蜡 | 0.5 |
| 铅盐热稳定剂 | 4 | | |

（2）加工工艺

将物料按配方称重后，加入高速混料机，混料，挤出造粒。

（3）参考性能

塑料酒瓶底座和瓶封包装占白酒包装材料的 50％左右，具有广阔的市场发展前景。目前，酒瓶底座基本采用 ABS 材料，而 ABS 价格远高于 PVC。因此，PVC 酒瓶底座具有巨大的市场机会。酒瓶底座增韧材料力学性能如表 7-4 所示，配方满足使用要求。

**表 7-4　PVC 酒瓶底座增韧材料力学性能**

| 性能指标 | 配方值 | 市售 ABS 酒瓶底座材料 |
|---|---|---|
| 冲击强度/$(kJ/m^2)$ | 11 | 10.5 |
| 断裂伸长率/% | 24 | 21 |

## 7.1.5　改性 PVC 排水管件

（1）配方（质量份）

| | | | |
|---|---|---|---|
| PVC | 100 | 润滑剂 | 0.6 |
| 加工改性剂 ACR(AS-935) | 1 | 钛白粉 | 2 |
| 碳酸钙 | 20 | Ca/Zn 复合热稳定剂 | 4 |

注：PVC 牌号为 SG8；ACR 粒径为 $15\sim18\mu m$；钛白粉、润滑剂，工业级。

（2）加工工艺

按配方称量原料后投入高速混合机中，高速热混至 115℃，再低速冷混至 45℃后出料，挤出造粒。注塑机的温度参数设定为：射嘴 186℃；机身一区 183℃；机身二区 180℃；机身三区 180℃；机身四区 175℃；机身五区 175℃。注塑机的其他参数设定见表 7-5。

**表 7-5　注塑机的其他参数设定**

| 项目 | 速度/% | 压力/MPa | 注塑位置/mm |
|---|---|---|---|
| 熔胶 | 75 | 5.5 | 170 |
| 注塑 1 段 | 9 | 2.0 | 163 |
| 注塑 2 段 | 7 | 2.5 | 150 |
| 注塑 3 段 | 23 | 4.0 | 120 |
| 保压 | 15 | 20.0 | |

注：保压时间为 3s；速度的单位%是指设定值与额定值之比。

（3）参考性能

普通的加工改性剂 ACR 添加量多，配方成本高，改善效果不明显。加工改性剂 AS-935 则可促进 PVC 树脂的凝胶化，提高熔体强度，提高熔体流动性和制品表观质量，而且用量相对较少。与 ACR 401 相比，AS-935 具有以下特性：分子量较小，与 PVC 树脂的相容性更好；黏度较小，熔体流动性更好。AS-935 由甲基丙烯酸甲酯与多种酯类化合物复合而成，属于"核-壳"结构，分子结构见图 7-8。酯类化合物包括酯类润滑复合物，具有协同效应：可使熔体平衡转矩降低，延长塑化时间；与 PVC 相容性好，可提高制品表观质量。

由表 7-6 可知：采用 AS-935 后，PVC 排水管件的密度几乎没有变化，维卡软化温度提

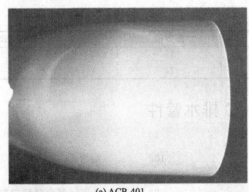

图 7-8  AS-935 的分子结构

高了约 4℃，能通过烘箱试验和坠落试验，符合 GB/T 5836.2—2018 的要求。在不改变生产工艺的条件下，两种 PVC 管件的表观质量见图 7-9。

**表 7-6  两种 PVC 管件的力学性能**

| PVC 管件 | 密度/(g/cm³) | 维卡软化温度/℃ | 烘箱试验 | 坠落试验 |
| --- | --- | --- | --- | --- |
| AS-935 | 1.521 | 78.7 | 无开裂 | 无破裂 |
| ACR 401 | 1.523 | 74.6 | 无开裂 | 无破裂 |

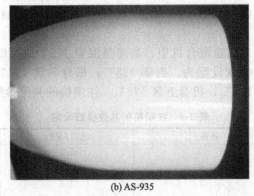

(a) ACR 401

(b) AS-935

图 7-9  两种 PVC 排水管件的表观质量

由图 7-9 可知，采用 AS-935 生产的 PVC 排水管，表面光泽度更好，并且白度更高。这是因为 AS-935 可使 PVC 熔体的塑化程度增加，熔体流动性提高，则在注塑充模时熔体与模具内壁的摩擦程度可降低。因此，其产品表面的光泽度更好，白度更高。

## 7.1.6  碱木质素与 PVC 共混改性

(1) 配方（质量/g）

| | | | |
| --- | --- | --- | --- |
| PVC | 100 | 硬脂酸锌 | 1 |
| DOP | 5mL | 液体石蜡 | 1mL |
| 硬脂酸钙 | 1 | 碱木质素 | 10 |

（2）加工工艺

① 混料。称量 PVC 及其他各种组分。按照一定顺序，先把粉料（PVC、硬脂酸钙、硬脂酸锌、碱木质素）加入高速混合机进行混合，设置转速为 800r/min，温度为 35℃，时间为 2min；然后把液体均匀加入高速混合机进行混合，设置转速为 1100r/min，温度为 60℃，时间为 3min。

② 双辊塑炼拉片。将步骤①混好的物料用双辊塑炼机进行熔融混合塑化。首先，设置双辊塑炼机双辊之间的间距为 1mm，塑炼 5min；然后设置双辊塑炼机双辊之间的间距为 1.8mm，塑炼 8min，得到组成均匀的成型用 PVC 片材。趁热进行折叠，裁剪成符合模压模具要求的尺寸。

③ 压制成型。把步骤②制得的 PVC 片材装入模具中，盖好模具，放入平板硫化仪，预热 7min，然后加压使 PVC 熔融塑化，冷却定型成硬质 PVC 板材。平板硫化仪压力设置为 8MPa。

（3）参考性能

碱木质素改性 PVC 力学性能如表 7-7 所示。

**表 7-7　碱木质素改性 PVC 力学性能**

| 性能指标 | 碱木质素改性 | 未改性 |
| --- | --- | --- |
| 拉伸强度/MPa | 62.25 | 57.63 |
| 弯曲强度/MPa | 117.65 | 103.92 |

## 7.1.7　ACM 增强增韧玻璃纤维/PVC 建筑模板材料

（1）配方（质量份）

| | | | |
| --- | --- | --- | --- |
| PVC | 100 | QY-501C | 6 |
| GF | 15 | PE 蜡 | 0.4 |
| CaCO₃ | 15 | 硬脂酸 | 0.6 |
| ACM(丙烯酸酯橡胶) | 5 | | |

注：选用硬脂酸作为热稳定剂，防止 PVC 在加工过程中发生降解，并选用 Ca/Zn 复合稳定剂 QY-501C 提高加工稳定性，促进熔体凝胶化，增强熔体流动性。润滑剂选用 PE 蜡。选用流动性好的重质碳酸钙作为填充剂。

（2）加工工艺

将 PVC、碳酸钙、稳定剂、润滑剂进行干燥处理，然后再加入高速混料机，混料 3min，最后加入玻璃纤维（GF），混料 1.5min。挤出造粒后，注塑加工。ACM 改性 GF/PVC 复合材料挤出工艺条件见表 7-8，其注塑工艺参数见表 7-9。

**表 7-8　ACM 改性 GF/PVC 复合材料挤出工艺条件**

| 各区温度/℃ | | | | | | | 转速/(r/min) | | |
| --- | --- | --- | --- | --- | --- | --- | --- | --- | --- |
| 一区 | 二区 | 三区 | 四区 | 五区 | 六区 | 机头 | 喂料 | 主机 | 牵引 |
| 110 | 120 | 125 | 130 | 135 | 140 | 155 | 15.5 | 36.8 | 43.2 |

**表 7-9　ACM 改性 GF/PVC 复合材料注塑工艺参数**

| 料筒温区 | 一区 | 二区 | 三区 | 四区 | 喷嘴 |
| --- | --- | --- | --- | --- | --- |
| 温度/℃ | 180 | 175 | 170 | 165 | 180 |

（3）参考性能

加入玻璃纤维只能增强 PVC 材料，其韧性还有待提高。用改性剂和玻璃纤维共同作用改性 PVC 的研究很少。ACM 中存在一定数量的氯原子，轻度氯化 HDPE 和丙烯酸酯壳层的共同作用，使 ACM 在结构上与 PVC 很相近，并且具有相同的极性基团，两者相容性良好；玻璃纤维表面有极性的羟基存在，呈弱酸性，而且用偶联剂处理的玻璃纤维表面能够改善纤维与基体之间的黏结性，提高界面之间的黏结力。另外，丙烯酸酯的"核-壳"结构，其壳层影响橡胶相的分散和与 PVC 界面的黏结力，可作为改性剂与 PVC 的中间介质；而且轻度氯化 HDPE 与 PVC 相容性良好。因此，ACM 和 PVC 体系的相容性较好。在轻度氯化的 HDPE 和丙烯酸酯"核-壳"类聚合物的综合作用下，ACM 与 GF/PVC 界面形成网络结构，因此能在保持强度的基础上较大程度地提高 PVC 复合材料的韧性。

如图 7-10～图 7-13 所示，ACM 对 GF/PVC 材料的增强增韧改性效果最为明显，GF/PVC 材料的断裂伸长率得到改善，而且断裂伸长率的大小与 ACM 添加量成正比。

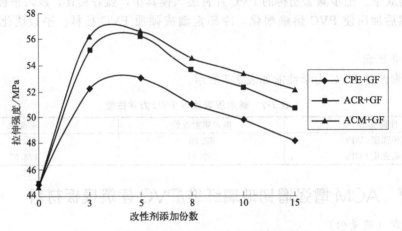

图 7-10　改性剂用量对 GF/PVC 拉伸强度的影响

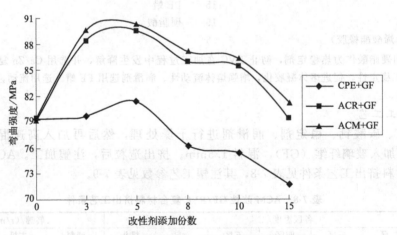

图 7-11　改性剂用量对 GF/PVC 弯曲强度的影响

此外，加入低质量份 ACM 还可以得到高质量份 ACR、CPE（氯化聚乙烯）的效果，如加入 8 份 ACM，GF/PVC 材料的力学性能则相当于加入 10 份 ACR，比加入 15 份 CPE 材料的力学性能还要好。从断面形貌图 7-14 可以看出，加入 ACM 之后，玻璃纤维数量较多，玻璃纤维取向最为一致，而且断面玻璃纤维长度最短，玻璃纤维与基体黏结情况最好。由此可见，ACM 能有效改善玻璃纤维在 PVC 复合材料中的分布和取向情况，从而提高其韧性。总之，ACM 能有效增强和增韧 GF/PVC 材料，是性价比优越的抗冲改性剂。

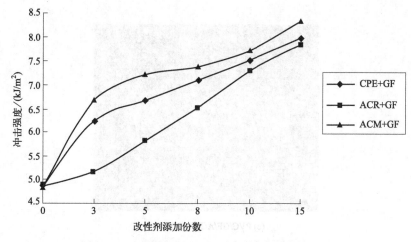

图 7-12　改性剂用量对 GF/PVC 冲击强度的影响

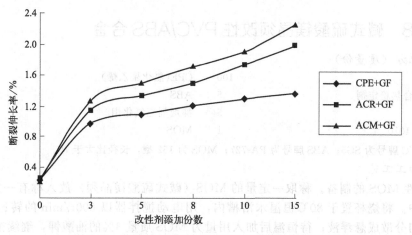

图 7-13　改性剂用量对 GF/PVC 断裂伸长率的影响

　　将经过 ACM 改性的玻璃纤维增强聚氯乙烯（GF/PVC）复合材料应用到建筑模板上时，产品具有尺寸稳定性好，不会产生裂缝、翘曲，无木材结疤、斜纹，具有硬度高等优良的物理性能。新型的 GF/PVC 复合材料本身具有质轻高强、耐腐蚀的性能，赋予了产品更高的周转率以及更高的使用便利性。玻璃纤维增强 PVC 应用于建筑模板时，具有较好的社会效益和经济效益。

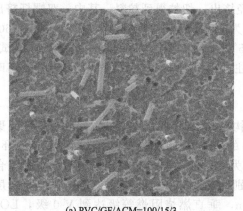

(a) PVC/GF/ACM=100/15/3

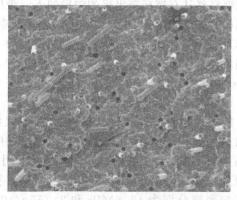

(b) PVC/GF/ACM=100/15/5

图 7-14

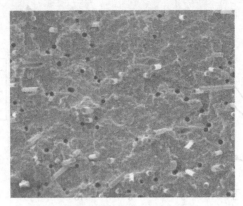

(c) PVC/GF/ACM=100/15/10

图 7-14　ACM 改性 GF/PVC 材料断面形貌图

## 7.1.8　碱式硫酸镁晶须改性 PVC/ABS 合金

**(1) 配方 (质量份)**

| | | | |
|---|---|---|---|
| PVC | 100 | CPE(氯化聚乙烯) | 5 |
| 钙锌复合热稳定剂 | 5 | ABS | 45 |
| DOP | 5 | 抑烟剂三氧化钼 | 2 |
| 抗氧剂 1010 | 1 | MOS | 10 |

注：PVC 牌号为 SG5；ABS 牌号为 PA-727；MOS 为 152 型，长径比大于 70。

**(2) 加工工艺**

① 改性 MOS 的制备。称取一定量的 MOS（碱式硫酸镁晶须）放入称有一定量去离子水的烧杯中。将烧杯置于 80℃恒温水浴槽内，用电动搅拌器以 600r/min 的转速进行搅拌，至晶须均匀分散成悬浮液；待恒温后加入用量为 MOS 质量 3% 的油酸钾，继续搅拌 60min，然后取出烧杯。在室温下，静置冷却，最后用去离子水洗涤，过滤，干燥，得到的即为改性后的 MOS。

② MOS 增强阻燃 PVC/ABS 合金的制备。将物料置于高速混合机中，在 80～100℃下混合 10～20min，并冷却至常温，随后将 MOS 和抑烟剂三氧化钼加入高速混合机中，在常温下搅拌 5～10min，得到预混料。将所得预混料从双螺杆挤出机的主喂料口加入，ABS 通过侧喂料器从双螺杆挤出机的中段加入，最后经挤出、切粒得到粒料。其中，双螺杆挤出机主螺杆的转速为 110r/min，侧喂料器螺杆转速为 80r/min，挤出机各区温度分别为 160℃、165℃、168℃、168℃、172℃，模头温度为 175℃。将粒料干燥后通过注塑制成标准试样，注塑压力为 7MPa，注塑温度设置为 172℃，注塑时间为 10s，保压时间为 5s，冷却时间为 5s。

**(3) 参考性能**

碱式硫酸镁晶须（MOS）是一种微观结构为纤维状的无机晶须材料，可作为聚合物材料的环保填充型阻燃剂，能够提高材料的力学性能和阻燃性能，而且绿色环保。由图 7-15～图 7-18 可见，当改性 MOS 用量为 10 份时，PVC/ABS 合金材料的综合性能最好，弯曲强度和缺口冲击强度最高，分别为 75.5MPa 和 15.9kJ/m$^2$；拉伸强度和熔体指数则分别为 47.6MPa 和 2.255g/10min，垂直燃烧阻燃等级达到 V-0 级，LOI 达到 32.2%。

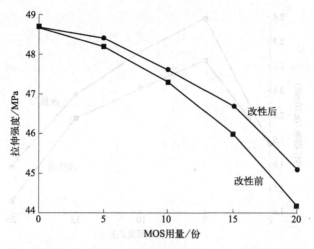

图 7-15　改性前后不同 MOS 用量的 PVC/ABS 合金材料的拉伸强度

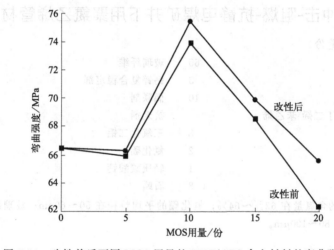

图 7-16　改性前后不同 MOS 用量的 PVC/ABS 合金材料的弯曲强度

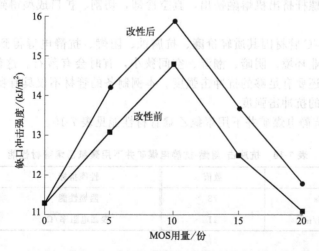

图 7-17　改性前后不同 MOS 用量的 PVC/ABS 合金材料的缺口冲击强度

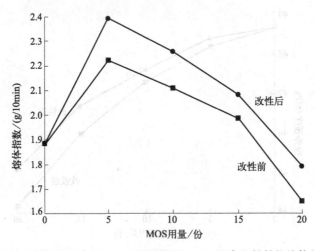

图 7-18 改性前后不同 MOS 用量的 PVC/ABS 合金材料的熔体指数

## 7.1.9 抗冲击-阻燃-抗静电煤矿井下用聚氯乙烯管材

（1）配方（质量份）

| | | | |
|---|---|---|---|
| PVC | 65 | 玻璃纤维 | 0.8 |
| 炭黑 | 3 | 钙锌复合稳定剂 | 2 |
| 氯化聚乙烯 | 10 | 偶联剂 | 1 |
| 甲基丙烯酸甲酯-丁二烯-苯乙烯 | | 抗老剂 | 1 |
| 共聚物（MBS） | 8 | 三氧化二铝 | 1 |
| 马来酰亚胺 | 2 | 氮化硼 | 1 |
| 碳化硅晶须 | 1 | 轻质碳酸钙 | 2 |
| 丁苯橡胶 | 0.8 | 石蜡 | 2 |

注：氯化聚乙烯的含氯量在 62%～64%；氮化硼的平均粒径在 50～60nm；玻璃纤维的平均直径为 5～10μm，平均长度为 80～100μm。

（2）加工工艺

按配方称取各原料，在 120～130℃条件下混合均匀，保温 20～30min 后冷却至 40～50℃，出料；用双螺杆挤出机熔融挤出，真空冷却，切割、扩口成型得到管材。

（3）参考性能

煤矿井下用 PVC 管材因其质轻价廉、抗腐蚀、阻燃、抗静电等得到了广泛应用。煤矿井是一个特殊的作业环境，阴暗、潮湿、空间狭小，有时会有落石。这就需要 PVC 管材不仅抗静电、阻燃，还要有足够的抗冲击强度。本例制备的管材不仅具有良好的抗静电和阻燃性能，还具有优异的抗冲击强度。

抗冲击-阻燃-抗静电煤矿井下用聚氯乙烯管材性能见表 7-10。

表 7-10 抗冲击-阻燃-抗静电煤矿井下用聚氯乙烯管材性能

| 性能指标 | 数值 | 性能指标 | 数值 |
|---|---|---|---|
| 拉伸强度/MPa | 78 | 阻燃性能 | A 级 |
| 缺口冲击强度/(kJ/m²) | 11 | 表面电阻率/Ω | $7.5×10^6$ |

## 7.2 聚氯乙烯阻燃改性配方与实例

### 7.2.1 阻燃聚氯乙烯

（1）配方（质量份）

| | | | |
|---|---|---|---|
| PVC | 100 | 二氧化硅 | 5.0 |
| 碳酸钙 | 5.5 | 分散润滑剂（TAS-2A） | 1.0 |
| 滑石粉 | 5.0 | 钛酸酯偶联剂 | 1.5 |
| 云母粉 | 5.0 | 硼酸锌 | 5.0 |
| 高岭土 | 5.0 | 三氧化二锑 | 5.0 |

（2）加工工艺

将配方物料在高速混合器中混合 3～4min，在双螺杆挤出机中经熔融挤出、冷却、切粒、包装成品即可。其中，双螺杆挤出机一区温度为 120～130℃、二区温度为 140～160℃、三区温度为 185～205℃、四区温度为 180～200℃、五区温度为 170～190℃，停留时间为 1～2min，压力为 10～15MPa。

（3）参考性能

阻燃聚氯乙烯性能见表 7-11。

**表 7-11 阻燃聚氯乙烯性能**

| 性能指标 | 数值 | 性能指标 | 数值 |
|---|---|---|---|
| 拉伸强度/MPa | 19.0 | 密度/(g/cm$^3$) | 1.30 |
| 断裂伸长率/% | 140 | 阻燃等级 UL94 | V-0 |
| 悬臂梁缺口冲击强度/(J/m$^2$) | 7.1 | | |

### 7.2.2 聚氯乙烯阻燃板

（1）配方/质量份

| | | | |
|---|---|---|---|
| PVC | 50 | 引发剂偶氮二异丁腈 | 0.05 |
| HDPE | 15 | 热稳定剂有机锡马来酸盐 | 1 |
| 糯米胶粉 | 2 | 防老剂烷基甜菜碱 | 0.5 |
| 塑化剂 | 10 | 液体石蜡 | 0.5 |
| 气泡成核剂二氧化硅 | 1 | 阻燃剂三氧化二锑 | 3.5 |
| 液氯 | 10 | 颜料钛白粉 | 2.5 |
| 助发泡剂无水乙醇 | 3 | 相容剂氯化聚乙烯树脂 | 0.3 |

（2）加工工艺

① 预混料的制备。先向混料釜中加入聚氯乙烯树脂、高密度聚乙烯树脂、糯米胶粉、塑化剂、气泡成核剂、引发剂、热稳定剂、防老剂、阻燃剂、颜料和相容剂后，在 115℃于 1400r/min 转速下混合 15min 使物料熟化；然后降温至 30℃后，加入塑化剂，以 1400r/min 的转速继续混合 15min 制成预混料。

② 初级原料的制备。将预混料加入双螺杆发泡挤出机的料斗中，设置双螺杆发泡挤出机的料筒温度为 110～120℃，双螺杆发泡挤出机内的压力为 10～15MPa，使混合料在双螺杆发泡挤出机中充分混合和熔融后，形成预混料熔体；然后将液氯和助发泡剂在静态混合器中充分混合制成氯气组合发泡剂，再经过单向阀注入双螺杆发泡挤出机的中段后继续混炼 2h。在双螺杆发泡挤出机中，氯气在双螺杆的剪切作用下被充分打散，并与预混料熔体混合均匀，充分接触，而且在引发剂的作用下聚乙烯与氯气发生氯化反应生成氯化聚乙烯，从

而使聚乙烯与聚氯乙烯逐渐相容，形成均一的熔体混合物。具体工艺参数：熔体混合物在模头压力为 8～12MPa、温度为 100～110℃的条件下，通过发泡口模进行挤出发泡，得初级原料。发泡产生的废气排入废气吸收系统。

③ 聚氯乙烯阻燃板的制备。将初级原料于 80～110℃下加入第二挤出机的料斗中，设置第二挤出机的料筒温度为 130～140℃，机头温度为 140～150℃。初级原料在第二挤出机内进行两次加热塑化后，挤出成型，然后经过压光、冷却定型、牵引、裁切得聚氯乙烯阻燃板成品。

（3）参考性能

聚氯乙烯阻燃板性能见表 7-12。

**表 7-12　聚氯乙烯阻燃板性能**

| 性能指标 | 数值 | 性能指标 | 数值 |
|---|---|---|---|
| 拉伸强度/MPa | 60.02 | 维卡软化点/℃ | 85 |
| 断裂伸长率/% | 140 | 老化时间/h | 8801 |
| 悬臂梁缺口冲击强度/(kJ/m²) | 10.2 | 阻燃性能 | 合格 |

注：阻燃性能根据 ASTM E84 建筑材料表面燃烧特性测试方法进行。

## 7.2.3　仿硅胶阻燃聚氯乙烯

（1）配方/质量份

| | | | |
|---|---|---|---|
| PVC | 100 | 纳米碳酸钙 | 40 |
| 低温固化高透明硅胶 | 25 | 高岭土 | 15 |
| 增塑剂对苯二甲酸二辛酯(DOTP) | 70 | 白炭黑 | 5 |
| 增塑剂邻苯二甲酸二(2-丙基庚)酯(DPHP) | 20 | 聚乙烯蜡 | 0.65 |
| 聚磷酸铵 | 4 | 硬脂酸 | 0.15 |
| 十溴二苯乙烷 | 1.5 | 有机硅耐磨剂 | 0.25 |
| 三氧化二锑 | 2.5 | 受阻酚类抗氧剂 | 0.6 |
| 钙锌稳定剂 | 8 | | |

注：聚氯乙烯为高聚合度聚氯乙烯，其聚合度为 1400。

（2）加工工艺

将称取好的聚氯乙烯倒入高速混合机中，搅拌均匀，然后加入增塑剂，高速搅拌并加热，待增塑剂被聚氯乙烯完全吸收后，加入称取好的改性剂（低温固化高透明硅胶）、阻燃剂、无机填充剂、稳定剂以及其他助剂等，在 130℃下高速搅拌，直至物料完全均匀。物料从高速混合机中排出后，进入双螺杆挤出机中挤出，再通过造粒机造粒，制得仿硅胶阻燃聚氯乙烯塑料。

（3）参考性能

通过选择具有较好的力学性能、耐油、耐腐蚀、耐热、耐低温且柔软、弹性好的低温固化高透明硅胶作为改性剂（粒径为 200 目），在聚氯乙烯改性中改善其拉伸强度与抗撕裂强度，弥补现有线缆产品中的不足，从而极大地改善聚氯乙烯作为电线电缆料的弹性，使其不易变形。本例热塑性聚氯乙烯塑料中采用有机阻燃剂和无机阻燃剂两者复配使用或辅助阻燃剂与有机阻燃剂、无机阻燃剂三者复配使用能显著提高聚氯乙烯塑料的阻燃性，并大大降低生产成本。其性能见表 7-13。

**表 7-13　仿硅胶阻燃聚氯乙烯性能**

| 性能指标 | 数值 | 性能指标 | 数值 |
|---|---|---|---|
| 拉伸强度/MPa | 22.2 | 刮磨实验/次 | 1800 |
| 断裂伸长率/% | 450 | 拉伸强度(空气老化条件 100℃,168h)/MPa | 22.4 |
| −50℃低温催化保留率/% | 30/30 | 断裂伸长率(空气老化条件 100℃,168h)/% | 445 |
| 砂带拖磨实验/mm | 900 | 阻燃性 | VW-1 |

## 7.2.4 交联聚氯乙烯电缆料

(1) 配方（质量份）

| | | | |
|---|---|---|---|
| PVC(SG-1000) | 90 | 增塑剂 ESO | 25 |
| 硬脂酸钙 | 1 | 增塑剂 TOTM | 25 |
| 活性碳酸钙 | 65 | 交联剂过氧化二异丙苯 | 2 |
| 三氧化二锑 | 2 | 环保稀土稳定剂 | 3 |

(2) 加工工艺

将聚氯乙烯树脂、硬脂酸钙、活性碳酸钙、三氧化二锑、ESO、TOTM、过氧化二异丙苯加入高速混合机先低速后高速混合均匀，在混合温度达到 110～120℃时加入环保稀土稳定剂进行搅拌，将混合物搅拌均匀后，通过双螺杆混炼机匀速挤出，完成造粒。其中，挤出机各段的温度自喂料口开始，依次为 110～130℃、140～150℃、150～160℃、120～130℃，机头温度为 110～120℃。

(3) 参考性能

通过交联使聚氯乙烯材料由热塑性塑料转变为热固性塑料，显著提高材料的力学性能、电性能、阻燃性能及加工工艺性能，还具有良好的耐温性和耐刮磨性，可长期在 105℃高温下工作，耐高温、阻燃，实用性强，燃烧时氧指数比普通产品高。其耐热性及耐压性提高了导体的运行温度，电缆载流量得到了提高，可以减小导体截面，相应节约成本；与电缆内部材料不发生加速老化现象、相容性好；加工方法简便易行，适合大规模工业化生产。

## 7.2.5 高电阻率阻燃聚氯乙烯电缆料

(1) 配方/质量份

| | | | |
|---|---|---|---|
| PVC(1300 树脂) | 100 | 钙锌稳定剂 | 4 |
| 二丙二醇二苯甲酸酯 | 5 | 硬脂酸 | 0.4 |
| 邻苯二甲酸双十三酯 | 20 | 聚乙烯蜡 | 0.4 |
| 四溴苯酐二辛酯 | 0.65 | 抗氧剂 1010 | 0.3 |
| 氯化橡胶 | 10 | 硫代二丙酸二月桂酯(DLTP) | 0.3 |

注：氯化橡胶分子量为 6000；钙锌稳定剂牌号为 RUP 129C，该牌号稳定剂主要用于软制品。

(2) 加工工艺

将原料按配方配比称量好，然后将称量好的物料及助剂放入混合器中进行低速搅拌，物料可以同时加入，也可以顺序加入，优选同时加入。在搅拌过程中将所有增塑剂分三次全部加入。增塑剂全部加入后再进行高速搅拌 3～6min，放出物料到低速冷却搅拌机中，搅拌到温度 45℃左右时出料。将混好的物料在平行双螺杆挤出机上挤出造粒，控制挤出机各区温度为 100～140℃。切粒，称量，包装成袋。

(3) 参考性能

高电阻率阻燃聚氯乙烯电缆料性能见表 7-14。

表 7-14 高电阻率阻燃聚氯乙烯电缆料性能

| 性能指标 | 配方样 | J-90 要求 |
|---|---|---|
| 拉伸强度/MPa | 18.5 | ≥16 |
| 断裂伸长率/% | 200 | ≥150 |
| 质量损失(115℃,240h)/(g/m²) | 7.1 | ≤20 |
| 氧指数/% | 32 | — |
| 20℃时的体积电阻率/Ω·m | $6.1×10^{12}$ | $≥1×10^{12}$ |

| 性能指标 | 配方样 | J-90 要求 |
|---|---|---|
| 热老化条件 115℃,240h<br>老化后拉伸强度变化率/% | 6.5 | ±20 |
| 老化后断裂伸长率变化率/% | 8.2 | ±20 |

注：J-90 要求表示符合 90℃绝缘性能参数要求，全书同。

### 7.2.6 阻燃消烟的聚氯乙烯电线电缆料

（1）配方（质量份）

| | | | |
|---|---|---|---|
| PVC | 100 | 三氧化二锑 | 8 |
| 偏苯三酸三辛酯 | 25 | 钙锌稳定剂 | 7 |
| 四溴邻苯二甲酸二辛酯 | 10 | 聚乙烯蜡 | 1 |
| 碳酸钙镁石 | 15 | 硬脂酸锌 | 0.5 |
| 氢氧化铝 | 30 | 抗氧剂 1010 | 0.5 |
| 乙烯-辛烯共聚物 | 10 | 抗氧剂 168 | 1 |
| KH550 | 0.5 | | |

（2）加工工艺

先将粒径 1~2μm 的碳酸钙镁石和氢氧化铝按配方配比搅拌均匀后，升温预热至 67℃，再用对应量的硅烷偶联剂 KH550 进行处理，然后与助混载体进行 5~10min 的高速混合，投入双螺杆中进行填充母粒的制备。接着将其他组分与已制备的填充母粒一起按配方中的质量份投入高速混合机中充分混合均匀，从高速混合机中排出，投入双螺杆挤出机喂料料斗，由喂料机喂入双螺杆挤出机中挤出造粒。经过双螺杆挤出机从机头挤出，再通过造粒机造粒。

（3）参考性能

阻燃消烟的聚氯乙烯电线电缆料性能见表 7-15。

**表 7-15 阻燃消烟的聚氯乙烯电线电缆料性能**

| 性能指标 | 数值 | 性能指标 | 数值 |
|---|---|---|---|
| 拉伸强度/MPa | 17.2 | 烟密度（无焰） | 205 |
| 断裂伸长率/% | 255 | 烟密度（有焰） | 190 |
| 氧指数/% | 48 | | |

### 7.2.7 高频通信电缆用环保高阻燃聚氯乙烯绝缘料

（1）配方（质量份）

| | | | |
|---|---|---|---|
| PVC | 90 | 乙烯-醋酸乙烯酯共聚物 | 1.5 |
| 邻苯二甲酸二辛酯 | 7 | 线型低密度聚乙烯 | 0.5 |
| 邻苯二甲酸二异癸酯 | 3 | 三氧化二锑 | 2 |
| 乙烯-醋酸乙烯碳基共聚物 | 20 | 氢氧化铝 | 20 |
| 乙烯-丙烯酸甲酯-甲基丙烯酸缩水甘油酯<br>共聚物 | 10 | 抗氧剂 1010 | 0.25 |
| | | 无机填充剂黏土 | 2 |

（2）加工工艺

将增塑剂和聚氯乙烯树脂 QS1000F 在捏合机中室温混合 5min，转速为 300r/min，依次加入聚合物改性剂、乙烯-醋酸乙烯酯共聚物与线型低密度聚乙烯的混合物、抗氧剂和增塑剂等，并在捏合机中混合 3min，混合温度达到 90℃，形成均相混合物。在上述均相混合物中加入无机阻燃剂、无机填充剂和三氧化二锑，在 100℃捏合机中均化 5min，得到热的混合物加入双螺杆挤出机经塑化挤出切粒，再经过振动筛过筛，最后冷却包装，即得到环保高阻燃聚氯乙烯绝缘料。

（3）参考性能

本例以共混改性的聚氯乙烯树脂、聚烯烃和弹性体作基料，使用了无机阻燃剂和少量液体增塑剂，并用聚合物改性剂替代液体增塑剂，解决了现有聚氯乙烯材料因相对介电常数高使信号失真，不能用于长距离高频通信电缆的问题；同时，满足阻燃和环保的要求。材料具有优越的阻燃性能，极限氧指数达到 42%；优异的柔韧性、非常低的相对介电常数、良好的体积电阻率和更低的冲击脆化温度，低烟、低腐蚀、低毒、环境友好等特性。其还具备良好的加工性能，挤出物表面光亮，可广泛用作通信电缆和电力电缆的绝缘层，使得阻燃聚氯乙烯可以应用于高频率通信领域。其性能见表 7-16。

表 7-16　高频通信电缆用环保高阻燃聚氯乙烯绝缘料性能

| 性能指标 | 数值 | 性能指标 | 数值 |
| --- | --- | --- | --- |
| 拉伸强度/MPa | 22.5 | 20℃体积电阻率/Ω·cm | $1.5 \times 10^{12}$ |
| 断裂伸长率/% | 150 | 低温冲击温度/℃ | $-40(+20/-10)$ |
| 密度/(g/cm³) | 1.378 | 相对介电常数（-1MHz） | 3.19 |
| 邵氏硬度（D） | 69 | 介质损耗因数（-1MHz） | 0.097 |
| 拉伸强度变化率 | +29 | 极限氧指数/% | 42 |
| （空气老化条件 113±2℃,168h）/% | | 限制元素含量（有害物质） | |
| 断裂伸长率变化率 | -33 | 铅、镉、汞、六价铬、多溴联苯、 | 通过 |
| （空气老化条件 113±2℃,168h）/% | | 多溴联苯醚/(mg/kg) | |

# 7.3　聚氯乙烯抗菌改性配方与实例

## 7.3.1　PVC 医用导管材料

（1）配方（质量份）

| | | | |
| --- | --- | --- | --- |
| PVC | 100 | 环氧大豆油 | 5.0 |
| 载银二氧化钛 | 3 | 亚磷酸三（壬基苯酯）（TNPP） | 0.4 |
| 聚季铵盐-1 | 4 | 苯甲基硅油 | 0.3 |
| 光稳定剂 Chimassorb 944 | 4 | 复合增塑剂 | 45 |
| 钙锌复合稳定剂 | 2 | | |

注：PVC 树脂重均分子量为 15 万，并且 $M_w/M_n$ 为 3.5，型号为 SG-4；载银二氧化钛平均粒径为 30nm，银含量为 2%（质量分数），型号为 VK-T07；聚季铵盐-1，医药级，分子量为 810.21；环保无毒的复合增塑剂，其中 DINCH 占 20 份，TOTM 占 25 份。

（2）加工工艺

将 PVC、载银二氧化钛、聚季铵盐-1、光稳定剂 Chimassorb 944、钙锌复合稳定剂、环氧大豆油、亚磷酸三（壬基苯酯）和苯甲基硅油先加入高速混合机，开动搅拌，温度为 45℃，桨叶转速为 950r/min，混合 5min；再加入环保无毒的复合增塑剂，温度升至 90℃，混合 15min；再降温至 45℃ 出料，然后转移至锥形双螺杆挤出机进行塑化、挤出。螺杆的转速为 40r/min，螺杆的进料段温度为 90℃，塑化熔融段温度为 150℃，出料段温度为 170℃。

（3）参考性能

目前国内多采用普通聚氯乙烯（PVC）气管导管，其价格低廉、表面光滑、术后咽喉痛发生率低，在麻醉和急救手术应用方面具有一定的优越性。但是，PVC 气管导管长时间置入后易发生感染。通过在聚氯乙烯中添加选自纳米二氧化钛和纳米载银二氧化钛的抗菌剂及选自聚季铵盐抗菌剂的联合抗菌剂，能获得一种抗菌能力增强的聚氯乙烯材料。抗菌聚氯乙烯材料很适合应用于气管导管，特别是喉显微激光手术所使用的气管导管。PVC医用导管材料性能见表7-17。

**表 7-17 PVC 医用导管材料性能**

| 性能指标 | | 数值 |
|---|---|---|
| 拉伸强度/MPa | | 20.4 |
| 断裂伸长率/% | | 325 |
| 脆化温度/℃ | | −36 |
| 乙醇中质量损失/% | | 2.11 |
| 挥发质量损失/% | | 0.21 |
| 大肠杆菌抗菌率/% | 有紫外线 | 97.1 |
| | 无紫外线 | 99.7 |
| 金黄色葡萄球菌抗菌率/% | 有紫外线 | 96.4 |
| | 无紫外线 | 99.5 |

注：耐溶剂抽出性如下。在25℃下，将称好质量的样品分别置于乙醇中，溶剂保持在150mL，48h后取出，并在30℃下烘24h，测定质量损失。挥发性如下。根据ISO 176—2005进行测试，将称好质量的样品放入金属容器中，撒上定量的活性炭，将样品挂在容器内，测试温度控制在（100±1）℃，24h后取出样品，测定质量损失。抗菌性能分为有紫外线照射与无紫外线照射两种情况。

## 7.3.2 抗菌耐热聚氯乙烯护墙板

（1）配方（质量份）

| | | | |
|---|---|---|---|
| PVC | 70 | 1-苯基-3-甲基-5-吡唑啉酮 | 0.9 |
| 氯醋树脂 | 20 | 硬脂酸锌 | 1.7 |
| PP | 8 | 己二酸钙 | 1.8 |
| 纳米二氧化钛复合物 | 5.6 | 肉桂醛巴比妥酸 | 1.9 |
| 活性白土 | 1 | 润滑剂硬脂酸单甘油酯 | 0.21 |
| 水滑石 | 1.4 | 甲基硅油 | 0.3 |
| 纳米蒙脱土 | 1.6 | 邻苯二甲酸二丁酯 | 2 |
| 复合发泡剂 | 2.5 | | |

注：氯醋树脂中乙酸乙烯酯的质量分数为10%（质量分数）。复合发泡剂为偶氮二甲酰胺、碳酸锌、尿素的混合物，而且偶氮二甲酰胺、碳酸锌、尿素的质量比为11：0.32：2.9。

（2）加工工艺

纳米二氧化钛复合物的制备：将聚醚醚酮浸入丙烯酸溶液中，在高压汞灯下辐照4min，清洗、干燥后加入MES［2-(N-吗啡啉)乙磺酸］缓冲溶液中，加入EDC［1-乙基-3-(3-二甲基氨丙基)-碳二亚胺］和NHS（N-羟基琥珀酰亚胺），搅拌3h，清洗后加入O-羧甲基壳聚糖溶液中，在2℃下静置32h，清洗后得到物料A；将1,3-二羟基呫吨酮、物料A与四氢呋喃混合均匀，加入4-二甲氨基吡啶、N,N-二环己基碳二亚胺，室温搅拌反应2.7h，反应结束后蒸干溶剂，加入去离子水，离心后过滤得到滤液。将滤液透析、干燥，得到物料B。将纳米二氧化钛加入水中，调节pH值为4后加入月桂酸钠，搅拌40min，干燥、研磨后加入水中，加入物料B，搅拌6h，干燥得到所述纳米二氧化钛复合物。在纳米二氧化钛复合物的制备过程中，MES缓冲液的浓度为0.1mol/L；聚醚醚酮、丙烯酸、O-羧甲基壳聚糖的质量比为40：2.7：6；1,3-二羟基呫吨酮、物料A的质量比为0.4：4.3；纳米二氧化钛、物料B的质量比为7：41。

（3）参考性能

抗菌耐热聚氯乙烯护墙板性能见表7-18。

**表 7-18　抗菌耐热聚氯乙烯护墙板性能**

| 性能指标 | 数值 | 性能指标 | 数值 |
|---|---|---|---|
| 拉伸强度/MPa | 1.934 | 密度/(kg/m³) | 98 |
| 邵氏硬度(A) | 46.9 | 热变形温度/℃ | 87 |
| 压缩强度/MPa | 0.752 | 抗菌率/% | 98.9 |

注：根据国家标准 GB/T 6343—2009 测试墙板的密度，按照 GB/T 9641—1988 测试墙板的拉伸强度，按照 GB/T 2411—2008 测试墙板的硬度，按照 GB/T 8813—2020 测试墙板的压缩强度；计算墙板材料对大肠杆菌的抗菌率，与细菌接触 24h 后测试。

## 7.3.3　多层复合聚氯乙烯抗菌管道

（1）配方（质量份）

① 外层配方

| | | | |
|---|---|---|---|
| PVC | 60 | 氧化聚氯乙烯 | 1 |
| ACR 树脂 | 10 | 硅烷偶联剂 | 2 |
| MBS 树脂 | 10 | 六甲基磷酰三胺 | 4 |
| 稀土稳定剂 | 3 | | |

② 中间层配方

| | | | |
|---|---|---|---|
| PVC 树脂 | 60 | 氧化聚氯乙烯 | 1 |
| 抗菌 ABS | 10 | 硅烷偶联剂 | 2 |
| MBS 树脂 | 10 | 六甲基磷酰三胺 | 10 |
| 稀土稳定剂 | 3 | | |

③ 内层配方

| | | | |
|---|---|---|---|
| ABS | 92 | 载银磷酸锆 | 1 |
| 载铜磷酸锆 | 2 | 热塑性弹性体 | 0.5 |

注：热塑性弹性体为聚酰胺类热塑性弹性体。

（2）加工工艺

多层复合聚氯乙烯抗菌管道包括外层、中间层、内层，外层与内层分别形成在中间层的外表面与内表面上，外层、中间层与内层的厚度比例为 1∶3∶1。

（3）参考性能

多层复合聚氯乙烯抗菌管道性能见表 7-19。

**表 7-19　多层复合聚氯乙烯抗菌管道性能**

| 性能指标 | 数值 | 性能指标 | 数值 |
|---|---|---|---|
| 维卡软化温度/℃ | 96 | 大肠杆菌抗菌率/% | 99.92 |
| 抗冲击强度/(kJ/m²) | 42 | 金黄色葡萄球菌抗菌率/% | 99.95 |

注：采用贴膜法，参照 GB/T 31402—2015 标准，以抗菌管道与供试细菌接触 24h 后的抑菌率考察抗菌效果。

## 7.3.4　非迁移型聚氯乙烯抗菌材料

（1）配方（质量份）

| | | | |
|---|---|---|---|
| PVC | 95 | 二苯甲酮 | 0.5 |
| 纳米氧化锌-聚羟基烷酸酯杂化物 | 5 | 聚乙烯蜡 | 1 |
| 环氧大豆油 | 5 | 受阻酚类抗氧剂 | 0.5 |
| 有机锡热稳定剂 | 1 | | |

（2）加工工艺

纳米氧化锌-聚羟基烷酸酯杂化物的制备：将纳米氧化锌和氨乙基氨丙基三甲氧基硅烷

根据 1.5：0.5 的质量份配比在高速混合机中混合 7min 得到混合物 A。将混合物 A 与聚羟基烷酸酯根据 2：10 的质量份配比通过密炼机直接反应性熔融共混（共混温度和时间分别为 160℃和 6min），得到纳米氧化锌-聚羟基烷酸酯杂化物，提纯后测得聚羟基烷酸酯的接枝率为 14%（质量分数）。

将物料在室温下预混均匀，然后通过双螺杆挤出机在 155℃下熔融共混挤出（螺杆转速 160r/min，$L/D=40$）即可得到一种聚氯乙烯抗菌材料。

（3）参考性能

通过大肠杆菌和金黄色葡萄球菌抑菌实验和抑菌圈实验测试聚氯乙烯抗菌材料的抑菌率和纳米氧化锌的迁移行为，通过聚氯乙烯抗菌材料锌离子迁移实验测试锌离子迁移量，测试结果如表 7-20 所示。

表 7-20 非迁移型聚氯乙烯抗菌材料性能

| 性能指标 | 数值 | 性能指标 | 数值 |
| --- | --- | --- | --- |
| 大肠杆菌抗菌率/% | 99.8 | 大肠杆菌抑菌圈 | 无 |
| 金黄色葡萄球菌抗菌率/% | 99.9 | 金黄色葡萄球菌抑菌圈 | 无 |
| 锌离子迁移量/(mg/dm²) | 0.59 | | |

注：采用电感耦合等离子体发射光谱仪测定锌离子迁移量。首先将聚氯乙烯抗菌材料裁剪成 40mm×60mm 的试片（厚度为 0.4mm），然后将试片浸泡在适量的 37℃去离子水中 2h，最后测定去离子水中锌离子浓度。聚氯乙烯抗菌材料抑菌圈实验采用 Kirby-Bauer 测试方法，聚氯乙烯抗菌材料抑菌率实验采用平板计数法。

## 7.3.5 长效、广谱抗菌聚氯乙烯管材

（1）配方（质量份）

① 抗菌缓释颗粒配方

| | | | |
| --- | --- | --- | --- |
| 磷酸二氢铵 | 100 | 氧化锌 | 8 |
| 硝酸银 | 20 | 碳酸钙 | 50 |
| 磷酸铝 | 4 | 铝粉 | 30 |

② 抗菌聚氯乙烯管材配方

| | | | |
| --- | --- | --- | --- |
| PVC | 60 | 润滑剂 | 3.0 |
| 抗菌缓释颗粒 | 30 | 硅烷偶联剂 | 5.0 |
| 轻质碳酸钙 | 5.0 | PP 树脂 | 5.0 |
| 冲击改性剂 | 6.0 | 石蜡 | 5.0 |
| 稳定剂 | 3.0 | 炭黑 | 5.0 |

（2）加工工艺

① 抗菌缓释玻璃制备。将磷酸二氢铵于 500℃下煅烧 1h 后待用，将硝酸银溶于水后加入磷酸铝、氧化锌的混合物中，制备成糊状混合物，并于 90℃干燥 30min；再与煅烧后的磷酸二氢铵混合，通入氧气并于 1200℃熔制 3h。待得到透明的玻璃液后浇入球形模具中，置于 -2℃的冷风中冷却后，于 80℃下干燥 20min 得到抗菌缓释玻璃，并研磨至 15μm 左右。

② 抗菌缓释颗粒的制备。将铝粉于氮气气氛 800℃条件下，以 200r/min 的速率搅拌烧制 2h 后，停止通入氮气，并加入抗菌缓释玻璃和碳酸钙的混合物；减压至 0.2MPa 并以 900r/min 的速率进行搅拌，于 900℃下保温 30min，冷却后取出，研磨至 20~25μm 得到抗菌缓释颗粒。

③ 抗菌聚氯乙烯管材的制备。按配方称取原料后，将轻质碳酸钙投入高速混料机内，搅拌至轻质碳酸钙脱水烘干，再将硅烷偶联剂用计量泵喷洒至高速混料机内；与轻质碳酸钙混合搅拌，再投入聚氯乙烯、PP 树脂、冲击改性剂，于 70℃搅拌 10min。随后投入石蜡、

炭黑、润滑剂、稳定剂，升温至 90℃，保温 30min，再将抗菌缓释颗粒投入，搅拌混匀，搅拌温度为 112℃，搅拌 20min 后得到混合原料。将混合原料调节至 pH 值为 5.5 后于 120℃温度下均化塑化 2h，将均化后的原料经挤出机挤出，控制机筒温度 120℃，机头挤出温度 120℃，冷却后得到抗菌聚氯乙烯管材。

（3）参考性能

对抗菌聚氯乙烯管材进行大肠杆菌、金黄色葡萄球菌、黑曲霉菌测试，分别取制备的抗菌缓释颗粒选取 0.5g 置于灭菌试管内。加入稀释成 0.0001% 的检测液，超声波 5min 后，加入浓度为 0.0005% 的等量菌液，充分混匀，大肠杆菌、金黄色葡萄球菌试验置于（37±1）℃培养基培养 24h，黑曲霉菌试验置于（30±1）℃培养基培养 120h，结果见表 7-21。

**表 7-21　聚氯乙烯管材抗菌性能**

| 性能指标 | 数值 |
| --- | --- |
| 大肠杆菌抗菌 | 无菌落增长 |
| 金黄色葡萄球菌抗菌 | 无菌落增长 |
| 黑曲霉菌 | 无菌落增长 |

## 7.3.6　氧化石墨烯抗菌复合物聚氯乙烯

（1）配方（质量份）

| | | | |
| --- | --- | --- | --- |
| PVC | 100 | 增塑剂环己烷-1,2-二甲酸二异辛酯 | 20 |
| 氧化石墨烯抗菌复合物 | 2 | 光稳定剂 Uvinul 4050 | 5.0 |

（2）加工工艺

① 氧化石墨烯抗菌复合物的制备。取粒径为 50～80nm 的二氧化钛 10g 与粒径为 20～50nm 的氧化锌 1g，倒入球磨机的玛瑙球磨罐中，加入 11mL 水，以 600r/min 的转速球磨 4h，之后分三批加入 5g 粒径为 20～50nm 的纳米银粉末；再加入 5mL 水，继续球磨 3h。停止球磨，40～50℃时在真空度为 0.3MPa 条件下干燥得到抗菌混合物。将 75g 氧化石墨烯溶解于 15L 乙醇中，加入得到的抗菌混合物，升温至 40～45℃，100kW 频率下超声振荡反应 3h。真空干燥后，得到氧化石墨烯抗菌混合物。

② 氧化石墨烯抗菌复合物聚氯乙烯的制备。在 40～45℃下，将聚氯乙烯、氧化石墨烯抗菌复合物、光稳定剂加入混合机中混合均匀；升温至 80～85℃，加入增塑剂环己烷-1,2-二甲酸二异辛酯，混合均匀；之后在 90～100℃条件下熔融捏合，得到氧化石墨烯抗菌复合物聚氯乙烯材料。

（3）参考性能

氧化石墨烯抗菌复合物聚氯乙烯性能见表 7-22。

**表 7-22　氧化石墨烯抗菌复合物聚氯乙烯性能**

| 性能指标 | 数值 | 性能指标 | 数值 |
| --- | --- | --- | --- |
| 拉伸强度/MPa | 73.41 | 大肠杆菌抗菌率/% | 99.35 |
| 弯曲模量/MPa | 2013.4 | 金黄色葡萄球菌抗菌率/% | 98.54 |

## 7.3.7　石墨烯晶体复合聚氯乙烯抗菌材料

（1）加工工艺

① 多孔石墨烯的制备。将多孔纤维素与氯化镍按质量比 100∶1 投料，在 30℃下搅拌反应 1h，进行催化处理，将得到的催化处理后的产物在 60～70℃条件下进行干燥，得到第一中间产物；将第一中间产物置于炭化炉中，以 200mL/min 的速率通入氮气作为保护气。以

10℃/min 的速率升温至 300℃，保温 3h；以 20℃/min 的速率升温至 800℃，保温 3h；以 50℃/min 的速率升温至 1000℃，保温 5h。在 10min 内降温至 850℃，保温 2h，之后冷却至 60℃，得到第二中间体。在 60℃条件下，将第二中间体在 5%的氢氧化钠水溶液中洗涤 5h，之后于 75℃在 5%的盐酸水溶液中洗涤 5h，用蒸馏水洗涤至中性后减压干燥，得到多孔石墨烯。

② 表面改性处理石墨烯的制备。将 10g 石墨烯加入 2L 乙醇中，在 35℃条件下以 100kW 的频率超声 30min 至完全溶解，得到浓度为 5g/L 的石墨烯乙醇溶液；向石墨烯乙醇溶液中加入 10%氢氧化钠溶液 20mL，超声分散，加入 50g 氯乙酸，继续反应 2h。在离心速率为 800r/min 条件下离心 30min，在 60℃、真空度为 0.1MPa 条件下干燥 3h，得到表面改性处理的石墨烯粉末。

③ 纳米二氧化钛-石墨烯乳液的制备。将表面改性处理的石墨烯粉末加入 2L 乙醇溶解，加入 1g 纳米二氧化钛，在 60～65℃条件下超声振荡反应 4h，离心，干燥后得到纳米二氧化钛-石墨烯晶体。将纳米二氧化钛-石墨烯晶体溶于 2L 水中，得到纳米二氧化钛-石墨烯乳液。

④ 石墨烯晶体复合聚氯乙烯抗菌材料的合成。将反应体系抽真空为 0.1MPa，以 200mL/min 的速率充入氮气，将纳米二氧化钛-石墨烯乳液、氯乙烯单体 100g、十二烷基磺酸钠 0.5g、明胶 1g、偶氮二异丁腈 0.1g、去离子水 300g、25%（质量分数）氨水 1g、环己烷-1,2-二甲酸二异辛酯 20g、硬脂酸钙/硬脂酸锌复合稳定剂 0.5g 混合，采用常规混悬聚合法进行反应；一次性加入氯乙烯单体，在 50～55℃条件下聚合反应 10h，快速降温终止反应。通过汽提脱除未反应的氯乙烯单体，离心脱水、干燥得到产品。

(2) 参考性能

石墨烯晶体复合聚氯乙烯抗菌材料性能见表 7-23。

**表 7-23 石墨烯晶体复合聚氯乙烯抗菌材料性能**

| 性能指标 | 数值 | 性能指标 | 数值 |
|---|---|---|---|
| 拉伸强度/MPa | 128.6 | 挥发质量损失/% | 0.21 |
| 断裂伸长率/% | 31 | 大肠杆菌抗菌率/% | 98.9 |
| 弯曲模量/MPa | 3500 | 金黄色葡萄球菌抗菌率/% | 97.8 |
| 残留氯乙烯含量/(μg/g) | 0.07 | | |

注：拉伸强度、拉断伸长率检测标准 ASTM D-412；弯曲模量检测标准 ASTM D790；残留氯乙烯含量检测标准 GB/T 5761—2018。

# 7.4 聚氯乙烯耐候性改性配方与实例

## 7.4.1 耐候 PVC 发泡板

(1) 配方（质量份）

| | | | |
|---|---|---|---|
| PVC | 95 | 乙烯基三甲氧基硅烷 | 4.3 |
| 邻苯二甲酸二辛酯 | 2.6 | 润滑剂硅油 | 1.8 |
| 发泡剂偶氮二甲酰胺 | 2.4 | 阻燃剂 | 2 |
| 发泡调节剂氧化锌 | 8.5 | 改性纳米氧化锌 | 45 |
| 氢氧化铝 | 12 | 钙锌稳定剂 | 3.8 |

注：PVC 的平均聚合度为 800。阻燃剂为有机阻燃剂和无机阻燃剂按照质量比 1.5∶1 混合而成。其中，有机阻燃剂选用 TDCPP [磷酸三(1,3-二氯异丙基)酯]，无机阻燃剂选用氢氧化镁。

（2）加工工艺

① 改性纳米氧化锌的制备。准确称取纳米氧化锌，然后将其置于研磨机中进行研磨，得到细度为 200 目的纳米氧化锌细粉。然后将所得的纳米氧化锌细粉加入适量蒸馏水中，配制成质量分数为 4% 的纳米氧化锌溶液；再将纳米氧化锌溶液转入反应釜中，并设定釜内温度为 25℃；在超声搅拌的条件下混合搅拌 25min，并向其中加入质量为纳米氧化锌溶液质量 0.35% 的 BL-74 水性润湿分散剂，并用浓度为 1.5mol/L 的氢氧化钠溶液调节纳米氧化锌溶液的 pH 值至 8.7。最后，将纳米氧化锌溶液在 35℃ 的条件下超声分散 30min，得到纳米氧化锌分散液。

准确称取质量为纳米氧化锌质量 2.0% 的乙烯基三甲氧基硅烷，并将其加入温度为 30℃、质量分数为 40% 的乙醇溶液中，超声混合 15min，得到硅烷偶联剂分散液。向所得的纳米氧化锌分散液中加入与其质量相同的无水乙醇，经机械搅拌均匀后，得到混合液；再用浓度为 1.5mol/L 的氢氧化钠溶液调节混合液的 pH 值至 9.8，并将其温度升至 70℃。然后向混合液中缓慢加入硅烷偶联剂分散液，在 70℃ 反应 50min；经差速离心、烘干和研磨处理，最终得到改性纳米氧化锌成品。

② 耐候 PVC 发泡板的制备。将配方物料投入热混合机中混合，并控制热混合机内的温度为 105℃，然后排入冷混合机中，冷却至 30℃，再经风机和振动筛去除异物后进入混合料罐；混合料在混合料罐内均化；均化后的混合原料从挤出线上的料斗进入挤出机，然后在挤出机中进行挤出，其中挤出机转速为 10r/min，喂料转速为 15r/min，机筒温度为 155℃，模具温度为 155℃，模唇温度为 150℃。将挤出的板状熔融物料放入模具中进行密封，在平板硫化机上加热加压进行发泡，加热温度为 165℃，压力为 10MPa，保持此压力和温度 25min，降温至 145℃ 时泄压，得到所需耐候 PVC 发泡板。采用水冷定型将耐候 PVC 发泡板降温定型后得到凝固态的耐候 PVC 发泡板，其中水冷温度为 15℃。按照实际需求对所得的耐候 PVC 发泡板进行裁切，然后将定型后的板材置于室温下 30h，即得到耐候 PVC 发泡板产品。

（3）参考性能

通过表 7-24 中的相关数据可知，本配方制备的 PVC 发泡板的耐候性、阻燃性以及抗老化性能均优于市售 PVC 发泡板。

表 7-24　耐候 PVC 发泡板性能

| 性能指标 | 配方样 | 市售商品 |
|---|---|---|
| 耐候性能/级 | 2 | 5 |
| 烟气生成速率/(m²/s) | 0.21 | 0.58 |
| 老化时间/h | 8341 | 6342 |

注：阻燃性能测试按照 GB/T 20284—2006 检测。耐候性能按照 GB/T 250—2008《纺织品　色牢度试验　评定变色用灰色样卡》进行评价对比；测试时，温度为 50℃，老化时间为 48h。

## 7.4.2　高耐候性 PVC 扣板

（1）配方（质量份）

| | | | |
|---|---|---|---|
| PVC5 型树脂 | 100 | 改性蒙脱土 | 6 |
| 碳酸钙 | 200 | 纳米氧化铝 | 4 |
| 钙锌稳定剂 | 5 | 玻璃纤维 | 10 |
| 硬脂酸 | 4 | PE 蜡 | 2 |
| 钛酸酯偶联剂 | 2 | | |

（2）加工工艺

① 钙粉处理。将碳酸钙、钙锌稳定剂、纳米氧化铝、玻璃纤维混合研磨，然后与硬脂

酸、PE 蜡在 800~1000r/min 的条件下搅拌，得到分散液；分散液烘干、粉碎得粉末。

② 原料共混挤出。将 PVC5 型树脂、钛酸酯偶联剂、改性蒙脱土、改性剂与步骤①中的粉末混合均匀。经双螺杆挤出机挤出后，先经过模具挤出，初步定型后再经过定型模抽真空、水冷却定型后，牵引切割成半成品 PVC 扣板。双螺杆挤出机一区温度为 80℃、二区温度为 120℃、三区温度为 150℃，螺杆转速为 450r/min。

③ 改性蒙脱土的制备。将 12g 蒙脱土加入去离子水中，40℃搅拌 10min，然后用质量分数为 5% 的盐酸调节溶液的 pH 值为 5~6，然后加入 24g 丝氨酸，加热至回流状态；保温搅拌 1h，再加入 2g 钛酸四乙酯，继续回流搅拌 1h，过滤。滤饼用去离子水洗去杂质，送入 100~110℃烘干箱中，干燥至恒重，即得到改性蒙脱土。

④ 改性剂的制备。将 12g 水性炭分散在去离子水中，加热至回流状态，保温搅拌 10min；加入 15g 丙烯酸羟丙酯和 2g 钛酸四丙酯，回流搅拌 20min，然后加入 22g 马来酸-丙烯酸共聚物，回流搅拌 2h。趁热过滤，滤饼用去离子水和无水乙醇洗去杂质，送入 100~110℃烘干箱中，干燥至恒重，即可。

⑤ 产品固化。将 UV 光油通过转动的聚氨酯辊均匀涂于成品 PVC 扣板表面。涂有 UV 光油的成品 PVC 扣板送入温度为 40~50℃的流平线，由流平线输送进入紫外线固化机，通过机内汞灯的紫外线照射及产生的微热作用进行固化干燥。夏季固化机内汞灯为 10kW，汞灯距墙板距离为 345mm；冬季固化机内汞灯为 15kW，汞灯距墙板距离为 395mm。

(3) 参考性能

PVC 板可制成 PVC 扣板和 PVC 墙板，但 PVC 板的结构强度和耐候性能较为有限。在外界恶劣环境如冷热、腐蚀、冲击等情况下，PVC 板自身容易破损，影响其使用性能。

在酸性条件下，丝氨酸分子中羧基中的一个质子会转移到氨基的基团内，形成铵离子。铵离子可以和蒙脱土片层间的阳离子交换，形成氨基酸有机化的有机蒙脱土。然后在催化剂钛酸四乙酯的作用下，丝氨酸分子间的羟基和羧基会发生分子间的酯化反应，从而制得改性蒙脱土。

水性炭是一种纳米复合高分子材料，具有主动吸附性、易喷涂性和流动性，反应活性高，对其他材料有很好的分散性。丙烯酸羟丙酯、马来酸-丙烯酸共聚物通过酯化、聚合反应生成改性剂。其中，水性炭可以吸附合成的改性剂，增强改性剂的改性效果；同时，水性炭的载体作用使原料分散均匀，充分发挥各组分原料的作用效果。

耐候性试验根据 ASTM D 2244 对封装材料行评估。将封装材料置于 QUV 紫外线耐候试验机中，利用中波紫外线（UVB）进行紫外线辐射。相关结果见表 7-25。

表 7-25　高耐候性 PVC 扣板色差

| 项目 | 辐射时间 | | | |
| --- | --- | --- | --- | --- |
| 色差 | 200h | 400h | 500h | 600h |
| | 3.1 | 3.3 | 4.0 | 5.0 |

## 7.4.3　高耐寒聚氯乙烯电缆

(1) 配方（质量份）

① 改性 PVC

| | | | |
| --- | --- | --- | --- |
| 高分子量 PVC(SG4) | 100 | 类苯乙烯 | 5 |
| 乙烯三元共聚物 | 12 | 低分子量聚氯乙烯 MC100 | 8 |

注：高分子量聚氯乙烯牌号为 SG4；乙烯三元共聚物牌号为 HP441；类苯乙烯牌号为 LE；低分子量聚氯乙烯 MC100 牌号为 JC-710。

② 高耐寒聚氯乙烯电缆

| | | | |
|---|---|---|---|
| 改性 PVC | 75 | 硬脂酸 | 1.2 |
| 丁腈橡胶 NBR3304 | 20 | 光稳定剂苯并三氮唑 | 25 |
| 甲基丙烯酸酯共聚物 | 3 | 抗老剂三丁基硫脲 | 7.5 |
| 改性二氧化硅气凝胶 | 15 | 增塑剂乙酰柠檬酸三正丁酯(ATBC) | 20.5 |
| 钙锌复合稳定剂 | 30 | 硫酸钡 | 20 |
| 抗氧剂对苯二胺 | 0.75 | | |

(2) 加工工艺

① 改性 PVC 的制备。将配方①物料在混合器中混合均匀,用双辊混炼机在 165℃的温度下将该混合物混炼均匀,即得改性聚氯乙烯。

② 改性二氧化硅气凝胶的制备。首先,取 0.15g 玻璃纤维经 110℃热处理 30min 后,加入 KH550 偶联剂于适量无水乙醇的混合溶液中,搅拌 3h,120℃下烘干,取出预处理的玻璃纤维待用。其中,KH550 的用量为纤维质量的 0.2%。取正硅酸乙酯、甲基三甲氧基硅烷、无水乙醇、水、盐酸醇溶液的体积分别为 5.5mL、2.5mL、12.5mL、3mL、0.5mL 混合反应,6h 后加入预处理的玻璃纤维,搅拌;并在 4h 后加氨水醇溶液,调节 pH 值≈8.0,待凝胶,即得到玻璃纤维增强二氧化硅复合湿凝胶。随后将复合湿凝胶浸没在无水乙醇中在 55℃下老化 2d,老化后将湿凝胶浸在含有 4mL TMCS(三甲基氯硅烷)、4mL 无水乙醇、40mL 正己烷的混合表面改性剂溶液中,在 35℃和负压下改性 2d 后取出湿凝胶并清洗,经常压干燥得到改性二氧化硅气凝胶。干燥处理过程为:样品在 55℃下保温 3h,再以 1℃/min 的速率升温至 80℃,保温 4h;再以 1℃/min 的速率升温至 110℃,并保温 5h。最后以 1℃/min 的速率升温至 130℃,并保温 2h,之后随干燥箱冷却至室温,得到所需改性二氧化硅气凝胶。

③ 高耐寒聚氯乙烯电缆材料的制备。将改性聚氯乙烯、丁腈橡胶加入搅拌机,并逐步加入热稳定剂、增塑剂混合搅拌均匀,以 5℃/min 的速率升温至 90℃后,再加入所述抗氧剂、光稳定剂、润滑剂、抗老剂、甲基丙烯酸酯共聚物继续搅拌至 110℃;加入无机填料继续搅拌至 130℃后放料至另一台搅拌机,以 800r/min 的速率搅拌冷却至 60℃,最后加入改性二氧化硅气凝胶得到混合材料。混合材料放入双螺杆挤出机中进行熔融捏合并挤出,挤出温度为 175℃,冷却,制成粒料。

(3) 参考性能

高耐寒聚氯乙烯电缆性能见表 7-26。

表 7-26 高耐寒聚氯乙烯电缆性能

| 性能指标 | 数值 | 性能指标 | 数值 |
|---|---|---|---|
| 拉伸强度/MPa | 41.9 | 塑化温度/℃ | 71 |
| 断裂伸长率/% | 1324 | 脆化温度/℃ | -129 |
| 低温冲击强度/(kJ/m²) | 57 | | |

## 7.4.4 耐候阻燃的 PVC 电缆料

(1) 配方 (质量份)

| | | | |
|---|---|---|---|
| PVC | 70 | 二氯化乙烯 | 15 |
| ABS/PC 合金 | 16 | 三苯基乙酸锡 | 9 |
| KH560 | 1 | 三乙基锑 | 1 |
| 四丙氟橡胶 | 9.8 | 碳化钛 | 3.2 |
| 四氟乙烯-六氟丙烯-偏氟乙烯三元共聚物 | 4.2 | 氟化锂 | 4.8 |
| 对羟基苯甲酸异丁酯 | 10 | 二丁基二硫代氨基甲酸锌 | 3 |

| | | | |
|---|---|---|---|
| 2-巯基苯并噻唑锌 | 2 | 十溴二苯醚 | 1.5 |
| 三聚氰胺氰尿酸盐 | 1.5 | N-环己基-2-苯并噻唑次磺酰胺 | 3 |

注：碳化钛和氟化锂的粒径为90nm；ABS/PC合金的数均分子量为6500g/mol。

（2）加工工艺

将聚氯乙烯、三苯基乙酸锡、三乙基锑、二丁基二硫代氨基甲酸锌、2-巯基苯并噻唑锌、三聚氰胺氰尿酸盐、十溴二苯醚置于高速捏合机中加热进行低速混合。高速捏合机的温度控制在105～110℃，同时加入对羟基苯甲酸异丁酯和二氯化乙烯，启动高速混合；高速混合至料温达到90℃时，再次启动低速混合，在低速混合的情况下先加入碳化钛、氟化锂、KH560混合均匀，然后加入四丙氟橡胶、四氟乙烯-六氟丙烯-偏氟乙烯三元共聚物、N-环己基-2-苯并噻唑次磺酰胺、ABS/PC合金，继续低速混合120s，料温达到100℃时即可出料，获得混合料。混合均匀的原料直接采用双螺杆挤出机进行挤出造粒，控制挤出温度为140℃，挤出的颗粒烘干后获得阻燃耐候的PVC电缆料。

（3）参考性能

耐候阻燃的PVC电缆料性能见表7-27。

**表7-27　耐候阻燃的PVC电缆料性能**

| 测试项目 | | 数值 |
|---|---|---|
| 拉伸强度/MPa | | 22.5 |
| 断裂伸长率/% | | 397 |
| 低温脆化温度/℃ | | −36 |
| 介电强度/（MV/m） | | 27 |
| 氧指数/% | | 37 |
| 体积电阻率/Ω·cm | | $1.2 \times 10^{12}$ |
| （100±2）℃×240h热空气老化后 | 拉伸强度变化率/% | −3.6 |
| | 断裂伸长率/% | −7.3 |

## 7.4.5　透明、耐寒PVC共混改性

（1）配方（质量份）

| | | | |
|---|---|---|---|
| PVC（SG-4） | 100 | 钙锌稳定剂 | 适量 |
| TPU（70A） | 15 | 增塑剂（巴斯夫DINCH） | 适量 |

（2）加工工艺

将聚氯乙烯树脂粉、增塑剂、稳定剂以及其他各种助剂按比例称量，然后加入高速搅拌机中。先低速搅拌4min，然后再高速搅拌6～15min，达到设定的温度110℃后，将物料放入冷却混合机中搅拌冷却，待混合料的温度降至60℃时按比例加入TPU，保持60～70℃，搅拌5min左右，然后出料。要事先在烘箱中进行干燥，温度为60～80℃，时间3h。将混合好的物料经过双辊混炼机进行塑炼，辊温设为165℃。辊间距先由小到大，再由大到小，在此期间打三角包数次，大约混炼10min，待物料混炼均匀后，出片，冷却。将混炼好的试样进行裁剪，然后称取合适的质量。将平板硫化仪的温度设定为180℃，压力为10MPa。先将模具预热，然后再把称好的试样放入模具中，试样的上下要垫上聚酯膜，以保证样片的表面光滑不受污染。在平板硫化仪上热压5min，热压期间放气3次，然后再冷压5min。

（3）参考性能

聚氯乙烯仍然存在一些缺点，如热稳定性差、耐寒性差等。这些缺点限制了聚氯乙烯的应用。PVC/TPU（牌号为70A）共混物的透明性好，能更好地保持聚氯乙烯原有的硬度和拉伸强度，提高其断裂伸长率，降低其脆性温度。透明、耐寒PVC性能见表7-28。

**表 7-28 透明、耐寒 PVC 性能**

| 性能指标 | 数值 | 性能指标 | 数值 |
|---|---|---|---|
| 拉伸强度/MPa | 19.02 | 邵氏硬度 | 86.9 |
| 断裂伸长率/% | 351 | 脆性温度/℃ | −45.2 |

## 7.4.6 PVC/TPU 耐低温复合材料

(1) 配方（质量份）

| | | | |
|---|---|---|---|
| PVC 粉 | 70 | 抗氧剂 1010 | 0.5 |
| 邻苯二甲酸二辛酯（DOP） | 60 | 有机锡 | 2 |
| 碳酸钙 | 40 | PE 蜡 | 2 |
| TPU | 30 | | |

(2) 加工工艺

① 热塑性聚氨酯弹性体（TPU）的合成。选用聚碳酸酯二元醇（PCDL）/聚己内酯（PCL）作为软段，其比例为 40/60，与异佛尔酮二异氰酸酯（IPDI）反应合成预聚体，和 1,4-丁二醇（BDO）进行扩链反应。其中，预聚体 NCO 基（异氰酸酯基）=8%，$R=1.05$，所加入的催化剂为体系质量的 0.2%；真空度为 −0.09～−0.1MPa，温度为 110℃左右。脱水 1h 后，终止抽真空并降温至 70℃左右，加入计量好的催化剂。待温度稳定后，保持温度在 90℃左右，保温反应 2h，降温到 60℃，加入计量好的扩链剂 1,4-丁二醇，体系达到一定黏度后，倒入涂有硅油的玻璃纸上。熟化条件为 120℃、20h。

② PVC/TPU 耐低温复合材料的制备。将 PVC 粉和各种助剂混合均匀，待双辊开炼机温度上升到 140℃时，倒入开炼机中混炼，打三角包数次，混炼 10min，混炼均匀后出片。将混炼好的样品冷却，放入模具中，待平板硫化仪达到 170℃时，放入其中，热压 3min 再转冷压 3min。

(3) 参考性能

PVC/TPU 耐低温复合材料的力学性能见表 7-29。

**表 7-29 PVC/TPU 耐低温复合材料的力学性能**

| 性能指标 | 数值 | 性能指标 | 数值 |
|---|---|---|---|
| 邵氏硬度 | 80 | 撕裂强度/(N/mm) | 57 |
| 拉伸强度/MPa | 19 | 断裂伸长率/% | 350 |

## 7.4.7 耐寒护层级聚氯乙烯塑料

(1) 配方（质量份）

| | | | |
|---|---|---|---|
| PVC(S-70) | 14 | PE 蜡 | 0.1 |
| PVC(S-65) | 16 | 三氧化二锑 | 0.4 |
| 增塑剂 TOTM（偏苯三酸三辛酯） | 10 | 增塑剂 DOS（癸二酸二辛酯） | 10 |
| 钙锌稳定剂 | 1 | 氢氧化铝 | 0.6 |
| 硬脂酸钙 | 0.1 | 硅橡胶粉 | 3 |

注：润滑剂包括硬脂酸钙和 PE 蜡，硬脂酸钙和 PE 蜡的质量比为 1:1。阻燃剂包括三氧化二锑和氢氧化铝，三氧化二锑和氢氧化铝的质量比为 2:3。硅橡胶粉的粒径为 0.075～0.18mm。

(2) 加工工艺

按配方称取物料 PVC 粉、钙锌稳定剂、硬脂酸钙、PE 蜡、三氧化二锑、氢氧化铝和硅橡胶粉，加入搅拌机中，高速搅拌 5min。加入增塑剂 TOTM 和增塑剂 DOS，并持续搅拌 5min。在双螺杆挤出机或双阶挤出机中挤出，得到耐寒护层级聚氯乙烯塑料。

(3) 参考性能

通过表 7-30 可知，制备得到的耐寒护层级聚氯乙烯塑料的各项等级均优于国家标准值。

表 7-30　耐寒护层级聚氯乙烯塑料性能

| 性能指标 | 检测值 | 标准值 |
|---|---|---|
| 邵氏硬度（A） | 82 | 80±2 |
| 密度/(g/cm³) | 1.36 | 1.36±0.02 |
| 耐温等级/℃ | 105 | 105 |
| 老化前拉伸强度/MPa | 16.7 | ≥10.3 |
| 老化后拉伸强度保留率/% | 86 | ≥65 |
| -35℃时脆化温度/℃ | 0/30 | 15/30 |
| 氧指数/% | 26.1 | ≥25 |

## 7.4.8　环保耐候型高透光 PVC 管道

（1）配方（质量份）

| | | | |
|---|---|---|---|
| PVC(SG-5) | 50 | 反应性硅氧烷 | 0.4 |
| EVA(SG-8) | 50 | PE 蜡 | 0.3 |
| 纳米级碳酸钙粉体 | 8 | 单、双甘油偏脂肪酸复合酯 | 0.5 |
| 纳米稀土复合稳定剂 | 3.6 | 季戊四醇酯类改性剂 | 0.6 |
| 丙烯酸酯类润滑型增韧改性剂 | 6 | | |

注：纳米级碳酸钙粉体粒径小于 100nm。

（2）加工工艺

按配方将物料加入高速混合机搅拌混合，搅拌温度低于 80℃，以 700～800r/min 的转速搅拌 3～6min 后，再以 1300～1500r/min 的转速搅拌 5～8min，得到 PVC 混合物。再一次性移入双螺杆挤出机中，控制一区温度为 135℃、二区温度为 145℃、三区温度为 160℃、四区温度为 170℃，主机电流为 18～26A，熔体压力为 20～30MPa。在螺杆转速为 25r/min、加料转速为 20r/min 的条件下，挤出成型。

（3）参考性能

通过表 7-31 可知，制备得到的环保耐候型高透光 PVC 管道的各项性能均优于市售商品。

表 7-31　环保耐候型高透光 PVC 管道的各项性能

| 性能指标 | 配方样 | 市售商品 |
|---|---|---|
| 雾度/% | 93.2 | 81.7 |
| 透光率/% | 2.6 | 6.8 |
| 阻燃性能 | 合格 | 合格 |
| 电气性能 | 合格 | 合格 |
| 环保性能 | 未检出 168 种高关注物质（SVHC） | 含"锡" |
| 弯曲性能（-15℃） | 未脆裂、未起皱、未发白 | 严重脆裂、起皱、显著发白 |
| 色差 | 2.4 | 5.9 |
| 冲击强度保留率/% | 80.2 | 51.4 |

## 7.4.9　含气相二氧化硅的聚氯乙烯弹性体

（1）配方（质量份）

| | | | |
|---|---|---|---|
| PVC | 70 | 纳米二氧化钛 | 15 |
| 丁腈橡胶 | 25 | 阻燃剂磷酸三甲苯酯 | 2 |
| 增塑剂邻苯二甲酸二辛酯 | 8 | 抗静电剂聚乙二醇 | 1.5 |
| 改性气相二氧化硅 | 12.5 | 发泡剂脂肪醇聚氧乙烯醚硫酸钠（AES） | 0.8 |

注：丁腈橡胶为丙烯腈质量含量为 34% 的丁腈橡胶；改性气相二氧化硅粒径为 30nm；纳米二氧化钛粒径为 15nm；聚乙二醇分子量为 600。

（2）加工工艺

① 改性气相二氧化硅的制备。将 7 份硅烷偶联剂 KH550 加入 150mL 甲苯中，混合均匀，配制得混合溶液 A；将 12.5 份气相二氧化硅经 400℃活化 5h 后，加入制备的混合溶液 A 中，超声分散 10min，得到均匀混合溶液 B；然后 100℃加热回流 5h 后，停止反应并冷却至室温，得到混合溶液 C。用离心机以 12500r/min 的离心速度分离混合溶液 C。将离心所得沉淀用无水乙醇洗涤后，于 105℃干燥 10h，得到改性气相二氧化硅。

② 聚氯乙烯弹性体的制备。依次将聚氯乙烯、丁腈橡胶、改性气相二氧化硅、纳米二氧化钛、增塑剂、阻燃剂、抗静电剂、发泡剂加入高速搅拌机内，以 850r/min 的搅拌速度混合均匀，升温至 90℃继续搅拌 20min，得到混合物 A；以 550r/min 的搅拌速度冷却至 75℃，出料；然后加入挤出机中，挤出造粒即得到聚氯乙烯弹性体。

（3）参考性能

聚氯乙烯弹性体性能见表 7-32。

**表 7-32 聚氯乙烯弹性体性能**

| 性能指标 | 数值 | 性能指标 | 数值 |
|---|---|---|---|
| 拉伸强度/MPa | 60.02 | 维卡软化点/℃ | 85 |
| 断裂伸长率/% | 140 | 老化时间/h | 8801 |
| 悬臂梁缺口冲击强度/(kJ/m$^2$) | 10.2 | 阻燃性能 | 合格 |

## 7.4.10 高耐候、耐应力发白的 PVC 电工套管用色母粒

（1）配方（质量份）

| | | | |
|---|---|---|---|
| PVC | 60 | 紫外线吸收剂 UV-9 | 0.2 |
| EVA | 3.25 | 钛白粉 IR-1000 | 30 |
| MABS 树脂 | 20 | 有机蓝 | 4 |
| DOP | 15 | 分散剂 A-C629A | 0.2 |
| 抗氧剂 164 | 1 | | |

注：PVC 黏数为 76。

（2）加工工艺

按配方称取物料投入高速搅拌机中，搅拌混合；然后将混合均匀的物料加入双螺杆挤出机中熔融、塑化、挤出、造粒，得到所需要的色母粒。

（3）参考性能

高耐候、耐应力发白的 PVC 电工套管用色母粒的耐候性能见表 7-33。

**表 7-33 高耐候、耐应力发白的 PVC 电工套管用色母粒的耐候性能**

| 测试项目 | 外观 | 耐候性 | 应力发白表面积占比 |
|---|---|---|---|
| 样品 | 表面光滑、色彩艳丽、无杂质、无色点和色斑 | 无颜色变化、管材无裂纹 | 7% |

注：通过对管材进行弯曲，计算应力发白表面积占比；将管材置于 60℃的烘箱中 240h，冷却至室温，再将管材放入低温箱，检测其耐候性。

# 7.5 聚氯乙烯抗静电改性配方与实例

## 7.5.1 抗静电聚氯乙烯发泡板材

（1）配方（质量份）

| | | | |
|---|---|---|---|
| PVC | 20 | 复合铅 | 3 |

| | | | |
|---|---|---|---|
| 偶氮二酰胺 | 0.3 | 碳酸氢钠 | 0.7 |
| 丙烯酸酯类改性剂 | 10 | 氯化聚乙烯 | 20 |
| 碳酸钙 | 40 | 非离子型抗静电剂 | 3 |
| 硬脂酸酯 | 3 | | |

注：PVC聚合度为700。

（2）加工工艺

按配方称取物料，经热冷混合加入锥形双螺杆挤出机，控制螺杆转速17r/min，螺筒加热温度分别为180℃、175℃、170℃、160℃。螺杆油温为95℃，模具温度为170℃，模唇温度为170℃，经发泡后进入三辊抛光机制得3mm的板材。

（3）参考性能

抗静电聚氯乙烯发泡板材的表面电阻率为$10^5\Omega$，具有良好的抗静电性、阻燃性和抑烟性。

## 7.5.2　聚氯乙烯抗静电医疗用线材

（1）配方（质量份）

| | | | |
|---|---|---|---|
| PVC(S-65) | 100 | 复合雾化剂 PM-08 | 5 |
| 环氧脂肪酸丁酯 C-150 | 80 | 分散润滑剂 TAS-2A | 2 |
| 填充剂 | 50 | 抗静电剂 | 1 |
| 阻燃剂 | 5 | 抗氧剂 1010 | 0.4 |
| 钙锌稳定剂 YS-68WN | 5 | | |

注：填充剂为2500目重质碳酸钙 TD-350和轻质碳酸钙 CCR603 按质量比2：1组成的混合物；阻燃剂为二氧化锑和氢氧化铝 H-42M 按质量比1：5组成的混合物。为了控制抗静电医疗用线材的光亮程度，添加了复合雾化剂 PM-08（包含70%改性$\alpha$-甲基苯乙烯和30%助剂小料）。

（2）加工工艺

按配方投料，在120℃下以35r/min的速率搅拌至完全混合；然后在120℃下捏合400s，最后在110～130℃下挤出线材。

（3）参考性能

聚氯乙烯抗静电医疗用线材性能见表7-34。

**表 7-34　聚氯乙烯抗静电医疗用线材性能**

| 性能指标 | 配方样 | J-90 要求 |
|---|---|---|
| 拉伸强度/psi | 1995 | 1500 |
| 断裂伸长率/% | 205 | 100 |
| 密度/(g/cm³) | 1.43 | 1.45 |
| 熔体指数/(g/10min) | 150～200 | 100 |
| 吸湿率/% | 0.01 | 0.03 |
| 体积电阻率/Ω·m | $3.1\times10^{11}$ | $>1.0\times10^{11}$ |
| 邵氏硬度（A） | 78 | 50～100 |
| 阻燃性能 UL94 | 15s | V-0，<30s |

注：1psi=6894.76Pa。

## 7.5.3　改进聚氯乙烯电缆材料

（1）配方（质量份）

| | | | |
|---|---|---|---|
| PVC | 45 | 对苯二甲酸二辛酯 | 2 |
| 聚醚酮 | 10 | 马来酸酐 | 1 |
| 氯化石蜡 | 1.5 | 亚磷酸酯 | 1 |

| | | | |
|---|---|---|---|
| 多孔粉石英 | 2 | 磺化蓖麻油 | 1 |
| 抗静电剂 | 3 | 歧化松香 | 0.5 |
| 海泡石粉 | 4 | 色母粒 | 1 |
| 二硫化钼 | 3 | | |

（2）加工工艺

将聚氯乙烯、聚醚酮、水在－12℃搅拌均匀，加入氯化石蜡继续搅拌至氯化石蜡完全溶胀，均质分散至体系澄清透明，再加入多孔粉石英并分散均匀，加入二硫化钼、磺化蓖麻油反应完全后，过滤、洗涤、真空干燥得到预制料。向预制料中加入对苯二甲酸二辛酯、马来酸酐、歧化松香、色母粒、水混合搅拌 4h，搅拌温度 80℃，过滤，洗涤；接着加入抗静电剂、海泡石粉，送入超临界二氧化碳反应釜中。调节温度至 40℃，升压至 10MPa，通入二氧化碳搅拌 60min，取出，依次用水、无水乙醇洗涤，95℃干燥 9h，得到改进聚氯乙烯电缆材料。

（3）参考性能

目前电缆材料用聚氯乙烯的性能较差，而且不易加工。本例电缆材料力学性能极好，不易撕裂，而且抗静电、防水、耐高低温性能好。

## 7.5.4　矿井专用抗静电聚氯乙烯

（1）配方（质量份）

| | | | |
|---|---|---|---|
| PVC | 100 | 抗氧剂 168 | 0.1 |
| 十八烷基二甲基羟乙基季铵硝酸盐 | 0.5 | 聚乙烯蜡 | 1 |
| 四溴双酚 A | 0.1 | 热稳定剂 | 2 |
| 抗氧剂 1076 | 0.1 | | |

注：热稳定剂中包含有机锡稳定剂 60%（质量分数）、硬脂酸锌 25%（质量分数）、硬脂酸钙 15%（质量分数）。

（2）加工工艺

将称量好的聚氯乙烯、热稳定剂、聚乙烯蜡与抗氧剂 1076、抗氧剂 168 一起加入高速混合机中在 80℃下混合 7min，然后继续加入十八烷基二甲基羟乙基季铵硝酸盐、四溴双酚 A 再混合 5min，最后将混合均匀的物料通过精密计量的送料装置送入双螺杆挤出机中挤出造粒。挤出机各区段温度设定为一区 160℃、二区 180℃、三区 190℃、四区 230℃。物料在螺杆的剪切、混炼和输送下充分熔合，最后经过挤出、拉条、冷却后制成产品。

（3）参考性能

矿井专用抗静电聚氯乙烯性能见表 7-35。

**表 7-35　矿井专用抗静电聚氯乙烯性能**

| 性能指标 | 数值 | 性能指标 | 数值 |
|---|---|---|---|
| 拉伸强度/MPa | 27 | 体积电阻率/Ω·m | $4.5 \times 10^9$ |
| 断裂伸长率/% | 140 | 体积电阻率（一年后）/Ω·m | $8.2 \times 10^9$ |
| 简支梁缺口冲击强度/(kJ/m²) | 7 | 体积电阻率（两年后）/Ω·m | $1.3 \times 10^9$ |

## 7.5.5　抗静电耐腐蚀氯化聚氯乙烯电缆料

（1）配方（质量份）

| | | | |
|---|---|---|---|
| 氯化 PVC | 66 | β-氰乙基甲基硅油 | 9 |
| 邻苯二甲酸二烯丙酯 | 18 | 乙烯基双硬脂酰胺（EBS） | 10 |
| 聚吡咯 | 23 | 白榴石 | 19 |
| 聚醚醚酮 | 32 | 亚氧化钛 | 9 |

| | | | |
|---|---|---|---|
| 铬铁渣 | 13 | 邻苯二甲酸二(2-丁氧基乙基)酯 | 17 |
| 二(异辛基马来酸)二丁基锡 | 4 | 邻羟基苯甲酸苯酯 | 12 |
| 重晶石 | 16 | 聚乙二醇(600)双油酸酯 | 3 |
| 高岭土矿尾砂 | 29 | 乙炔炭黑 | 20 |

（2）加工工艺

① 粉体的制备。将白榴石、铬铁渣、重晶石、高岭土矿尾砂混合均匀，粉碎，过筛，然后加热熔化成熔融液，充分搅拌均匀后放入清水中进行水淬，烘干，粉碎，过筛；以7000r/min转速高速球磨4h，过筛，然后利用流速为24L/min的氮气作为载流气体将过筛后的粉体以加料速率27g/min输送到等离子体炬中。工作气体为压缩空气，工作气体流量为33L/min，射频功率为38kW。粉末在通过等离子体炬时被迅速加热而熔化，在表面张力的作用下形成液滴；同时，通入流速为230L/min的氩气冲击液滴，使大粒径范围内的大液滴破碎分裂，形成小液滴，并随即进行快速冷凝，收集即得所需粉体。

② 混合料的制备。将聚醚醚酮、聚吡咯、β-氰乙基甲基硅油、邻苯二甲酸二(2-丁氧基乙基)酯加入高速混合机内；以3500r/min转速高速搅拌至料温达到65℃时，加入步骤①制得的粉体。以2500r/min转速高速搅拌至料温达到75℃时，停止搅拌，待物料降温至48℃时，出料即得所需混合料。

③ 电缆料的制备。将氯化PVC、邻苯二甲酸二烯丙酯、EBS、二(异辛基马来酸)二丁基锡加入开炼机内，控制辊温在75℃，辊距为3mm，混炼6min；再加入步骤②制得的混合料以及亚氧化钛、邻羟基苯甲酸苯酯等余下原料，控制辊温在65℃，辊距为2m，混炼5min。然后将混炼好的物料转入双螺杆挤出机内熔融共混，挤出造粒，冷却即得所需电缆料。

（3）参考性能

抗静电耐腐蚀氯化聚氯乙烯电缆料性能见表7-36。

表7-36 抗静电耐腐蚀氯化聚氯乙烯电缆料性能

| 性能指标 | | 数值 |
|---|---|---|
| 拉伸强度/MPa | | 19.6 |
| 断裂伸长率/% | | 485 |
| 体积电阻率/Ω·m | | $5.7×10^{12}$ |
| 介电强度/(MV/m) | | 22 |
| 热老化条件110℃,168h | 拉伸强度变化率/% | −12.4 |
| | 断裂伸长率变化率/% | 13.3 |
| 耐酸实验(20%盐酸,60℃×48h) | 拉伸强度变化率/% | −9.1 |
| | 断裂伸长率变化率/% | −8.9 |
| 耐碱实验(氢氧化钠,60℃×48h) | 拉伸强度变化率/% | −8.6 |
| | 断裂伸长率变化率/% | −10.1 |
| 耐碱实验(40%氯化钠,60℃×48h) | 拉伸强度变化率/% | 9.7 |
| | 断裂伸长率变化率/% | −9.3 |

## 7.5.6 改性碳纳米管制备抗静电聚氯乙烯

（1）配方（质量份）

| | | | |
|---|---|---|---|
| PVC | 100 | 十二烷基硫酸钠 | 3 |
| 改性碳纳米管 | 7 | 亚磷酸钠 | 3 |
| 邻苯二甲酸二甲酯 | 15 | 硬脂酸锌 | 7 |
| 环氧大豆油 | 5 | 三聚氰胺 | 2 |

（2）加工工艺

① 纯化碳纳米管的制备。将碳纳米管加入酸性重铬酸钾溶液中，搅拌混合均匀，加热升温至 140℃，加热回流 2h 后，用去离子水反复洗涤；至滤液呈中性后，将滤料置于煅烧炉中焙烧 4h，焙烧温度为 700℃，即得纯化碳纳米管。上述处理中，酸性重铬酸钾溶液为硫酸重铬酸钾溶液，重铬酸钾的体积浓度为 0.25mol/L，硫酸的体积浓度为 50%。

② 改性碳纳米管的制备。将聚吡咯和纯化碳纳米管加入 1mol/L 的盐酸溶液中，聚吡咯和碳纳米管的质量配比为 1:2。置入冰浴中低温以 300r/min 的速率搅拌 10min，得混合悬浮液。将过硫酸铵溶于 1mol/L 的盐酸溶液中，搅拌溶解均匀，得过硫酸铵酸性溶液。将制得的过硫酸铵酸性溶液缓慢滴入混合悬浮液中，过硫酸铵的用量为碳纳米管用量的 0.56 倍。滴加过程中保持冰浴，冰浴温度控制在 0～3℃，以 300r/min 的速率搅拌滴加；滴加结束后，持续置入冰浴中以 800r/min 的速率搅拌反应 20h。将得到的反应物减压抽滤，滤料用去离子水反复清洗至滤液 pH 值为中性后，将滤料置入烘箱中在 50℃下干燥 20h，即得所述改性碳纳米管。

③ 改性碳纳米管制备抗静电聚氯乙烯。将聚氯乙烯树脂、加工助剂和改性碳纳米管加入高速混合机中混合均匀后，将混合物料用双辊开炼机混炼 6min 压延成片状复合材料，经平板硫化机热压后制成一定厚度的复合板材。双辊开炼机的温度为 165℃，后辊转动速率比为 1:1。平板硫化机热压温度为 150℃，热压压力为 12MPa，热压时间为 8min。

（3）参考性能

改性碳纳米管制备抗静电聚氯乙烯性能见表 7-37。

**表 7-37　改性碳纳米管制备抗静电聚氯乙烯性能**

| 性能指标 | | 数值 |
| --- | --- | --- |
| 拉伸强度/MPa | | 66 |
| 断裂伸长率/% | | 14.5 |
| 体积电阻率/Ω·m | | $5.7 \times 10^{12}$ |
| 介电强度/(MV/m) | | 22 |
| 体积电阻率/$10^8$Ω·cm | 未加热 | 1.02 |
| | 80℃真空加热 24h | 1.01 |

## 7.5.7　低温低湿抗静电聚氯乙烯鞋材

（1）配方（质量份）

| | | | |
| --- | --- | --- | --- |
| PVC | 100 | 硬脂酸 | 1 |
| 钙锌复合稳定剂 | 2 | 硬质碳酸钙 | 70 |
| 邻苯二甲酸二辛酯 | 30 | 复合抗静电剂 | 30 |
| 环氧大豆油 | 8 | | |

注：复合抗静电剂包括烷基聚氧乙烯醚磷酸酯盐 6 份、癸二酸二辛酯 21 份。

（2）加工工艺

将烷基聚氧乙烯醚磷酸酯盐和癸二酸二辛酯高速混匀制备复合抗静电剂。将 PVC 树脂、钙锌复合稳定剂、邻苯二甲酸二辛酯增塑剂等在 80℃混合均匀，待邻苯二甲酸二辛酯增塑剂完全被树脂吸收后，加入复合抗静电剂、环氧大豆油和填料混匀；然后送入双螺杆挤出机造粒，造粒温度为 130～140℃。粒料进行干燥，干燥温度为 105～120℃，然后在 150～160℃下注塑成型。

（3）参考性能

目前市场上抗静电 PVC 鞋材大多添加导电炭黑导电纤维，鞋材产品颜色为黑色或者灰色，不能满足一些场合的使用，而且力学性能较差。少数采用离子型、非离子型抗静电剂能制得白色或其他颜色的抗静电 PVC 鞋材。但是，不管是采用离子型还是非离子型抗静电剂均很难保证 PVC 鞋材具有稳定的抗静电性能，在温度、湿度较低的情况下，PVC 鞋材的体积电阻难以满足抗静电要求。烷基聚氧乙烯醚磷酸酯盐的烷基碳原子数和聚氧乙烯链段的聚合度对鞋材抗静电性能和抗静电耐水洗性能有影响，烷基碳原子数越大，鞋材抗静电耐水洗性越好，但抗静电性能有所下降；聚氧乙烯链段聚合度越大，鞋材低湿抗静电性能越好，但抗静电耐水洗性有所下降。烷基聚氧乙烯醚磷酸酯盐中单酯盐的含量越大，鞋材抗静电性能越好，但抗静电耐水洗性下降。癸二酸二辛酯的含量对低温抗静电性能有比较重要的影响。低温低湿抗静电聚氯乙烯鞋材性能见表 7-38。可以看到，抗静电聚氯乙烯注塑成型鞋材在低湿低温条件下具有优良的抗静电性能，并且在水洗 100 次后仍保持较好的抗静电性能，因此具备良好的抗静电耐水洗性。

**表 7-38 低温低湿抗静电聚氯乙烯鞋材性能**

| 性能指标 | | 数值 |
|---|---|---|
| 密度/(g/cm³) | | 66 |
| 硬度 | | 60 |
| 耐折性/mm | | 1.2 |
| 体积电阻/MΩ | 22℃,RH60% | 4.4 |
| | 22℃,RH30% | 8.2 |
| | 0℃ | 14.6 |
| | 水洗 0 次 | 4.4 |
| | 水洗 50 次 | 16.7 |
| | 水洗 100 次 | 20.1 |

# 7.6 聚氯乙烯其他性能改性配方与实例

## 7.6.1 高耐寒耐磨汽车线用聚氯乙烯

（1）配方（质量份）

| | | | |
|---|---|---|---|
| PVC | 100 | 填料 | 17 |
| 聚醚型聚氨酯 | 25 | 钙锌稳定剂 | 6 |
| 增塑剂 | 25 | | |

注：聚氯乙烯型号为 SR800；聚醚型聚氨酯牌号为 1198A10；增塑剂包括偏苯三酸三辛癸酯和环氧大豆油，其质量比为 4:1；填料包括活性碳酸钙、硬脂酸钙、聚乙烯蜡，其质量比为 15:1:1；聚乙烯蜡型号为 BR-2。

（2）加工工艺

将聚醚型聚氨酯在 100℃下烘烤 24h，将聚氯乙烯、钙锌稳定剂、增塑剂、填料加入高混锅，混炼至 125℃，得到混炼料；将混炼料经过双螺杆挤出机挤出造粒，得到聚氯乙烯料，造粒温度为 150℃。将聚氯乙烯料与烘烤好的聚醚型聚氨酯混合均匀，再次经过双螺杆挤出机挤出造粒。

（3）参考性能

高耐寒耐磨汽车线用聚氯乙烯性能见表 7-39。

**表 7-39 高耐寒耐磨汽车线用聚氯乙烯性能**

| 性能指标 | 数值 | 性能指标 | 数值 |
|---|---|---|---|
| 拉伸强度/MPa | 24 | 冲击脆化温度/℃ | 通过-40℃ |
| 断裂伸长率/% | 270 | 耐刮擦实验次数/次 | 1500 |

## 7.6.2　低气味环保型聚氯乙烯

（1）配方（质量份）

| | | | |
|---|---|---|---|
| PVC（SG3） | 97 | 润滑剂 | 0.2 |
| 氯化聚乙烯 | 8 | 阻燃剂 | 2 |
| 丁醚化脲醛树脂 | 12 | 蒙脱土 | 2.5 |
| 增塑剂乙酰柠檬酸三丁酯 | 54 | 蛭石粉 | 1.5 |
| 抗氧剂 1076 | 7 | | |

注：氯化聚乙烯牌号为 SY-6；润滑剂为硬脂酸钙与硬脂酸锌的混合物，比例为 1∶1；阻燃剂为三氧化二锑和硼酸锌的混合物，比例为 3∶2；蒙脱土牌号为 K10。

（2）加工工艺

① 丁醚化脲醛树脂的制备。取 370 份甲醛（37%水溶液）和六次甲基四胺，投入 1L 的三口烧瓶中；搅拌 30min～1.5h，然后升温至 98℃，回流 30min 后加入 80 份正丁醇，使温度保持在 85～90℃；加入 3 质量份邻苯二甲酸酐，在此温度下继续反应 90min。然后用 30%的氢氧化钠水溶液调整 pH 值＝7.5～8.0，并加入 15 份硫脲，继续搅拌 15min 后停止加热，得到丁醚化脲醛树脂。

② 低气味环保型聚氯乙烯复合材料的制备。按配方称取低气味环保型聚氯乙烯复合材料的各组分，并在 90～100℃下将其中的聚氯乙烯树脂、氯化聚乙烯、增塑剂、蛭石粉以及蒙脱土等加入高速混合机中，混合 10min；然后升高高速混合机温度至 120℃，将其余的丁醚化脲醛树脂、抗氧剂、润滑剂、阻燃剂和其他助剂加入该高速混合机中混合和预塑化 30min。利用双螺杆挤出机挤出混炼塑化，其中螺杆转速为 15～50r/s；挤出机各段的温度自喂料口开始，依次为 105～115℃、120～135℃、145～160℃、125～135℃，风冷过筛，计量包装。

（3）参考性能

低气味环保型聚氯乙烯性能见表 7-40。

表 7-40　低气味环保型聚氯乙烯性能

| 性能指标 | 数值 | 性能指标 | 数值 |
|---|---|---|---|
| 气味等级 | 2.5 | 体积电阻率/Ω·m | 2.8 |
| 拉伸强度/MPa | 27.4 | 试纸变色时间/min | 67.6 |
| 断裂伸长率/% | 250 | 试样变色时间/min | 61.2 |
| 线膨胀系数/$10^5$K$^{-1}$ | 7 | | |

注：依据大众汽车公司气味检测企业标准进行气味评分等级测试。将（10±1）g 待检试样放入 100mL 广口瓶中，置于 80℃的恒温烘箱内，2h 后进行气味评分检测。评分等级采用 1～6 级评价，级别越高，气味越大。

## 7.6.3　改性硬质交联聚氯乙烯泡沫

（1）配方（质量份）

| | | | |
|---|---|---|---|
| PVC 糊树脂 | 94 | 发泡剂偶氮二甲酰胺 | 1 |
| 氯化聚氯乙烯树脂 | 6 | 发泡剂偶氮二异丁腈 | 4 |
| 交联剂三烯丙基异氰脲酸酯 | 12 | 环氧大豆油 | 7 |
| 二苯甲烷二异氰酸酯（MDI） | 10 | 空心玻璃微珠 | 1 |
| 多亚甲基多苯基多异氰酸酯（PAPI） | 40 | 碳纳米管 | 1 |
| 环己烷-1,2-二羧酸酐 | 20 | 蒙脱土 | 1 |

注：聚氯乙烯糊树脂 K 值为 72；氯化聚氯乙烯树脂含氯量为 75%。

（2）加工工艺

按配方称重，在真空度为 0.09MPa 下，将配方中为液体的原料混合均匀，然后将配方中为固体的原料加入液体内，搅拌 15min 得到均匀糊状混合物。将制备的糊料灌满 25mm 厚钢制模具，合模后将模具放入 172℃ 的平板压机中，在压力为 10MPa 下保持 10min 后冷却模具，当模具温度低于 60℃ 时开模。将取出的模压块置于 98℃ 的蒸气室中进行发泡，制得泡沫；将泡沫在 60℃ 的蒸气室后处理 2d，制备出密度为 95kg/m³ 的硬质交联聚氯乙烯泡沫塑料。

（3）参考性能

硬质交联聚氯乙烯泡沫具有轻质、高强度、高模量等结构芯材的典型特征。相对于其他高性能泡沫，如聚甲基丙烯酰亚胺泡沫、聚醚酰亚胺泡沫等，其具有制作成本低、耐水性能好、阻燃效果好等优点，在风能、交通运输、运动器材、航空航天等领域有着越来越广泛的应用。改性硬质交联聚氯乙烯泡沫性能如表 7-41 所示。

**表 7-41 改性硬质交联聚氯乙烯泡沫性能**

| 性能指标 | 数值 | 性能指标 | 数值 |
|---|---|---|---|
| 压缩强度/MPa | 1.87 | 剪切模量/MPa | 27.69 |
| 压缩模量/MPa | 72.83 | 密度/(kg/m³) | 95 |
| 拉伸强度/MPa | 2.76 | 玻璃化转变温度/℃ | 121 |
| 拉伸模量/MPa | 93.57 | 热变形温度/℃ | 210 |
| 断裂伸长率/% | 5.25 | 90℃体积收缩率/% | 2.03 |
| 剪切强度/MPa | 1.47 | 120℃体积收缩率/% | 2.54 |

## 7.6.4 蓄热聚氯乙烯弹性材料

（1）配方（质量份）

| | | | |
|---|---|---|---|
| PVC 糊状树脂粉 | 100 | 抗氧剂 1098 | 1 |
| PVC 微球 | 8 | 硅烷偶联剂 | 1 |
| 增塑剂 DOP | 3 | 钙锌稳定剂 | 5 |
| 玻璃纤维 | 35 | | |

（2）加工工艺

按配方将各个组分混合搅拌，获得 PVC 糊状混合料。采用浇注的方法，在模具中于 175℃ 条件下固化成型、脱模，即可获得所述的蓄热聚氯乙烯弹性材料。

（3）参考性能

常规的聚氯乙烯材料存在抗冲击性和弹性不够理想等缺陷，同时不具备蓄热性能，不能满足相关领域应用的需要。本例不仅保持了聚氯乙烯原有的性能，而且弹性大大提高，并具有蓄热功能，拓宽了应用领域，具有较好的市场前景。

# 第 8 章 ▶▶▶

# PMMA 改性配方与实例

## 8.1 PMMA 增强与增韧改性配方与实例

### 8.1.1 多层核壳粒子增韧 PMMA

(1) 配方（质量份）

① 改性淀粉

| | | | |
|---|---|---|---|
| 大豆淀粉 | 100 | 吡啶 | 10 |
| 乙酸乙酯 | 180 | 丙烯酰氯 | 20 |

② 多层生物基核壳粒子

| | | | |
|---|---|---|---|
| 改性淀粉 | 100 | 引发剂过硫酸钾 | 3 |
| 2-亚甲基-1,3-二氧杂环庚烷 | 100 | 甲基丙烯酸甲酯 | 30 |
| 衣康酸二正丁酯 | 100 | 硅烷偶联剂 KH570 | 5 |
| 去离子水 | 500 | GMA | 5 |

③ 多层核壳粒子增韧 PMMA

| | | | |
|---|---|---|---|
| 多层生物基核壳粒子 | 25 | PMMA(HI535) | 100 |

(2) 加工工艺

① 改性淀粉的制备。将大豆淀粉和乙酸乙酯混合，降温充分搅拌后，滴加吡啶；升温充分搅拌后，滴加丙烯酰氯继续搅拌，反应后加入无水乙醇洗涤，抽滤并干燥得到改性淀粉，测定取代度为 2.30。

② 多层生物基核壳粒子的制备。将改性淀粉与 2-亚甲基-1,3-二氧杂环庚烷、衣康酸二正丁酯混合加入去离子水中，常温下充分搅拌 30min，然后加入引发剂过硫酸钾，升温，搅拌并引发聚合；反应 6h，再加入甲基丙烯酸甲酯，反应 2h。最后，加入 KH570、甲基丙烯酸缩水甘油酯（GMA），反应 1h，加入乙醇洗涤，抽滤并干燥制备多层生物基核壳粒子。

③ 多层核壳粒子增韧 PMMA 的制备。将 25 份制备得到的多层生物基核壳粒子与 100 份市售 PMMA（HI535）在 200℃进行熔融共混，将共混材料通过平板硫化机热压成型，得到 1mm 厚的片状材料。

(3) 参考性能

多层核壳粒子增韧 PMMA 性能见表 8-1。

表 8-1　多层核壳粒子增韧 PMMA 性能

| 性能指标 | 配方样 | 性能指标 | 配方样 |
|---|---|---|---|
| 拉伸强度/MPa | 44.5 | 冲击强度(23℃)/(kJ/m²) | 55.0 |
| 断裂伸长率/% | 43.7 | 透光率/% | 90.8 |

## 8.1.2　抗应力开裂 PMMA

（1）配方（质量份）

| | | | |
|---|---|---|---|
| PMMA | 70 | 氮丙啶交联剂 | 1 |
| 聚氨基甲酸酯橡胶 | 20 | 耐磨剂二氧化硅 | 2 |
| 聚对苯二甲酰对苯二胺纤维 | 15 | 增塑剂癸二酸二异辛酯 | 3 |
| 引发剂过氧化二异丙苯 | 0.3 | 催化剂 | 3 |
| 改性剂 MBS | 5 | 反应溶剂 | 2~5 |
| 氨基硅烷偶联剂 | 0.5 | | |

注：催化剂为三氟化硼和三氯化铝，质量比为三氟化硼∶三氯化铝＝2∶5；反应溶剂为甲苯、丙酮和四氢呋喃的均匀混合液，质量比为 2∶3∶5。

（2）加工工艺

首先将聚对苯二甲酰对苯二胺纤维与氨基硅烷偶联剂放入超声波振荡器中，高速振荡处理 10min，保持系统温度 30℃，形成初步混合料；然后加入聚甲基丙烯酸甲酯（PMMA）和甲基丙烯酸甲酯-丁二烯-苯乙烯共聚物（MBS）高速振荡处理 5min，保持系统温度在 20℃，形成中步混合料。最后，加入过氧化二异丙苯，高速振荡处理 10min，保持系统温度在 65℃，得到改性抗应力混合料。依次将改性抗应力混合料、聚氨基甲酸酯橡胶、氮丙啶交联剂和催化剂加入反应釜搅拌罐中；控制转速在 250r/min，保持系统温度在 25℃；搅拌30min 后，再加入二氧化硅到反应釜搅拌罐中，保持系统温度在 30℃。反应 24h 后，加入癸二酸二异辛酯，温度 20℃，搅拌时间 50min，自然冷却至 35℃时，加入反应溶剂，搅拌时间 30min，控制转速在 300r/min。将反应釜搅拌罐加热升温至 125℃，反应 4h，对混合料进行聚合，制备得到聚合产物。为了控制反应放热及提高最终转化率，可以采取分段式控温的方式，在反应初期控制较低的温度，提高其反应可控性，提高转化率。将聚合后的反应产物送入脱挥式挤出机中，在温度 180℃的条件下挤出，得到脱挥后的聚合产物。对所得到的脱挥后聚合产物在 105℃的真空条件下干燥 2h，得到抗应力开裂 PMMA。最终产品为半透明珠状粒子，粒径为 0.8~1.2mm。

（3）参考性能

改性后的聚甲基丙烯酸甲酯材料的抗应力开裂性与加工性得到提高，对聚甲基丙烯酸甲酯的抗应力开裂性增强作用更好；制备方法简单、可靠，利用率高，适合抗应力开裂聚甲基丙烯酸甲酯材料的工业化生产。

## 8.1.3　有机硅改性聚甲基丙烯酸甲酯

（1）配方（质量份）

| | | | |
|---|---|---|---|
| 甲基丙烯酸甲酯 | 85 | 正十二硫醇 | 0.3 |
| 丙烯酸甲酯 | 5 | 引发剂过氧化 3,5,5-三甲基己酸叔丁酯 | 0.01 |
| 乙烯基甲基双(三甲基硅氧基)硅烷 | 10 | | |

（2）加工工艺

向配料罐内加入甲基丙烯酸甲酯、丙烯酸甲酯、乙烯基甲基双（三甲基硅氧基）硅烷、正十二硫醇（与单体的摩尔比为 0.156%）及引发剂过氧化 3,5,5-三甲基己酸叔丁酯（与单

体的摩尔比为 $46 \times 10^{-6}$），通氮气至氧气浓度低于 $1 \times 10^{-6}$。将以上物料连续输送至全混流聚合釜内。控制釜内温度为 140℃，物料平均停留时间为 2h。将通过以上方法得到的浆料连续输送至螺杆挤出机内，经脱挥挤出造粒后得到粒状 PMMA 成品。聚合釜出口转化率为 58%，所制备 PMMA 树脂的重均分子量为 10.5 万。

（3）参考性能

有机硅改性聚甲基丙烯酸甲酯性能指标如表 8-2 所示。通过有机硅与甲基丙烯酸甲酯共聚，聚甲基丙烯酸甲酯在保持较好光学性能的同时，抗冲强度、耐溶剂性、脱模性及流动性均有不同程度改善。其可用于汽车、显示器、广告牌、电子电气、照明材料等领域。

**表 8-2　有机硅改性聚甲基丙烯酸甲酯性能**

| 性能指标 | 配方样 | 性能指标 | 配方样 |
|---|---|---|---|
| 透光率/% | 93 | 冲击强度(23℃)/(kJ/m²) | 27 |
| 雾度/% | 0.3 | 冲击强度(−15℃)/(kJ/m²) | 21 |
| 熔体指数/(g/10min) | 24.5 | 耐溶剂性/级 | 4 |
| 维卡软化温度/℃ | 90 | 溶剂吸收量/% | 0.90 |
| 热变形温度/℃ | 85 | 脱模性/级 | 5 |

注：1. MMA 的耐溶剂测试。裁剪尺寸为 20mm×20mm×2mm 的试样浸泡在无水乙醇中，恒定温度为 23℃。浸泡一周后观察试样表面的变化，按照 1~5 级进行评测，1 级表示最差，5 级表示最好；同时，测试溶剂吸收量，每组样品 3 个，测取平均值。

2. PMMA 脱模性测试。根据注塑时制品与模具分离的难易以及制品表面的缺陷评价 PMMA 的脱模性。按照 1~5 级进行评测，1 级表示脱模性最差，5 级表示脱模性最好。

## 8.1.4　不饱和聚酯/PMMA 复合材料

（1）配方（质量份）

| | | | |
|---|---|---|---|
| 甲基丙烯酸甲酯(MMA) | 100 | 饱和聚酯 | 15 |
| 过氧化苯甲酰(BPO) | 0.6 | | |

注：MMA 作为稀释剂，浓度为 45%。

（2）加工工艺

采用原位本体聚合法制备不饱和聚酯/PMMA 复合材料。首先配制质量分数（以 MMA 为计量基准）为 15% 的不饱和聚酯 MMA 溶液；再向其中加入质量分数 0.6% 的 BPO。置于 85℃ 水浴锅中预聚 15min，灌模、排气、压紧后，置于 45℃ 水浴锅中聚合 1h；再在 60℃ 水浴锅中聚合 4h，110℃ 高温处理 2h，待放置至室温后脱模即可。

（3）参考性能

图 8-1 为 PMMA 和不饱和聚酯/PMMA 复合材料的断面微观形貌。图 8-1(a) 显示，没有添加不饱和聚酯的 PMMA 断面光滑，有类似的衍射花样结构出现，呈脆性断裂特征。图 8-1(b) 表明，添加不饱和聚酯的 PMMA 断面较粗糙，有类似的韧窝结构出现，呈明显的韧性断裂特征；而且图 8-1(b) 中看不出不饱和聚酯与 PMMA 基体间有界面，二者相容性好，有利于二者性能的优势互补。

不饱和聚酯用量对 PMMA 复合材料透光率的影响如图 8-2 所示。从图 8-2 可以看出，PMMA 中加入不饱和聚酯后大大降低了 PMMA 在可见光（380~800nm）范围内的透光率。但随着不饱和聚酯用量的增加，可见光范围内的透光率降低不明显，其平均透光率保持在 91.33%，相对纯 PMMA 的平均透光率 94.15%，降低不明显。在可见光范围内，PMMA 复合材料的透光率均在 85% 以上，满足对 PMMA 透光率的要求。

不饱和聚酯分子链中的酯键、苯环和不饱和键的协同作用强度效果如图 8-3 所示。不饱和聚酯用量在 15% 以下时，PMMA 复合材料的强度随着不饱和聚酯用量的增加而增加；而

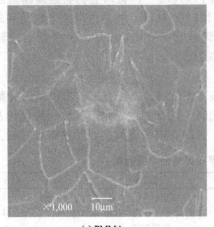

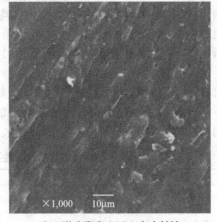

(a) PMMA          (b) 不饱和聚酯/PMMA复合材料

图 8-1　PMMA 和不饱和聚酯/PMMA 复合材料的断面微观形貌

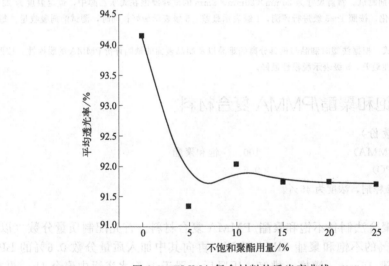

图 8-2　PMMA 复合材料的透光率曲线

不饱和聚酯用量在 15％以上时，PMMA 复合材料的强度又随着不饱和聚酯用量的增加而降低。这说明当不饱和聚酯用量小于 15％时，苯环和不饱和键交联阻碍 PMMA 分子链运动的作用要强于酯键对 PMMA 分子链柔顺性产生的强度贡献；而当不饱和聚酯用量大于 15％时，苯环和不饱和键交联阻碍 PMMA 分子链运动的作用就不及酯键对 PMMA 分子链柔顺性产生的强度贡献。

## 8.1.5　纤维素增强聚甲基丙烯酸甲酯

### （1）配方（质量份）

| | | |
|---|---|---|
| MMA | 99.7 | 脱木质素的木材纤维　9.97 |
| 偶氮二异丁腈 | 0.03 | |

### （2）加工工艺

将密度为 0.386g/cm³ 的杨木打碎成直径约为 3～5mm 的木颗粒。使用质量分数为 10％的 NaOH 和 5％的 $Na_2SO_3$ 在蒸馏水中制备脱木质素溶液，将相当于脱木质素溶液质量

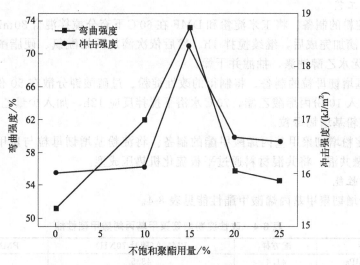

图 8-3　PMMA 复合材料的强度曲线

30％的木颗粒置于其中并持续沸腾 4h 以上，然后用蒸馏水去除杂质，即得木颗粒 A；将木颗粒 A 置于质量分数为 30％的 $H_2O_2$ 中并保持沸腾。当所有颗粒变为白色时，将木颗粒 A 搅拌成纤维并用蒸馏水抽滤三次，制得脱木质素的木材纤维。

预聚合 MMA 溶液使用偶氮二异丁腈作为引发剂，在引发剂作用下于 80℃下预聚合 15min；快速将预聚合 MMA 溶液在冰水浴中冷却至室温终止反应。

将脱木质素的木材纤维浸泡在预聚合 MMA 溶液中，并在真空压力下渗透 10min 使预聚合 MMA 溶液充分浸渍木材纤维。将处理过的木材纤维放在尺寸为 80mm×25mm×1mm 的玻璃模具中，在 60℃下加热 8h 来制备 PMMA 透明复合材料。

(3) 参考性能

纤维素增强聚甲基丙烯酸甲酯性能见表 8-3。

表 8-3　纤维素增强聚甲基丙烯酸甲酯性能

| 性能指标 | 配方样 | 纯 PMMA | 性能指标 | 配方样 | 纯 PMMA |
|---|---|---|---|---|---|
| 弹性模量/GPa | 2.2 | 1.8 | 雾度/％ | 56 | 0 |
| 透光率/％ | 92 | 95 | 拉伸强度/MPa | 46.8 | 41.4 |

## 8.1.6　改性淀粉增韧聚甲基丙烯酸甲酯

(1) 配方（质量份）

① 改性淀粉

| | | | |
|---|---|---|---|
| 玉米淀粉 | 100 | 丙烯酰氯 | 5 |
| N,N-二甲基甲酰胺(DMF) | 50 | 硬脂酰氯 | 45 |
| 聚吡咯 | 50 | | |

② 淀粉基增韧母粒

| | | | |
|---|---|---|---|
| 改性淀粉 | 20 | 水 | 50 |
| 过硫酸钾 | 0.1 | 丙烯酸乙酯 | 10 |

③ 改性淀粉增韧聚甲基丙烯酸甲酯

| | | | |
|---|---|---|---|
| 淀粉基增韧母粒 | 0.5 | PMMA | 99.5 |

注：PMMA，牌号 70NH、HI535。

（2）加工工艺

① 改性淀粉的制备。将玉米淀粉和 DMF 在 60℃下充分搅拌混合 30min，然后边搅拌边滴加聚吡咯，滴加完成后，继续搅拌 1h。然后依次滴加丙烯酰氯、硬脂酰氯继续搅拌反应 30min，加入无水乙醇洗涤，抽滤并干燥。

② 淀粉基增韧母粒的制备。将制得的改性淀粉、过硫酸钾分散在 50 份水中，超声分散制得乳液；加入 10 份丙烯酸乙酯，70℃水浴下搅拌反应 12h，加入少量乙醇破乳后，抽滤，干燥，得到淀粉基增韧母粒。

③ 改性淀粉增韧聚甲基丙烯酸甲酯的制备。将淀粉基增韧母粒与聚甲基丙烯酸甲酯在 200℃进行熔融共混，将共混材料通过平板硫化机热压成型。

（3）参考性能

改性淀粉增韧聚甲基丙烯酸甲酯性能见表 8-4。

**表 8-4　改性淀粉增韧聚甲基丙烯酸甲酯性能**

| 性能指标 | 配方样 | PMMA(牌号 70NH) | PMMA(牌号 HI535) |
|---|---|---|---|
| 拉伸强度/MPa | 41.4 | 43.5 | 42.0 |
| 断裂伸长率/% | 58.6 | 2.7 | 3.4 |
| 冲击强度/(kJ/m²) | 79.8 | 13.6 | 14.7 |

## 8.1.7　沥青改性聚甲基丙烯酸甲酯

（1）配方（质量份）

| | | | |
|---|---|---|---|
| 甲基丙烯酸甲酯 | 100 | 偶氮二异丁腈 | 0.2 |
| 精制沥青 | 0.1 | 抗氧剂 168 | 0.2 |

（2）加工工艺

① 精制沥青的制备。在 1000mL 不锈钢容器中加入 100g 氢氧化钠，加热熔融，加入 100g 针入度为 5 的天然沥青；搅拌溶解完全，降温至 30℃，倾入 500mL、90℃的去离子水中，充分搅拌混合均匀，静置 10min，分去水层。用 80℃去离子水洗涤沥青三次，分去水层，至水相呈中性；加热沥青至沸腾，保持沸腾 1h，除去沥青中的水得到精制沥青。

② 沥青改性聚甲基丙烯酸甲酯的制备。按常规方法去除甲基丙烯酸甲酯单体的阻聚剂，用氯化钙干燥。取 100 份甲基丙烯酸甲酯投入 50L 的反应罐中，水浴加热至 85℃，加入 0.1 份精制沥青，搅拌使沥青完全溶解混合均匀；搅拌下加入 0.2 份偶氮二异丁腈，在 85～87℃条件下预聚 20min；加入 0.2 份抗氧剂 168，搅拌均匀，得到沥青改性甲基丙烯酸甲酯预聚体。趁热将沥青改性甲基丙烯酸甲酯预聚体注入预热到 35℃的平板模具中，在（35±2）℃水浴中聚合 24h。再在（90±2）℃后处理 60min，降到室温脱模，得到 5mm 厚的黑色平板板材，规格为 5mm×1000mm×1600mm。

（3）参考性能

沥青改性聚甲基丙烯酸甲酯塑料平板表面光滑平整，色泽明亮，韧性增强，缺口冲击强度从未加沥青的 1.1kJ/m² 增加至 1.2kJ/m²，热释放速率与时间曲线更加平稳，未出现透明 PMMA 燃烧出现的飞溅现象，热释放速率最大值与平均值差小于 50kW/m²。改性 PMMA 具有增强的韧性和平稳的燃烧性能，适用于建筑门窗、建筑装饰板、招牌、电气设备、机械部件等。

## 8.1.8　条带状石墨烯增强聚甲基丙烯酸甲酯

（1）加工工艺

将型号为 T300 未经过表面处理且不含保护层、碳含量为 97% 的碳纤维于真空 2800℃

热处理 5h，并将热处理后的碳纤维拉伸至原尺寸的 1.0%；称取 50g 聚甲基丙烯酸甲酯完全溶于 1000mL 二甲苯中形成分散液。在搅拌条件下，将经过裁剪处理的上述拉伸碳纤维 5g 加入所述分散液中搅拌均匀，得到混合物。将所述混合物投入三辊研磨机，研磨 50 次，得到条带状石墨烯增强聚甲基丙烯酸甲酯复合材料浆料。将上述条带状石墨烯增强聚甲基丙烯酸甲酯复合材料浆料加入 1000mL 乙醇中，依次经过离心、水洗、烘干处理，得到条带状石墨烯增强聚甲基丙烯酸甲酯复合材料。

（2）参考性能

条带状石墨烯增强聚甲基丙烯酸甲酯性能见表 8-5。

表 8-5　条带状石墨烯增强聚甲基丙烯酸甲酯性能

| 性能指标 | 配方样 | 性能指标 | 配方样 |
|---|---|---|---|
| 拉伸强度/MPa | 180 | 弯曲强度/MPa | 380 |
| 断裂伸长率/% | 20 | 燃烧热释放量 | 为未改性的 35% |

# 8.2　PMMA 阻燃改性配方与实例

## 8.2.1　阻燃聚甲基丙烯酸甲酯

（1）配方（质量份）

| | | | |
|---|---|---|---|
| MMA | 60 | 过氧化苯甲酰 | 0.06 |
| 碱式氯化镁 | 40 | | |

（2）加工工艺

将 60gMMA、40g 碱式氯化镁混合，超声分散 30min，加入 0.06g 过氧化苯甲酰，水浴，温度设定在 80℃，反应 30min。当反应釜中液体变得非常黏稠时，预聚合过程结束。将水浴温度控制在 40℃，继续聚合 24h 后，将温度升至 100℃，继续反应 2h，结束反应，得到阻燃聚甲基丙烯酸甲酯。

（3）参考性能

垂直燃烧法测定聚甲基丙烯酸甲酯阻燃性能，结果见表 8-6。

表 8-6　聚甲基丙烯酸甲酯阻燃性能

| 性能指标 | 数值 |
|---|---|
| 阻燃性能（GB/T 2408—2021） | V-1 |

## 8.2.2　阻燃、增塑聚甲基丙烯酸甲酯

（1）配方（质量份）

① 特种树脂

| | | | |
|---|---|---|---|
| 甲基丙烯酸甲酯 | 34 | 阴离子表面活性剂 | 1.2 |
| 环氧乙烷 | 43 | 非离子表面活性剂 | 2 |
| 苯乙烯 | 6 | 过硫酸盐 | 0.5 |
| 水 | 158 | 缓冲试剂 | 6 |

② 高分散型阻燃剂

| | | | |
|---|---|---|---|
| 蜜胺磷酸盐 | 23 | 有机磷 | 3 |
| 多苯基聚磷酰胺纤维 | 12 | 分散剂 | 2 |
| 聚二氯磷腈 | 34 | 硅烷偶联剂 | 1.2 |

③ 阻燃型聚甲基丙烯酸甲酯

| | | | |
|---|---|---|---|
| PMMA | 60 | 硬脂酸 | 1 |
| 特种树脂 | 30 | PE 蜡 | 0.5 |
| 高分散型阻燃剂 | 5 | 抗氧剂 1010 | 1 |
| 异氰酸酯 | 6 | 紫外线吸收剂 UV-P | 0.5 |
| 偶联剂 | 2 | | |

（2）加工工艺

① 特种树脂的制备。控制反应釜温度为 68℃，机械搅拌为 200r/min。先配制预乳液，油相甲基丙烯酸甲酯：环氧乙烷：苯乙烯按质量比 34：43：6 先混合均匀，水相为水、阴离子表面活性剂、非离子表面活性剂、过硫酸盐、缓冲试剂，按质量比 158：1.2：2：0.5：6 均匀混合后放入反应釜中；以 1.5s/滴的速度滴加油相，另以 2s/滴的速度滴加浓度为 0.5% 的硫酸亚铁。滴完后，升温 5℃，提高转速为 300r/min，保温反应 5h，冷却至室温后，边搅拌边缓慢加入适量氢氧化钾，将析出的颗粒烘干至恒重。该颗粒为特种树脂。

② 高分散型阻燃剂的制备。将蜜胺磷酸盐、多苯基聚磷酰胺纤维、聚二氯磷腈、有机磷加入混料机中进行混合，混合均匀后将熔化的分散剂、硅烷偶联剂加入混料机中进行混合，混合 2~5min 后将物料放出。

③ 阻燃型聚甲基丙烯酸甲酯的制备。将 PMMA、特种树脂、高分散型阻燃剂、异氰酸酯、偶联剂、硬脂酸、PE 蜡、抗氧剂、紫外线吸收剂加入 60℃混料机中搅拌 10min，放入冷混料机中进行冷混，混料 10min。将混好的物料加入双螺杆挤出机中挤出造粒，喂料速度控制在 130r/min，一区温度控制在 165℃，二区温度控制在 170℃，三区温度控制在 180℃，四区温度控制在 180℃；口模一温度控制在 175℃，口模二温度控制在 175℃，口模三温度控制在 170℃，口模四温度控制在 175℃，口模五温度控制在 175℃；主机转速控制在 10r/min，切粒机转速控制在 8r/min。

（3）参考性能

特种树脂和高分散型阻燃剂的添加，在不改变聚甲基丙烯酸甲酯力学性能的基础上，还起到了阻燃的效果。与此同时，作为基料添加到 PE 板材的制备中还可以起到一定的增塑作用且生产成本低、工艺简单。

阻燃型聚甲基丙烯酸甲酯性能见表 8-7。

表 8-7 阻燃型聚甲基丙烯酸甲酯性能

| 性能指标 | 配方样 | 不加阻燃型聚甲基丙烯酸甲酯的 PE 板 |
|---|---|---|
| 磨耗值/μg | 0.2 | 3.5 |
| 阻燃等级 | B1 | 无阻燃 |

注：阻燃型聚甲基丙烯酸甲酯加入 PE 里制备成板材，然后进行耐磨耗测试。根据国家标准 GB/T 15036.2—2018 的要求和规定取制试件。

## 8.2.3 阻燃型聚甲基丙烯酸甲酯泡沫

（1）配方（质量份）

| | | | |
|---|---|---|---|
| 甲基丙烯酸甲酯 | 80 | 成核剂二氧化硅 | 8 |
| 共聚单体丙烯酸乙酯 | 20 | 炭化剂苯基磷酸二异丙酯 | 5 |
| 引发剂偶氮二异丁腈 | 0.5 | 镍基无镉发泡促进剂 | 3 |
| 发泡剂 | 15 | 阻燃剂氢氧化铝 | 40 |
| 交联剂乙二酸二烯丙酯 | 0.25 | 阻燃协效剂聚硅氧烷 | 12 |
| 链转移剂 γ-萜品烯 | 0.9 | | |

注：氧化硅颗粒平均粒径在 50μm。

(2) 加工工艺

① 镍基无镉发泡促进剂的制备。将 28 份 2-乙基己酸、6 份氧化锌粉末、0.1 份 3$H$-吲哚-3-己酸-2,3-二甲基乙酯、0.02 份二乙酰丙酮镍、0.3 份 1-(4-甲氧苯基)-5-(三氟甲基)-1$H$-吡唑-4-羧酸、4.3 份的氢氧化钠和 78 份甲苯加入反应釜中,控温 77℃,反应 3h;然后控温 120℃,回流带出水分,减压蒸出甲苯。将 0.3 份二丁锡双 (1-硫甘油)、200 份水、1 份十二烷基硫酸钠和 0.08 份过硫酸钾加入反应釜中,然后控温 70℃,反应 2h,即可得到镍基无镉发泡促进剂。

② 阻燃型聚甲基丙烯酸甲酯泡沫的制备。向甲基丙烯酸甲酯和共聚单体 (丙烯酸乙酯) 组成的混合物中加入引发剂、发泡剂、交联剂、链转移剂,搅拌均匀,并在预聚釜内于80℃预聚合形成黏稠浆液。冰水冷却至 40℃后加入成核剂、炭化剂、镍基无镉发泡促进剂、阻燃剂、阻燃协效剂并搅拌均匀,随后注入模具并在 90℃下进一步聚合,然后在 200℃下进行发泡,即可得到一种阻燃型聚甲基丙烯酸甲酯泡沫。

(3) 参考性能

阻燃型聚甲基丙烯酸甲酯泡沫性能见表 8-8。

表 8-8 阻燃型聚甲基丙烯酸甲酯泡沫性能

| 性能指标 | 配方样 |
| --- | --- |
| 压缩强度/MPa | 2.75 |
| LOI/% | 38 |
| 阻燃性 | 离火即熄且完全不产生黑烟 |

## 8.2.4 阻燃耐酸碱聚甲基丙烯酸甲酯

(1) 配方 (质量份)

| | | | |
| --- | --- | --- | --- |
| 聚甲基丙烯酸甲酯 | 60 | 聚苯醚 | 20 |
| 丁二烯 | 40 | 2-戊烯 | 20 |
| 乙二醇 | 20 | 硅酸钙 | 20 |
| 邻苯二甲酸二辛酯 | 20 | | |

(2) 加工工艺

将配方中各种成分投入反应容器调配,搅拌均匀,加热至 200℃保持 15h,冷却后即可获得具有良好阻燃耐酸碱效果的成品。测定耐酸碱性能时,碱液为 2mol/L 的氢氧化钠溶液,酸液为 2mol/L 的磷酸溶液。

(3) 参考性能

阻燃耐酸碱聚甲基丙烯酸甲酯性能见表 8-9。

表 8-9 阻燃耐酸碱聚甲基丙烯酸甲酯性能

| 性能指标 | 配方样 |
| --- | --- |
| 阻燃性 | V-0 级别,8s 后自动熄灭,未引燃棉花 |
| 耐酸碱性能 | 时间为 15d;15d 内没有腐蚀和异常现象产生,具有良好的耐酸碱性能 |

# 8.3 PMMA 抗静电改性配方与实例

## 8.3.1 LED 用 PMMA

(1) 配方 (质量份)

| | | | |
| --- | --- | --- | --- |
| 丙烯酰氧基有机硅树脂 | 100 | 偶氮二异丁腈 | 0.18 |
| MMA | 30 | | |

（2）加工工艺

在氮气保护下，将硅烷偶联剂 KH571、二甲基二乙氧基硅烷和 1‰硫酸（也可以为盐酸、磷酸或三氟乙酸）水溶液按 100:200:38 的质量比加入反应器混合均匀，室温下快速搅拌反应 2h 得到透明溶液体系。将体系缓慢升温并开始抽真空，控制体系温度在50℃以下，将反应生成的醇和多余的水彻底真空抽除，得到透明黏稠的油状物。冷却至室温后，向油状物中加入 100 份 30～60℃沸程石油醚和 1.5g NaHCO$_3$ 粉末，搅拌均匀后抽滤，得到液体；升温至 50℃真空除去石油醚，即得到高透明高纯度的丙烯酰氧基有机硅树脂。

将所制备的丙烯酰氧基有机硅树脂、甲基丙烯酸甲酯（MMA）和偶氮二异丁腈按100:30:0.18 的质量比混合均匀，然后加入模具中。在氮气保护下，加热至 70℃固化2h，然后缓慢升温至 120℃，老化 0.5～1h，得到有机硅-PMMA 复合材料，可用于 LED用 PMMA。

（3）参考性能

LED 用 PMMA 性能见表 8-10。LED 用 PMMA 材料可以制备灯具导光板或灯具二次光学透镜，以解决使用普通玻璃质量大、在运输过程中容易打碎、透光率不理想等缺点，解决采用传统有机玻璃时存在耐高低温性能差、吸水率较大等问题。

表 8-10　LED 用 PMMA 性能

| 性能指标 | 数值 |
| --- | --- |
| 透光率(400～800nm) | >95% |
| 折射率 | 1.46 |
| 耐热性：120℃下长时间(>24h) | 烘烤无明显变化 |
| 耐低温性(-40℃下) | 材料不碎裂 |
| 耐水性 | 吸水率<0.05%，自来水中浸泡一周后透光率无明显变化 |
| 力学性能 | 偏柔韧，硬度约 2H，压痕硬度>80MPa |

## 8.3.2　无珠光高透明的聚甲基丙烯酸甲酯

（1）配方（质量份）

| | | | |
| --- | --- | --- | --- |
| PC 溴化物 | 40 | 抗氧剂 168 | 0.1 |
| PMMA 205 | 60 | 润滑剂 PETS | 0.3 |
| 抗氧剂 1010 | 0.1 | | |

（2）加工工艺

PC（牌号为 L-1250Y）和双酚 A 以 1:2 酯交换反应制得端羟基化的 PC 树脂，再与溴代异丁酰溴反应得到 PC 溴化物。按配方称取各组分，加入搅拌机中进行混合，将得到的混合物通过双螺杆挤出机挤出造粒。挤出温度设置为 240～280℃，螺杆挤出机转速为 600～800r/min，压力为 2MPa，挤出机的螺杆直径为 58mm，长径比为 60。

（3）参考性能

注塑后制作尺寸为 200mm×150mm×2mm 的样板，进行透光率测试实验，并用视觉评估制品表面状态。相关试验结果见表 8-11。

表 8-11　无珠光高透明的聚甲基丙烯酸甲酯性能

| 性能指标 | 数值 |
| --- | --- |
| 透光率/% | 84 |
| 表面状态 | 无珠光 |

### 8.3.3　光学透明的聚甲基丙烯酸甲酯/聚碳酸酯

（1）配方（质量份）

| PMMA | 54 | LiTFSI | 0.225 |
| PC | 6 | | |

（2）加工工艺

将聚甲基丙烯酸甲酯和聚碳酸酯（PC）分别在 80～120℃下真空干燥 24h（LiTFSI 不必干燥）。将干燥后的聚甲基丙烯酸甲酯、聚碳酸酯和金属类阳离子有机盐双三氟甲烷磺酰亚胺锂（LiTFSI）加入密炼机中，250℃下熔融共混，50r/min 转速下熔融混炼 10min。将混合物从熔融混炼设备中出料，降至常温，得到聚甲基丙烯酸甲酯/聚碳酸酯复合材料。

（3）参考性能

光学透明的聚甲基丙烯酸甲酯/聚碳酸酯性能见表 8-12。聚甲基丙烯酸甲酯与聚碳酸酯的二元熔融共混物完全不相容，材料的透光率低至 60%，雾度高达 90%，宏观表现为不透明的白色珠光材料。加入 LiTFSI 后，材料的相容性得到极大提高，透光率大于 90%，雾度低于 6%，折射率相较纯 PMMA 有一定提高，宏观表现为无色透明的复合材料，见图 8-4。证明 LiTFSI 的加入极大地改善了 PMMA/PC 间的相容性及复合材料的透明性能，满足工业所需光学透明材料的标准。

**表 8-12　光学透明的聚甲基丙烯酸甲酯/聚碳酸酯性能**

| 性能指标 | 配方样 |
| --- | --- |
| 透光率/% | 92.4 |
| 雾度/% | 4.1 |
| 折射率 | 1.5039 |

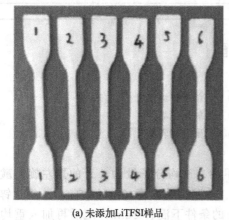 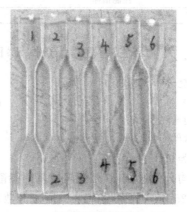

(a) 未添加LiTFSI样品　　　　　(b) 添加LiTFSI样品

图 8-4　聚甲基丙烯酸甲酯/聚碳酸酯的透明性

# 8.4　PMMA 透光性改性配方与实例

### 8.4.1　导电聚甲基丙烯酸甲酯

（1）配方（质量份）

① 改性导电碳纳米管

| | | | |
|---|---|---|---|
| 碳纳米管 | 2.5 | 蒸馏水 | 45 |
| 苯胺 | 2.5 | 十六烷基硫酸钠 | 0.1 |
| 十六烷 | 0.1 | 过硫酸铵水溶液 | 16.25 |

注：过硫酸铵水溶液成分为 6.25 份过硫酸铵/10 份水。

② 导电聚甲基丙烯酸甲酯

| | | | |
|---|---|---|---|
| 改性导电碳纳米管 | 0.1 | 十六烷 | 0.3 |
| 甲基丙烯酸甲酯 | 5 | 十二烷基硫酸钠水溶液 | 3.3 |
| $N,N$-二甲基甲酰胺 | 10 | 引发剂偶氮二异丁腈 | 0.03 |

注：十二烷基硫酸钠水溶液成分为 0.3 份十二烷基硫酸钠/30 份水。

（2）加工工艺

① 改性导电碳纳米管导电粉末的制备。室温下，分别称取碳纳米管、苯胺于三口烧瓶中，机械搅拌 15min、超声 10min 后，加入十六烷。另取十六烷基硫酸钠，加入盛有 45g 蒸馏水的烧杯中，机械搅拌 15min。随后，将烧杯中的溶液倒入上面的三口烧瓶中，机械搅拌 15min 后，超声均化 10min。逐滴滴加过硫酸铵水溶液引发苯胺的聚合反应，4h 后终止反应，得墨绿色溶液。离心，分别用乙醇和水各洗三遍，得改性碳纳米管导电粉末。

② 导电聚甲基丙烯酸甲酯的制备。将改性导电碳纳米管粉末 0.1g 分散于 5g 甲基丙烯酸甲酯、10g $N,N$-二甲基甲酰胺的混合液中，并加入十六烷 0.3g，搅拌 15min、超声 10min；然后将 0.3g 十二烷基硫酸钠、30g 水的溶液与上面的溶液共混，搅拌 15min、超声 10min。最后，加入引发剂偶氮二异丁腈 0.03g 引发反应。

（3）参考性能

导电聚甲基丙烯酸甲酯抗静电性能见表 8-13。

表 8-13　导电聚甲基丙烯酸甲酯抗静电性能

| 性能指标 | 数值 |
|---|---|
| 电导率/(S/cm) | $6.87 \times 10^9$ |

## 8.4.2　导电聚甲基丙烯酸甲酯

（1）配方（质量份）

| | | | |
|---|---|---|---|
| PMMA | 100 | 单壁碳纳米管 | 5 |
| 聚左旋乳酸 | 10 | 氧化锌晶须 | 5 |
| 镀镍云母 | 5 | 聚右旋乳酸 | 10 |

（2）加工工艺

将重均分子量为 10 万的聚甲基丙烯酸甲酯、重均分子量为 5 万的聚左旋乳酸、镀镍云母 [粒径 25nm，镍含量 15%（质量分数）]、单壁碳纳米管（粒径 15nm）、氧化锌晶须（长度 15μm，直径 800nm）在 160℃、80r/min 的条件下混合 6min；之后再加入重均分子量为 5 万的聚右旋乳酸（质量份为 10），混合 10min，共混后冷却至室温，得到聚甲基丙烯酸甲酯导电复合材料。

（3）参考性能

导电聚甲基丙烯酸甲酯性能见表 8-14。

表 8-14　导电聚甲基丙烯酸甲酯性能

| 性能指标 | 配方样 |
|---|---|
| 体积电阻率/Ω·cm | $1.2 \times 10^4$ |
| 电导率/(S/cm) | $8.1 \times 10^{-3}$ |

### 8.4.3　纳米金/聚甲基丙烯酸甲酯导电材料

（1）配方（质量份）

| | | | |
|---|---|---|---|
| 金粉 | 1 | 氢氧化钠溶液 | 5 |
| 甲基丙烯酸甲酯 | 10 | 盐酸溶液 | 5 |
| 丙酮 | 15 | | |

（2）加工工艺

① 纳米金/丙酮混合溶液的制备。分别称取金粉、甲基丙烯酸甲酯、丙酮、氢氧化钠溶液（物质的量浓度为 0.05mol/L）、盐酸溶液（物质的量浓度为 0.05mol/L）和去离子水若干，备用。用盐酸溶液冲洗金粉，冲洗完毕后再用去离子水冲洗多次至冲洗溶液的 pH 值为 6.5；再用氢氧化钠溶液冲洗金粉，冲洗完毕后再用去离子水冲洗多次至冲洗溶液的 pH 值为 6.5，然后将清洗后的金粉自然晾干。将晾干后的金粉加入丙酮中，然后放入超声功率设置为 45kHz 的超声仪中超声 20min，得到纳米金/丙酮混合溶液。

② 纳米金/聚甲基丙烯酸甲酯导电材料的制备。向得到的纳米金/丙酮混合溶液中加入甲基丙烯酸甲酯，使用磁力搅拌器混合均匀后，放入超声功率设置为 25kHz 的超声仪中超声 20min，得到浑浊的液固混合液；过滤得到的液固混合物，然后将过滤得到的滤渣放入温度设置为 45℃ 的干燥箱中干燥 15min，得到纳米金/聚甲基丙烯酸甲酯导电材料。

（3）参考性能

纳米金/聚甲基丙烯酸甲酯导电材料性能见表 8-15。

表 8-15　纳米金/聚甲基丙烯酸甲酯导电材料性能

| 性能指标 | 配方样 |
|---|---|
| 离心前电导率/(S/cm) | 40 |
| 离心 24h 后电导率/(S/cm) | 40 |
| 离心 36h 后电导率/(S/cm) | 40 |

# 第 9 章 ▶▶▶

# 氨基塑料改性配方与实例

## 9.1 三聚氰胺甲醛树脂改性配方与实例

### 9.1.1 增强三聚氰胺甲醛树脂

**(1) 配方（质量份）**

| | | | |
|---|---|---|---|
| 三聚氰胺甲醛树脂 | 500 | 耐高温剂碳化硅 | 20 |
| 耐磨剂陶瓷复合材料 | 45 | 抗冲击改性剂 MBS | 55 |
| 阻燃剂磷酸三甲苯酯 | 65 | 交联剂 2-乙基-4 甲基咪唑 | 15 |

**(2) 加工工艺**

将物料按配方称重后，混合均匀，在一定温度、压力下固化成型。

**(3) 参考性能**

通过添加耐磨剂增加三聚氰胺甲醛树脂的耐磨性，使三聚氰胺甲醛树脂制成的产品不容易磨损。阻燃剂可以使三聚氰胺甲醛树脂具有较高的阻燃性能，增加产品的安全性；耐高温剂可以提高产品的耐热性能；抗冲击改性剂可以增加三聚氰胺甲醛树脂的机械强度、硬度等性能，使产品抗撕裂、抗蠕动；交联剂可以改善三聚氰胺甲醛树脂与添加剂的融合性，并且保持原有性能不发生改变。

### 9.1.2 阻燃三聚氰胺甲醛泡沫

**(1) 加工工艺**

将三聚氰胺甲醛泡沫放入质量分数为 0.1%、pH 值为 10 的聚乙烯亚胺水溶液中浸泡 2min，取出并挤压所含的多余聚乙烯亚胺水溶液，然后用水洗涤 1 次，除去水分并在 80℃ 下烘干。将所得三聚氰胺甲醛泡沫放入质量浓度为 0.1% 的多聚磷酸钠水溶液中浸泡 2min；取出并挤压所含的多余多聚磷酸钠水溶液，用水洗涤 1 次，除去水分并在 80℃ 下烘干，即可形成有一层阻燃膜的改性三聚氰胺甲醛泡沫。

**(2) 参考性能**

三聚氰胺甲醛泡沫燃烧时残留质量低，难以形成有效的炭阻隔层，使得泡沫在持续的高温火焰下易燃烧、易收缩，达不到隔离火焰的效果。而目前已经商品化的三聚氰胺甲醛泡沫为轻质开孔泡沫，其制备工艺复杂，如果按一般方法通过添加相应的阻燃剂对其进行改性，尚没有合适的阻燃剂适宜在制备过程中添加。

本例利用层层自组装（LBL）技术，采用正电解质水溶液和负电解质水溶液相交替的反应方式，通过二者之间产生的静电力使之进行层层自组装，并在泡孔骨架表面沉积形成了多层稳定的阻燃膜。因而不仅改变了大部分原有正电解质和负电解质的水溶性，使之在使用过程中不再会被水洗掉而失去阻燃性，而且因其同时也是吸附力很强的聚合物电解质，故使其在三聚氰胺甲醛泡沫表面附着力强，避免了现有技术阻燃剂易于脱落而导致的阻燃改性失效的问题。

该泡沫的极限氧指数为 35.5%，700℃下氮气气氛热重分析（TG）残留质量为 26.7%。锥形量热测试中泡沫能点燃，热释放量峰值为 $78.8kW/m^2$；在 750℃持续高温下不易收缩。

## 9.1.3　改性三聚氰胺甲醛模塑料

（1）配方（质量份）

| | | | |
|---|---|---|---|
| 三聚氰胺甲醛树脂 | 60 | 钛白粉 | 1 |
| 木浆 | 28 | 邻苯二甲酸酐 | 1 |
| 碳酸钙 | 2 | 硬脂酸 | 0.5 |
| ACR-201 型核壳微粒 | 1.2 | | |

注：碳酸钙为钛酸酯类偶联剂处理的超细碳酸钙，平均粒径为 $0.01\sim0.08\mu m$，偶联剂的用量占无机填料质量的 0.3%。丙烯酸酯类 ACR-201 型核壳微粒以丙烯酸酯橡胶为内核、聚甲基丙烯酸甲酯塑料为壳。

（2）加工工艺

① 三聚氰胺甲醛树脂的合成。将甲醛含量为 37%（每 100mL 中含有 37g 甲醛）的甲醛水溶液投入带内置盘管冷却、有夹套加热的不锈钢反应釜内。开启搅拌浆，用质量分数为 5%～10% 的氢氧化钠水溶液调节釜内甲醛水溶液 pH 值至 8.5～9.0，然后开启蒸汽阀门加 0.1MPa 压力蒸汽缓慢加热，并开启立式冷凝器的冷却水防止甲醛外逸。当温度升高至 45℃ 时，按甲醛和三聚氰胺摩尔比为（2.0～2.2）:1 投入三聚氰胺，此时三聚氰胺未溶解，呈现乳白色。当温度升高至 70℃ 时，关闭蒸汽阀，使釜内物料温度自然升高，在 0.5h 内升高至 80～83℃ 时，温度不再升高；再次开启蒸汽阀，加 0.08MPa 压力蒸汽升温。当温度达到 88℃ 时，釜内物料开始变清，可关闭蒸汽。若温度不再升高，可开少量蒸汽使釜内温度升高至 90℃；关闭蒸汽维持温度，此时物料已全部变清。维持约 10min 取样，测 pH 值。若 pH 值低于 8.7 则用质量分数 5%～10% 的氢氧化钠水溶液调节 pH 值至 9.0。然后再取釜内样品，按照树脂与水体积比 1:3 混合测试溶解度。当树脂滴入水中泛蓝白色散开，即为反应终点。此时开启盘管冷却水降温，釜内反应液温度降低至 50℃ 时，关冷却水，得到三聚氰胺甲醛树脂备用。

② 碳酸钙偶联处理。将无机填料如氧化铝、二氧化硅和碳酸钙进行偶联处理。具体方式如下：将填料加入高速搅拌机中，夹套通 0.2MPa 蒸汽加热，开启搅拌低速转动，然后开启真空抽气进行干燥。干燥时间约为 2h，使无机填料在 120℃ 下烘干至含水量≤0.3%。干燥结束后，解除高速搅拌机的真空条件，并将搅拌机进行高速运行，转速大于 800r/min，并通过 0.1MPa 的压缩空气将适度稀释的偶联剂喷入高速搅拌机中，使无机填料与偶联剂进行偶联；高速搅拌 5min 左右，然后再低速搅拌 5min 后排料，得到偶联处理的无机填料，备用。

③ 改性三聚氰胺甲醛模塑料的制备。将合成得到的三聚氰胺甲醛树脂加入高速混合器中，先加入弹性体抗冲击剂，再加入木浆、偶联处理的无机填料、脱模剂、固化剂和颜料进行高速剪切混合 10～15min，真空脱水 50min 至含水量低于 20%，形成松散小粒，再经干燥器干燥。这是因为真空脱水后的物质属于一定程度的预缩聚物质，含水量仍然在 20% 左

右；在干燥过程中继续进行的缩聚合反应，是分子量不断增大的过程，同时也可不断减少由甲醛稀溶液带来的水分，同时除去持续缩聚合产生的缩合水。干燥后，送入破碎机破碎，加入适量的脱模剂和润滑剂，送入球磨机中球磨；经充分混合分散后出粉筛分，收集一定细度的细粉包装。

（3）参考性能

改性三聚氰胺甲醛模塑料性能见表 9-1。改性三聚氰胺甲醛模塑料可用于制作餐具，在压制长径比大于 30：1 的情况下能够保持垂直度，适用于加工筷子，取代长期大量消耗的竹筷和木筷，节约资源；而且，制品中可提取甲醛含量 $< 0.5 \times 10^{-6}$，符合国家卫生标准。

表 9-1　改性三聚氰胺甲醛模塑料性能

| 性能指标 | 数值 |
| --- | --- |
| 冲击强度无缺口/(kJ/m²) | 6.7 |
| 冲击强度有缺口/(kJ/m²) | 1.35 |

## 9.1.4　三聚氰胺-苯酚-甲醛模塑料

（1）配方（质量份）

| | | | |
| --- | --- | --- | --- |
| 三聚氰胺-苯酚-甲醛共聚树脂 | | 碳酸钙 | 2 |
| （苯酚：三聚氰胺＝20：100） | 40.5 | 三乙胺 | 0.5 |
| 玻璃纤维 | 28 | 对甲苯磺酸 | 3 |
| 甲基纤维素 | 8 | 氧化镁 | 2 |
| 氢氧化铝 | 5 | 硬脂酸 | 0.5 |
| 硼酸锌 | 2 | 硬脂酸锌 | 1.5 |
| 滑石粉 | 4 | 乳化硅油 | 0.5 |
| 云母粉 | 2 | 炭黑 | 0.5 |

（2）加工工艺

将三聚氰胺、苯酚和甲醛按比例依次加入反应釜中，在碱性催化剂的作用下合成得到三聚氰胺-苯酚-甲醛共聚树脂。以三聚氰胺-苯酚-甲醛共聚树脂为基体树脂，选用适当的固化体系，得到模塑料。按配方配比将模塑料和各组分混合均匀，在塑料双辊开炼机上辊压混炼均匀，成片冷却，再在破碎机上破碎即可得到三聚氰胺-苯酚-甲醛（MP）模塑料。

（3）参考性能

三聚氰胺-苯酚-甲醛（MP）模塑料可应用于各类低压电器绝缘结构件、继电器、插座、灭弧罩、温控电器、空调接线端子以及其他各种家用电器绝热绝缘零配件等。三聚氰胺-苯酚-甲醛模塑料性能见表 9-2。

表 9-2　三聚氰胺-苯酚-甲醛模塑料性能

| 性能指标 | 数值 | 性能指标 | 数值 |
| --- | --- | --- | --- |
| 密度/(g/cm³) | 1.82 | 耐电弧/s | 210 |
| 缺口冲击强度/(kJ/m²) | 2.0 | 介电强度(90℃)/(MV/m) | 3.8 |
| 弯曲强度/MPa | 72 | 绝缘电阻/Ω | $3.5 \times 10^{10}$ |
| 热变形温度/℃ | 198 | 阻燃性能(UL94,0.8mm) | V-0 |
| 相比耐漏电起痕指数(CTI)/V | 600 | | |

## 9.1.5　三聚氰胺甲醛树脂阻燃泡沫

（1）配方（质量份）

| | | | |
| --- | --- | --- | --- |
| 改性三聚氰胺甲醛树脂 | 100 | 发泡剂正己烷 | 6 |

| 乳化剂烷基萘磺酸钠 | 4 | 氯化铈与磷酸混合物 | 5.11 |

注：氯化铈与磷酸混合物中氯化稀土与磷酸的质量比为50：1。

（2）加工工艺

① 中间体的制备。向反应釜中添加碳酸氢钠溶液，加热至30℃，然后再向反应釜中加入乙酸乙酯、碳酸氢钠溶液，其质量比为1：2.3。碳酸氢钠溶液浓度为1.2mol/L。以200r/min的转速搅拌30min，冷却至5℃，保温10min，再滴加氯乙酰氯，持续滴加30min，然后在30℃下反应10h；再滴加正庚烷搅拌析晶，冷却至2℃搅拌1h，过滤，粉碎，过200目筛，得到中间体。

② 改性剂的制备。制备的中间体加入反应釜中，然后向反应釜中添加去离子水，搅拌均匀后，再添加丙烯酰胺、尿素和引发剂过硫酸铵，中间体、丙烯酰胺、尿素和引发剂的质量比为3：6：1：0.5。在60℃下以500r/min的转速搅拌反应2h，再在45℃下减压干燥处理10h，得到改性剂。

③ 改性三聚氰胺甲醛树脂的制备。将三聚氰胺、a份甲醛溶液混合添加到反应釜中，三聚氰胺与a份甲醛溶液中甲醛的摩尔比为1：1；然后调节pH值至9.3，加热至62℃，保温搅拌反应4h，添加改性剂和b份甲醛溶液。其中，a份甲醛溶液与b份甲醛溶液浓度相同，改性剂添加量占改性三聚氰胺甲醛树脂总量的百分数为5.3%。再调节pH值至10.4，温度调节至75℃，保温搅拌反应6h；然后自然冷却至室温，脱水干燥，即得改性三聚氰胺甲醛树脂。

④ 发泡。将改性三聚氰胺甲醛树脂、发泡剂、乳化剂、氯化稀土与磷酸混合物均匀混合，发泡至泡沫密度为$30kg/m^3$；然后再采用100℃水蒸气熏蒸处理30min，自然冷却至室温后，添加到干燥箱中干燥至恒重，即得三聚氰胺甲醛树脂阻燃泡沫。

（3）参考性能

三聚氰胺甲醛树脂阻燃泡沫性能见表9-3。三聚氰胺甲醛树脂阻燃泡沫具有更高的氧指数和良好的拉伸强度。

表9-3 三聚氰胺甲醛树脂阻燃泡沫性能

| 性能指标 | 数值 |
| --- | --- |
| LOI/% | 39.3 |
| 拉伸强度/kPa | 0.156 |

## 9.1.6 高柔韧性的三聚氰胺甲醛泡沫

（1）配方（质量份）

| | | | |
| --- | --- | --- | --- |
| 三聚氰胺甲醛树脂预聚体 | 100 | 石油醚 | 18 |
| 十六烷基三甲基氯化铵 | 1.5 | 盐酸和甲酸混合液 | 3 |
| 硫酸氢铵 | 6 | | |

（2）加工工艺

将37%的甲醛溶液倒入三口烧瓶，在35℃左右的水浴中加热，用三乙醇胺反复调节溶液的pH值在8.9左右，然后按照甲醛和三聚氰胺的摩尔比为4.5：1加入三聚氰胺和聚乙二醇600，升高温度到90℃，反应70min。抬高烧瓶使其脱离水浴，搅拌冷却得到透明的预聚体溶液。将三聚氰胺甲醛树脂预聚体溶液倒入容器，放入45℃的水浴中，加入十六烷基三甲基氯化铵在400r/min转速下搅拌1min左右，继而加入硫酸氢铵；搅拌至其全部溶解后，加入石油醚后提高转速到1200r/min。待石油醚完全分散在悬浮液中，加入盐酸和甲酸的混合液，然后再倒入微波炉碗放入特制微波炉发泡50s，得到三聚氰胺甲醛泡沫材料。

（3）参考性能

三聚氰胺甲醛泡沫材料存在的基本问题是脆性大，容易掉粉末，压缩回弹性差。高柔韧性的三聚氰胺甲醛泡沫性能见表 9-4。

表 9-4　高柔韧性的三聚氰胺甲醛泡沫性能

| 性能指标 | 数值 | 性能指标 | 数值 |
|---|---|---|---|
| 拉伸强度/MPa | 0.0439 | 压缩强度/MPa | 0.012 |
| 密度/(g/L) | 17 | 形变恢复率/% | 99 |

## 9.1.7　耐温阻燃三聚氰胺甲醛发泡材料

**(1) 配方（质量份）**

| | | | |
|---|---|---|---|
| 三聚氰胺甲醛树脂 | 50 | 石油醚 | 10 |
| 吐温 80 | 2 | 浓盐酸与浓硫酸的混合物 | 5 |
| 膨胀石墨 | 5～25 | | |

注：浓盐酸与浓硫酸的混合物中浓盐酸与浓硫酸的质量比为 1∶1，浓盐酸的浓度为 37.5%（质量分数），浓硫酸的浓度为 60%（质量分数）。石油醚采用沸程为 30～60℃规格的产品。

**(2) 加工工艺**

将三聚氰胺甲醛树脂、吐温 80、膨胀石墨、石油醚加入容器中，搅拌均匀。然后加入浓盐酸与浓硫酸的混合物，搅拌 10～15s，放入 60℃的干燥箱中进行发泡；待泡沫固化后，取出即可。

**(3) 参考性能**

耐温阻燃三聚氰胺甲醛发泡材料性能见表 9-5。

表 9-5　耐温阻燃三聚氰胺甲醛发泡材料性能

| 性能指标 | 数值 |
|---|---|
| 泡沫密度/(kg/m³) | 80 |
| 泡沫热值/(MJ/kg) | 16.8 |

## 9.1.8　BN 增强碳纤维改性三聚氰胺甲醛树脂

**(1) 配方（质量份）**

① BN 增强碳纤维

| | | | |
|---|---|---|---|
| 碳纤维 | 8 | 三氯化硼 | 3 |
| 聚乙烯醇 | 2 | 六甲基二硅氮烷 | 3 |

② BN 增强碳纤维改性三聚氰胺甲醛树脂

| | | | |
|---|---|---|---|
| 三聚氰胺甲醛树脂 | 48 | 聚乙烯 | 15 |
| 硅烷偶联剂 KH791 | 1.5 | 邻苯二甲酸二辛酯 | 2.5 |
| 微晶石蜡 | 0.2 | 环氧大豆油 | 1.1 |
| 硬脂酸丁酯 | 0.3 | 云母粉 | 9 |
| BN 增强碳纤维 | 13 | 滑石粉 | 3 |
| 有机硅树脂 | 21 | 氧化锌 | 2.5 |

**(2) 加工工艺**

① BN 增强碳纤维的制备。将碳纤维、聚乙烯醇、三氯化硼、六甲基二硅氮烷放入第一反应容器中超声处理 30min 得到物料 A，超声处理的频率为 35kHz、功率为 1500W。将物料 A 取出干燥，干燥温度为 65℃，然后放入第二反应容器。将第二反应容器充满氮气后，按 7℃/min 的升温速率升高第二反应容器温度至 720℃，保温 3h 得到 BN 增强碳纤维。其中，碳纤维是弹性模量为 230GPa 的聚丙烯腈基碳纤维。

② BN 增强碳纤维改性三聚氰胺甲醛树脂的制备。将硅烷偶联剂 KH791、微晶石蜡、

硬脂酸丁酯加入 BN 增强碳纤维中搅拌均匀，再加入三聚氰胺甲醛树脂、有机硅树脂、聚乙烯，升温至 140℃，搅拌均匀；再加入邻苯二甲酸二辛酯、环氧大豆油、云母粉、滑石粉、氧化锌，搅拌均匀后得到混合物料。将混合物料移至双螺杆挤出机，熔融挤出后得到 BN 增强碳纤维改性三聚氰胺甲醛树脂材料。双螺杆挤出机的挤出区温度分别为 144℃、158℃、165℃、177℃、180℃，机头温度为 202℃，双螺杆挤出机转速为 280r/min。

（3）参考性能

利用 BN 增强碳纤维改性三聚氰胺甲醛树脂材料的制备方法制得的三聚氰胺甲醛树脂材料韧性好、强度高，能够满足电缆加工工业对原料高韧性、高强度的需求。

## 9.1.9 改性耐高温抗压三聚氰胺甲醛泡沫

（1）配方（质量份）

| | | | |
|---|---|---|---|
| 双酚 A 改性的三聚氰胺甲醛预缩合物 | 90 | 去离子水 | 8～50 |
| 环氧乙烷 | 8 | 空心玻璃微珠 | 2 |
| 发泡剂戊烷 | 36 | 玻璃纤维 | 6 |
| 固化剂对甲基苯磺酸 | 5 | | |

注：双酚 A 改性的三聚氰胺甲醛预缩合物的数均分子量为 17000，黏度为 10400mPa·s，双酚 A 改性的三聚氰胺甲醛预缩合物中的三聚氰胺、双酚 A 和甲醛的摩尔比为 1：0.2：3。玻璃纤维平均直径为 2.5μm、长度为 800μm；空心玻璃微珠的平均直径为 20μm。

（2）加工工艺

将玻璃纤维、空心玻璃微珠分散在 pH 值为 11 的甲醛水溶液中搅拌，待纤维和微珠分散均匀后加入三聚氰胺，于 90℃下反应 220min，冷却，即得空心玻璃纤维/空心玻璃微珠三聚氰胺甲醛预缩合物。将双酚 A 加入空心玻璃纤维/空心玻璃微珠三聚氰胺甲醛预缩合物中在 100℃下反应 70min，然后冷却至 45℃，保温 20min，得到双酚 A 改性的三聚氰胺甲醛预缩合物。将表面活性剂、发泡剂和固化剂加入双酚 A 改性的三聚氰胺甲醛预缩合物，搅拌均匀制成发泡液，控制发泡液黏度为 1550mPa·s。通过微波辐射装置形成 80℃环境温度，加热和发泡该发泡液 10min；然后通过微波辐射装置在 150℃条件下固化 36min，最后再用热空气 250℃熟化 36min。

（3）参考性能

三聚氰胺甲醛泡沫耐高温性能优异，通过玻璃纤维和空心玻璃珠的合理配比，在保证良好分散性和加工性能的同时，还提高了材料的脆性，质量比同等实心无机填料增强泡沫降低了 3%～10%。作为气凝胶等载体时，其抗压强度也大大提高。

## 9.1.10 环保改性三聚氰胺甲醛蜜胺树脂泡沫材料

（1）配方（质量份）

| | | | |
|---|---|---|---|
| 聚乙烯醇(PVA)改性三聚氰胺甲醛 | | 1250 目轻质碳酸钙 | 15.0 |
| 蜜胺树脂 | 75.0 | 稳泡剂 HCGP-MW | 3.5 |
| 促进剂水性环烷酸钴 | 0.3 | 发泡剂工业双氧水 | 0.5 |
| 分散剂 AMP-95 | 0.2 | 固化剂磷酸 | 3.5 |
| 1250 目煅烧高岭土 | 6.0 | | |

（2）加工工艺

称量改性三聚氰胺甲醛蜜胺树脂加入搅拌釜中，然后加入促进剂和分散剂搅拌 5～10min；再加入煅烧高岭土、轻质碳酸钙粉料搅拌 10～15min，加入稳泡剂搅拌 5～10min，即制得改性三聚氰胺甲醛蜜胺树脂发泡材料。依次加入发泡剂和固化剂，高速搅拌 1～2min，然后将该物料倒入发泡模箱，自然发泡。发泡体自然固化后，即可开模进行切割，加工成所需形状和厚度的环保改性三聚氰胺甲醛蜜胺树脂泡沫材料产品。

（3）参考性能

三聚氰胺甲醛蜜胺树脂泡沫材料的导热性能如表 9-6 所示。表观密度对环保改性三聚氰胺甲醛蜜胺树脂泡沫材料的抗压强度、抗弯强度的影响如表 9-7 所示。

**表 9-6 三聚氰胺甲醛蜜胺树脂泡沫材料的导热性能**

| 表观密度/(g/L) | 热导率/[W/(m·K)] | 定压比热容 $C_p$/[J/(g·K)] |
|---|---|---|
| 20 | 0.0188 | 3.735 |
| 30 | 0.0260 | 4.707 |
| 35 | 0.0310 | 3.151 |
| 40 | 0.0321 | 5.458 |

**表 9-7 表观密度对环保改性三聚氰胺甲醛蜜胺树脂泡沫材料的抗压强度、抗弯强度的影响**

| 密度/(g/L) | 27 | 30 | 35 | 40 | 50 |
|---|---|---|---|---|---|
| 抗压强度/MPa | 0.032 | 0.045 | 0.066 | 0.080 | 0.100 |
| 抗弯强度/MPa | 0.117 | 0.190 | 0.378 | 0.450 | 0.580 |

# 9.2 脲醛树脂改性配方与实例

## 9.2.1 集装箱底板用改性脲醛

（1）配方（质量份）

| | | | |
|---|---|---|---|
| 尿素 | 35 | 三聚氰胺 | 8 |
| 甲醛 | 60 | 增强剂 | 3 |
| 增韧剂 | 6 | | |

（2）加工工艺

① 加成反应阶段：采用加热和碱性（pH 值＝8.5）条件将尿素、增韧剂和甲醛溶解并混合均匀后在 90℃恒温条件下反应 1h。

② 初级分子量脲醛树脂预聚体合成：采用酸性（pH 值＝5.5）条件将步骤①生成的羟甲基脲在 90℃条件下充分反应。当黏度出现烟雾状浑浊点时即可停止反应，该阶段反应时间大约为 40min。

③ 在碱性（pH 值＝8.0）条件下将第二批甲醛和尿素，一定量的三聚氰胺和增强剂加入混合树脂中，反应温度为 90℃。加热 40min 后，将树脂混合液调节为酸性（pH 值＝5.0），反应至出现沉淀式浑浊点，立即将树脂溶液调至碱性（pH 值＝8.0）。

④ 将第三批尿素加入树脂溶液并反应 30min，反应温度为 90℃；然后在冷却过程中加入第四批尿素，自然冷却出料。

（3）参考性能

目前我国集装箱底板产量最大、消耗量最多的是以脲醛树脂为胶黏剂的胶合板。集装箱底板用改性脲醛性能见表 9-8。

**表 9-8 集装箱底板用改性脲醛性能**

| 性能指标 | 数值 | 性能指标 | 数值 |
|---|---|---|---|
| 甲醛与尿素的摩尔比 | 1.09 | 游离甲醛含量/% | 0.08 |
| 固体含量/% | 54.2 | 平均湿胶合强度/MPa | 1.15 |
| pH 值 | 9 | 甲醛释放量/(mg/L) | 0.46 |
| 黏度/mPa·s | 44 | 冷压成型时间/h | 6 |

## 9.2.2 增强增韧脲醛树脂模塑料

(1) 配方 (质量份)

| | | | |
|---|---|---|---|
| 甲醛 | 100 | 硬脂酸锌/聚丙二醇的混合物 | 2.5 |
| 聚乙烯醇 | 10 | 木质纤维素 | 40 |
| 端氨基液体丁腈橡胶 | 20 | 固化剂氨基磺酸铵 | 0.1 |
| 尿素 | 60 | | |

(2) 加工工艺

取聚合度为 2000、醇解度为 99% 的聚乙烯醇,将其于 95℃ 在蒸馏水中溶解 3h,配制成 5% 的水溶液,冷却至室温待用;然后控制反应釜温度为 50℃,将甲醛、聚乙烯醇水溶液及端氨基液体丁腈橡胶置于反应釜中,搅拌反应 90min 后加入尿素,继续搅拌反应 60min。最后,加入硬脂酸锌/聚丙二醇的混合物、木质纤维素、固化剂氨基磺酸铵,待体系充分混合均匀后,关闭反应釜,开启真空,反应釜升温至 70℃;捏合干燥 60min 后,去真空、冷却、粉碎,制得增强增韧脲醛树脂模塑料。

(3) 参考性能

脲醛树脂模塑粉俗称电玉粉,被广泛用于制作电子元件、餐具、玩具、化妆品、容器盖、照相器材部件和纽扣等。但脲醛树脂模塑料存在制品强度低、脆性大、不耐冲击、在固化及使用过程中易产生内应力而引起龟裂等缺陷,对其应用产生不良影响。本例通过原位聚合制备一种增强增韧脲醛树脂模塑料,具有如下特点。将具有大量侧羟基的聚乙烯醇增强剂与含有伯胺及仲胺基团的增韧剂加入脲醛树脂的合成体系中,通过聚乙烯醇的侧羟基与甲醛及脲醛树脂合成过程中的中间体羟甲基脲分子上的氨基和羟基发生缩甲醛反应,从而增加脲醛树脂固化交联点;使树脂在固化过程中形成更为紧密的网状结构,提高树脂的强度。同时,利用增韧剂分子链上的伯胺及仲胺基团可参与脲醛树脂的缩合和交联反应,通过化学键合作用将柔顺的增韧剂分子链引入脲醛树脂的网络结构中,提高其冲击韧性,从而实现对脲醛树脂的原位增强、增韧。

增强增韧脲醛树脂模塑料的拉伸强度相对于原脲醛树脂模塑料提高 5%,冲击强度提高 110%,保持了较好的刚韧平衡特性。

# 参 考 文 献

[1] 杨明山，李林楷．现代工程塑料改性——理论与实践 [M]．北京：中国轻工业出版社，2009．

[2] 赵明，杨明山．实用塑料配方设计·改性·实例 [M]．北京：化学工业出版社，2019．

[3] 杨明山．塑料改性工艺、配方与应用 [M]．2 版．北京：化学工业出版社，2017．

[4] 宋剑峰，李曼，梁小良，等．改性赤泥协同膨胀型阻燃剂阻燃聚乙烯 [J]．化工进展，2018，37（11）：4412-4418．

[5] 栗越，张京发，易顺民，等．改性芳纶纤维增强木粉/高密度聚乙烯复合材料的力学性能 [J]．复合材料学报，2019，36（3）：638-642．

[6] 王选伦，杨文青，李又兵，等．聚乙烯/纳米石墨微片导电复合材料的制备与性能研究 [J]．中国塑料，2015，29（3）：57-62．

[7] 袁新强，邓志峰，郝晓丽．不饱和聚酯/PMMA 复合材料制备与性能 [J]．塑料工业，2019，47（6）：127-131．

[8] 左艳梅，刘心雨，傅智盛．新型无卤阻燃增韧高抗冲聚苯乙烯的制备 [J]．云南化工，2016，33（4）：29-32．

[9] 邢紫云，史鹏伟，汤俊杰．SAM 和 SAG 对玻璃纤维增强 ABS 复合材料性能的影响 [J]．工程塑料应用，2017，45（12）：112-119．

[10] 土文静．ABS 无卤阻燃复合材料制备及其流变性能研究 [D]．长沙：中南林业科技大学，2019．

[11] 秦旺平，刘凯，邹声文，等．高断裂伸长率阻燃 ABS 材料的制备与表征 [J]．工程塑料应用，2019，47（9）：50-59．

[12] 甘宇鑫．无机纤维增强 ABS/PC 树脂复合材料的制备 [D]．哈尔滨：哈尔滨工业大学，2018．

[13] 方武，元文丽，赵建勋，等．溴代三嗪/十溴二苯乙烷及 CPE 对 ABS 的增韧阻燃 [J]．弹性体，2018，28（3）：19-24．

[14] 王亮，付锦锋，叶南飚，等．阻燃 ABS/PC/PBT 合金的制备与性能 [J]．工程塑料应用，2019，47（5）：27-31．

[15] 李前进，蓝嘉昕，诸葛祥群，等．MWNTs/ABS 导电 3D 打印复合耗材的制备及其性能研究 [J]．化工新材料，2020，48（1）：274-279．

[16] 杨飞文，龙海波，董倩倩．松木粉/ABS 木塑复合材料的制备与性能研究 [J]．塑料工业，2019，47（S1）：78-81．

[17] 严世成．ABS 硬塑玩具用云纹抗菌色母粒的制备 [J]．南华大学学报（自然科学版），2015，29（3）：96-98．

[18] 陆园，张晓璐，蔡智奇，等．ABS 的耐候老化研究 [J]．工程塑料应用，2016，44（5）：87-90．

[19] 李伟，崔梦杰，吴相国，等．环保阻燃 ABS 结构与性能的研究 [J]．塑料，2018，46（5）：67-70．

[20] 闫启东，徐俊，黄国波，等．磷氮膨胀型改性水滑石阻燃剂的制备及其阻燃 ABS 复合材料的性能 [J]．工程塑料应用，2019，47（1）：143-147．

[21] 李国昌．膨胀型阻燃剂——ABS 复合材料制备及性能 [J]．工程塑料应用，2015（9）：40-43．

[22] 赵丽萍，蔡青，郭正虹．膨胀阻燃剂/纳米黏土复配阻燃 ABS [J]．塑料，2019，48（7）：21-24．

[23] 秦旺平，程庆，王林，等．新型永久抗静电阻燃 ABS 材料的制备与性能研究 [J]．塑料工业，2014，44（4）：106-110，129．

[24] 罗红萍．EVA/MBS/稀土三元共混改性 PVC 性能研究 [J]．广州化工，2019，46（20）：29-30．

[25] 王莎莎．PVC 复合材料共混改性研究 [D]．广州：华南理工大学，2014．

[26] 袁雄．冲击改性剂对 PVC 酒瓶底座材料性能的影响 [J]．聚氯乙烯，2018（7）：18-20，25．

[27] 杨志胡，马艾丽．碱木质素与 PVC 共混改性 [J]．广东建材，2017（11）：42-46．

[28] 巴丽，高山俊，沈春晖．碱式硫酸镁晶须改性 PVC/ABS 合金的力学和阻燃性能 [J]．工程塑料应用，2018（9）：131-136．

[29] 康永，艾江，杨高峰．聚酰胺酸共混改性 PVC 材料的制备及性能研究 [J]．聚氯乙烯，2018（2）：27-33．

[30] 卢昱文，龚新华．加工改性剂 AS-935 在 PVC 排水管件中的应用 [J]．聚氯乙烯，2013（9）：22-24．

[31] 杨舒逸．TPU/PVC 合金的制备与阻燃改性研究 [D]．武汉：武汉理工大学，2019．

[32] 韩间涛．TPU 的合成及改性 PVC 性能的研究 [D]．青岛：青岛科技大学大学，2019．

[33] 张玉龙，李萍．塑料配方与制备手册 [M]．北京：化学工业出版社，2017．

[34] 王兴为，王玮，刘琴，等．塑料助剂与配方设计技术 [M]．4 版．北京：化学工业出版社，2019．

[35] 刘西文．塑料配方与改性实例疑难解答 [M]．北京：化学工业出版社，2015．

[36] 张杰，郭倩玲，秦颖，等．通用塑料功能化发展的中国专利分析 [J]．橡塑技术与装备，2017（22）：25-30．